線形代数学概説

雪江 明彦 著

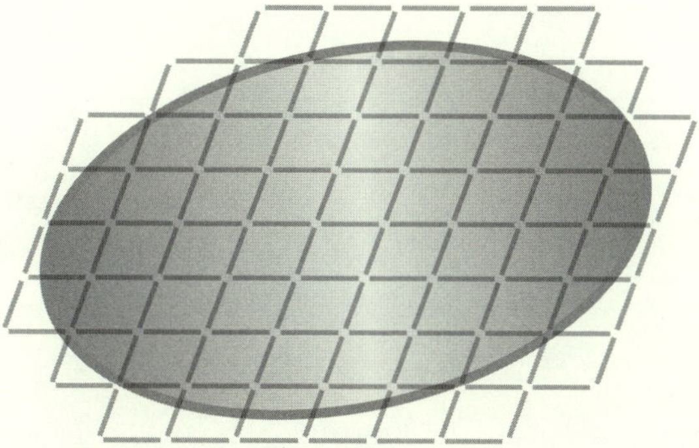

培風館

まえがき

著者は長い間アメリカの大学で教員だったが，その間一般の理工系の学生用に線形代数を教える機会が10数回あった．日本でも東北大で線形代数の授業を受けもったが，それは数学専攻の学生用であった．そのとき，もちろん優れた線形代数の教科書はたくさんあるのだが，著者の個人的な好みに完全に合った教科書を見つけることができなかった．結局ほとんど教科書に依存しないような形で授業を行ったが，著者が線形代数の教科書に望んでいたことは以下の点である．

(1) 一般の理工系の学生にも数学専攻の学生にも利用できる．

(2) 1次独立性に関する例が多い．

(3) 行列式の絶対値が，対応する平行体の体積であることが証明されている．

(4) 線形代数を学ぶことの動機づけが書いてある．

(5) 数式処理ソフトの使いかたに関する簡単な説明がある．

(1) 一般の理工系の読者なら，計算ができるようになるのが線形代数を学ぶ主な目的であろう．それに対して数学専攻の読者なら，証明も含めて理解することが必要になる．そこで，全体的には計算や例を主体にして，数学専攻の読者が学ぶべきであると思われる部分は明確に区別しておく，というようにすれば(1)は実現できるのではないかと思う．この教科書では，5章「一般の体上のベクトル空間」，10章「双対空間」等，および4.9節「行列式と平行体の体積」，8.9節「関数の空間での内積と直交射影」，9.5節「Jordan標準形の存在と一意性の証明」は，数学専攻の読者用のトピックである．

その他の部分はすべての読者が対象だが，1.12節「最小2乗法」，1.13節「人口増加のロジスティックモデル」，8.8節「角度の解釈」，9章のジョルダン標準形の計算の部分は，時間に余裕があれば解説するようなトピックである．

(2) 著者の経験では，線形代数で学生諸君が理解するのに一番苦労するところは，1次独立性とそれに続く基底，次元などの概念である．これには豊富な例を考えることが不可欠である．この教科書では，本文と演習問題で多くの真偽問題を取り入れることにより，この部分に対処している．4.8節と5.6節および演習問題の真偽問題は1次独立性がわかれば，即座に真偽の判定ができるようなものばかりだが，読者は最初はかなり考えることになるであろう．

(3) 行列式の絶対値が平行体の体積であるということは，それに言及する教科書もあるが，このことを一般次元で厳密に証明してある線形代数の教科書を著者はほとんど知らない.『体積』という概念は,『測度論』とよばれる分野で解説されることである．測度論の教科書では行列式の絶対値が平行体の体積であるということの証明が載っていることもあるが，この証明には案外労力が必要で，本書でも 4.9 節で約 9 ページを費して定式化，証明している．この教科書では 2.2 節でナイーブな議論で 2, 3 次元の場合について解説し，4.9 節で一般次元の場合について厳密な証明を与え，ナイーブな議論との比較をしている．その証明は基本的には数学専攻の読者用だが，一般の読者が理解できないようなものではない.

(4) 線形代数の計算はいくぶん退屈な面もあるので，応用面に配慮してあることが望ましい．他の教科書でもさまざまな応用が扱われていることが多い．この教科書では，1 章で行列の基本的な計算の解説の後，単純な計算の応用例として最小 2 乗法について解説した．また，5 章で一般の体を定義した後，符号理論のごく初歩のアイデアを使った『遊び』について解説した．符号理論は一般の体上のベクトル空間を扱う動機づけを意図している.

(5) 現在はさまざまな数式処理ソフトがあり，線形代数の計算も可能である.著者はそのようなソフトが，線形代数を理解するのに本質的に役立つとは思わないが，著者自身そのようなソフトを日常的に使うので，読者の便宜のために使用法のごく基本的な解説を，Maple に限って 1.11 節に含めた．演習問題に Maple を用いるものも補助的に含めたが，この教科書を数式処理ソフトなしに扱うことに全く問題はない．なお，演習問題は難易度により［A］,［B］とに分けた．B の問題は主に証明問題である.

最後になったが，線形代数の『線形』とは大ざっぱにいうと 1 次式で表される，あるいは 1 次的という意味である．線形代数ではさまざまな計算法を学ぶとともに，この線形性という概念を理解することが大事である.

この本の内容は著者が 2005 年度に東北大で行った授業の講義ノートを元にして，(1)–(5) を実現するように書いたつもりである．これらが実現されているのかは自信はないが，少しでも線形代数を学ぶ読者に役立ってもらえれば幸いである．この本の出版にあたり，大変御世話になった培風館の岩田誠司氏と，原稿を精読されたセミナーの大学院生諸君には，深く感謝の意を表明する.

2006 年 4 月

著者しるす

目　　次

$*$ は一般読者用のオプション，$\star$ は数学専攻の読者用のオプションを表す．

記号について

本書を通じて,

$\mathbb{N}$: 自然数の集合 $(=\{0, 1, 2, \cdots\})$

$\mathbb{Z}$: 整数の集合

$\mathbb{Q}$: 有理数の集合

$\mathbb{R}$: 実数の集合

$\mathbb{C}$: 複素数の集合

を表すものとする.

空集合は $\emptyset$ と表す. 空集合は任意の集合の部分集合とみなす. A, B が集合なら, $A \cup B, A \cap B$ はそれぞれ, A, B の**和集合**, **共通集合**を表す. $A \setminus B$ は A の元であって, B の元ではないものよりなる集合を表す. この記号を用いるときに, B が A の部分集合である必要はない. **$\boldsymbol{A}$ が $\boldsymbol{B}$ の部分集合であるときには $\boldsymbol{A \subset B}$ と書く. この記号は $\boldsymbol{A = B}$ の場合も含むとする.** 人によっては $A \subset B$ は $A = B$ の場合を含まないという意味で使うので, 注意が必要である. A が B の真部分集合であるとき, それを示すときには $A \subsetneq B$ と書く. $A \not\subset B$ は $A \subset B$ の否定である. つまり, $A \setminus B$ が空集合でないことを意味する. 例えば $A = \{1, 2, 3, 4, 5\}$, $B = \{2, 4, 5, 6, 7\}$ なら,

$$A \cup B = \{1, 2, 3, 4, 5, 6, 7\}, \quad A \cap B = \{2, 4, 5\},$$
$$A \setminus B = \{1, 3\}, \quad B \setminus A = \{6, 7\}$$

である.

集合 A から集合 B への**写像** (関数といってもよい) とは, A の元 a に対して B の元 $f(a)$ を1つ対応させる対応のことである. $f(a)$ が a によって1つに定まらないときは写像ではない. 例えば A を正の実数の集合, $B = \mathbb{R}$ とするとき, $a \in A$ に対して $x^2 = a$ の解を対応させると, $\pm\sqrt{a}$ と1つに定まらないので写像ではない. けれども $x^2 = a$ の正の解を対応させると写像である. A から B への写像 f を $f : A \to B$ などと書く. 写像 $f : A \to A$ で $f(a) = a$ がすべての $a \in A$ に対して成り立つものを A の**恒等写像**とよび, I_A と書く. $g : B \to C$ も写像なら, 写像 f, g の合成は $g \circ f$ と書く. これは $a \in A$ に $g(f(a))$ を対応させる写像である. $f : A \to B$ が写像で $C \subset A$ のとき, $C \ni c \to f(c) \in B$ は C から B への写像である. これを f の C への**制限**という. $f : A \to B$ が集

合 A から集合 B への写像なら，部分集合 $S \subset A$, $T \subset B$ に対し，

$$f(S) = \{f(a) \mid a \in A\}, \quad f^{-1}(T) = \{a \in A \mid f(a) \in T\}$$

と定義する．例えば $A = \{1,2,3,4,5\}$, $B = \{2,4,5,6,7\}$ で，

$$f(1) = 4,\ f(2) = 2,\ f(3) = 5,\ f(4) = 4,\ f(5) = 2$$

なら，

$$f(\{1,2,4\}) = \{2,4\}, \quad f^{-1}(\{2,4,7\}) = \{1,2,4,5\}, \quad f^{-1}(\{6,7\}) = \emptyset$$

となる．f^{-1} は必ずしも写像ではない．f が単射とは，$x, y \in A$, $x \neq y$ なら $f(x) \neq f(y)$ が成り立つことである．f が全射とは，任意の $z \in B$ が $f(x)$ $(x \in A)$ という形をしていることである．f が単射かつ全射なら全単射という．上の f は $f(2) = f(4) = 4$ なので，単射ではない．また，6 は $f(a)$ という形をしていないので，全射でもない．f が全単射写像なら，f は逆写像をもつ．つまり，写像 $g : B \to A$ で $g \circ f = I_A$, $f \circ g = I_B$ となるものがある．多少記号を乱用するが，f の逆写像も (もしあれば) f^{-1} と書く．

集合に属する元の個数を集合の位数という．集合 X の位数は $\#X$ と書く． 無限集合なら位数は ∞ である．**$f : A \to B$ が単射で，A, B は位数が同じ有限集合とする．このとき，f は全単射になる．**

集合を定義するときなど,『すべての x ... に対して』，あるいは『ある x が存在して ... 』，などということが多い．これには $\forall x$, $\exists x$ という記号を使う．例えば

$$X = \{x \in \mathbb{R} \mid \forall y \in [0,1)\ \ x \geqq y\}, \quad Y = \{x \in \mathbb{R} \mid \exists y \in [0,1)\ \ x \geqq y\}$$

とすれば，X は任意の $y \in [0,1)$ に対して $x \geqq y$ という条件が成り立つ実数の集合なので，$X = [1,\infty)$ であり，Y はある $y \in [0,1)$ に対して $x \geqq y$ という条件が成り立つ実数の集合なので，$Y = [0,\infty)$ である．

論理について注意する.『A ならば B である』というようなことは数学ではよくでてくるが,『B でないならば A でない』は最初の主張の対偶とよばれる．**任意の主張はその対偶と同値である．** よって証明するときには，主張の対偶を証明しても同じことである．また,『A または B が成り立つ』というときは，A, B の少なくとも一方が成り立つという意味で，両方成り立つ場合も含む．

本文中，命題や定理などは囲ってあるが，定義，例や注などはどこで終わるかがわかるように終わりの部分に $\diamond$ という記号を使うことにする．

計算のために必要な項目

主に計算の方法に興味がある読者のために，計算のために必要な項目をここにリストアップしておく．

1章　行列とベクトル

1.1　連立1次方程式と行列

これから行列について解説するわけだが，その前に行列を考える動機について述べる．**行列を考える1つの重要な理由は，連立1次方程式を解くのに役立つということである．** 例えば次の例を考えてみよう．x, y を変数として

$$\begin{cases} x + 2y = 5, & \cdots\cdots(1) \\ 3x + 4y = -1 & \cdots\cdots(2) \end{cases} \tag{1.1.1}$$

という連立1次方程式を考える．

(2)−(1)×3 は

$$-2y = -16 \qquad \cdots\cdots(3)$$

となるので，−2 で割って

$$y = 8 \qquad \cdots\cdots(4)$$

となる．

(1)−(4)×2 は

$$x = -11$$

なので，$x = -11$, $y = 8$ が解である．最後のステップでは，(4) を (1) に代入するというのが普通だが，(1)−(4)×2 を考えるというのも本質的に同じことである．

さて，上の解法だが，**実は $\boldsymbol{x, y}$ の係数しか操作していない．** だから，x, y という変数を書かず，その係数を並べて書き，それを操作するだけで (1.1.1) の解が得られる．以下，それを実行すると，

$$\begin{pmatrix} 1 & 2 & 5 \\ 3 & 4 & -1 \end{pmatrix}$$

から始めて，(2)−(1)×3 を考える代わりに，第 2 行から第 1 行の 3 倍を引くと

$$\begin{pmatrix} 1 & 2 & 5 \\ 0 & -2 & -16 \end{pmatrix}$$

となる．第 2 行を -2 で割ると

$$\begin{pmatrix} 1 & 2 & 5 \\ 0 & 1 & 8 \end{pmatrix}$$

となり，第 2 行は $y = 8$ に対応している．(1)−(4)×2 を考える代わりに，第 1 行から第 2 行の 2 倍を引くと

$$\begin{pmatrix} 1 & 0 & -11 \\ 0 & 1 & 8 \end{pmatrix}$$

となる．これは解 $x = -11$, $y = 8$ に対応している．

このことを念頭において行列を定義し，行列の演算，変形について解説することにする．

1.2　行列とベクトルの定義

まず最初に行列，ベクトルの定義とその基本的な演算 (和，スカラー倍，積) について解説する．その後，一般の連立 1 次方程式の解法について述べることにする．

ここでは実数を成分とする行列を考える．**$m \times n$ 行列とは，mn 個の実数 $A = (a_{ij})_{\substack{1 \leqq i \leqq m \\ 1 \leqq j \leqq n}}$ のことである．** 直観的には，これを以下のように並べて書くことにする．

$$A = \begin{pmatrix} a_{11} & \cdots & a_{1j} & \cdots & a_{1n} \\ \vdots & \vdots & \vdots & \vdots & \vdots \\ a_{i1} & \cdots & a_{ij} & \cdots & a_{in} \\ \vdots & \vdots & \vdots & \vdots & \vdots \\ a_{m1} & \cdots & a_{mj} & \cdots & a_{mn} \end{pmatrix} (\triangle)$$

(□) は第 j 列（$a_{1j}, \ldots, a_{mj}$ を囲む枠），(△) は第 i 行（$a_{i1}, \ldots, a_{in}$ を囲む枠）を示す．

$m \times n$ $\cdots$ サイズ
a_{ij} $\cdots$ **(i, j)-成分**
(△) $\cdots$ **第 i 行**
(□) $\cdots$ **第 j 列**

$m \times n$ 行列ではなく m 行 n 列の行列，あるいは行や列の数を問題にしなければ単に行列という．a_{ij} のことを A の **(i, j)-成分**という．また，$m \times n$ のこと

を行列 A の**サイズ**という．サイズが明らかであるか，サイズを問題にしなければ，$A=(a_{ij})_{i,j}$ あるいは単に $A=(a_{ij})$ と書く．行列 A の行と列のサイズが等しいとき，A を $\boldsymbol{n}$ **次正方行列**，$\boldsymbol{n}$ **次行列**，あるいは**正方行列**という．実数に成分をもつ $m\times n$ 行列の集合を $\mathrm{M}(m,n)_{\mathbb{R}}$ と書く．なお，実数に値をもつ変数があるとき，それを成分とする行列も許すことにする．$m=1$ の場合，行列は行ベクトルといい，$n=1$ の場合，列ベクトルという．(△) を A の第 i 行，(□) を A の第 j 列という．(△) はそれ自身行ベクトルで，(□) はそれ自身列ベクトルである．

$$\begin{pmatrix} * & \cdots & * \end{pmatrix}\cdots \text{行ベクトル}, \qquad \begin{pmatrix} * \\ \vdots \\ * \end{pmatrix}\cdots \text{列ベクトル}$$

$\mathrm{M}(n,1)_{\mathbb{R}}$ のこと，つまり n 個の実数よりなる列ベクトルの集合のことを $\mathbb{R}^n$ と書く．$\mathbb{R}^n$ の元のことを n 次元列ベクトル，あるいは単に n 次元ベクトルという．$\mathbb{R}^n$ の元は本来は列ベクトルだが，それを書くためのスペースの関係上 $[x_1,\ldots,x_n]$ とも書くことにする．だから，

$$\begin{pmatrix} x_1 \\ \vdots \\ x_n \end{pmatrix}, \qquad [x_1,\ldots,x_n]$$

は同じものである．ここで $[x_1,\ldots,x_n]$ にコンマと [　] を使ったのは，行ベクトルと区別するためである．

後で必要になるので，転置行列を定義しておく．$A=(a_{ij})$ を $m\times n$ 行列とするとき，$n\times m$ 行列でその (j,i)-成分が a_{ij} であるものを A の**転置行列**といい ${}^tA$ と書く．要するに，${}^tA$ とは A の行と列を逆転させたものである．正方行列 A が ${}^tA=A$ という性質を満たすとき，**対称行列**という．

例 1.2.1. 行列に関するこれらの言葉に慣れるために，例を考えることにしよう．例えば

$$A=\begin{pmatrix} 2 & 0 & -1 \\ -4 & \frac{1}{2} & 3 \end{pmatrix}, \quad B=\begin{pmatrix} 1 & 2 \\ 2 & 3 \end{pmatrix}$$

とする．このとき，A は 2×3 行列で，A の $(2,2)$-成分は $\frac{1}{2}$ である．A の第 2 行は $(-4\ \ \frac{1}{2}\ \ 3)$ で，A の第 3 列は $[-1,3]$ である．このように，スペースの関係上 $[-1,3]$ と書くが，

$$\begin{pmatrix} -1 \\ 3 \end{pmatrix}$$

のことである．また，

$$^tA = \begin{pmatrix} 2 & -4 \\ 0 & \frac{1}{2} \\ -1 & 3 \end{pmatrix}$$

である．B は対称行列の例である． ◇

1.3　ベクトル，行列の演算

$A = (a_{ij})$, $B = (b_{ij})$ が同じサイズの行列なら，$A + B$ は A, B の成分ごとに和をとった行列である．また，実数 $r \in \mathbb{R}$ と行列 A に対し，rA は r を A のすべての成分にかけて得られる行列とする．つまり，

$$A + B = (a_{ij} + b_{ij}), \quad rA = (ra_{ij}) \tag{1.3.1}$$

である．$A - B$ も同様に成分ごとに差をとったものとする．

$A + B$ を行列 A, B の**和**，rA を行列 A の**スカラー倍**という．この状況で r のことを**スカラー**という．ベクトルは行列の特別な場合なので，ベクトルにも和とスカラー倍の概念が定義されたことになる．

例 1.3.2. 2, 3 次元の列ベクトルの場合，平面，あるいは空間の矢印と同一視して考えると直観的にわかりやすい．例えば 2 次元 (つまり平面) で考えると，ベクトル $[x_1, x_2]$ と，原点 O と平面上の座標が (x_1, x_2) である点 P を結ぶ矢印を対応させる．このとき，具体的なベクトル $\boldsymbol{v}_1 = [2, 0], \boldsymbol{v}_2 = [1, 1]$ に対し，$\boldsymbol{v}_1 + \boldsymbol{v}_2$ と $2\boldsymbol{v}_2$ を考えると以下のようになる．

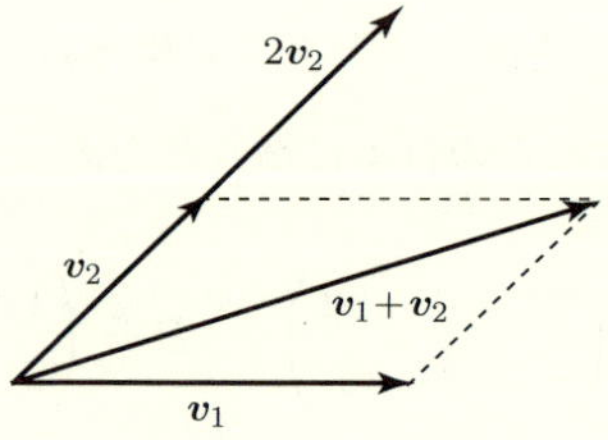

◇

例 1.3.3. 一般の行列の場合の例も考える．例えば

$$A = \begin{pmatrix} 1 & 2 & 3 \\ 4 & 5 & 6 \end{pmatrix}, \quad B = \begin{pmatrix} 2 & -1 & 0 \\ 0 & -3 & 5 \end{pmatrix}$$

なら，
$$A + 2B = \begin{pmatrix} 5 & 0 & 3 \\ 4 & -1 & 16 \end{pmatrix}, \quad -3A = \begin{pmatrix} -3 & -6 & -9 \\ -12 & -15 & -18 \end{pmatrix}$$
である． ◇

転置行列と行列の和，スカラー倍には次の関係がある．

> **命題 1.3.4.** 行列 A, B のサイズが同じなら，次の等式が成り立つ．
> (1) ${}^t(A+B) = {}^tA + {}^tB$.
> (2) ${}^t(rA) = r\,{}^tA \quad (r \in \mathbb{R})$.
> (3) ${}^t({}^tA) = A$.

証明は定義より明らかである．

行列についてもう少し定義をする．すべての成分が 0 である行列を**零行列**といい，サイズに関係なく **0** と書く．当然のことだが，すべての行列 A に対し，
$$A + \mathbf{0} = \mathbf{0} + A = A$$
である．

1.4　行列の積と1次変換

次に，行列の**積**を定義し，積にどういう意味があるか解説する．$A = (a_{ij})$ を $l \times m$ 行列，$B = (b_{jk})$ を $m \times n$ 行列とする．

$$i \cdots \begin{pmatrix} & & \\ & \boxed{\square_1 \cdots \square_m} & \\ & & \end{pmatrix} \begin{pmatrix} & \begin{matrix} k \\ \vdots \end{matrix} & \\ & \boxed{\begin{matrix} \triangle_1 \\ \vdots \\ \triangle_m \end{matrix}} & \end{pmatrix}$$

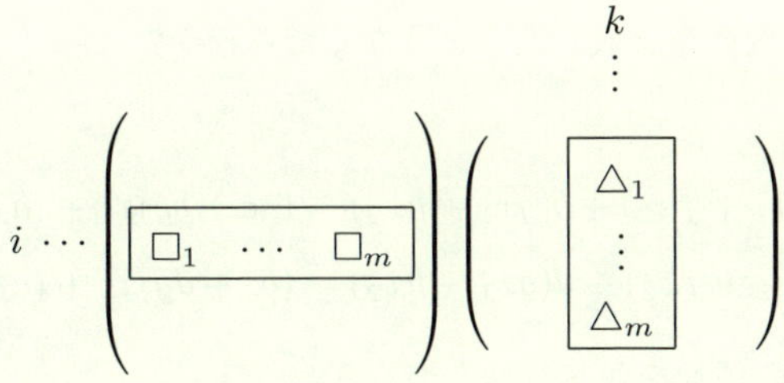

$$\to (i,k)\text{-成分} = \square_1 \times \triangle_1 + \cdots + \square_m \times \triangle_m$$

このとき，A, B の積 $C = (c_{ik}) = AB$ を $l \times n$ 行列で，その (i, k)-成分が

(1.4.1) $$c_{ik} = \sum_{j=1}^{m} a_{ij}b_{jk} = a_{i1}b_{1k} + \cdots + a_{im}b_{mk}$$

で与えられるものと定義する．これを図で表すと，前ページの図のようになる．行列の和，スカラー倍，積を行列の**演算**という．

例 1.4.2. 行列 A, B が

$$A = \begin{pmatrix} \boxed{1 \quad 2} \\ -3 \quad 2 \end{pmatrix}, \quad B = \begin{pmatrix} 2 & \boxed{\begin{matrix} 1 \\ -2 \end{matrix}} & 0 \\ 1 & & 1 \end{pmatrix}$$

なら，AB の $(1,2)$-成分は

$$1 \times 1 + 2 \times (-2) = -3$$

となる．他の成分も同様に計算すると，

$$AB = \begin{pmatrix} 4 & -3 & 2 \\ -4 & -7 & 2 \end{pmatrix}$$

となる． ◇

上のように天下り的に行列の積を定義したが，これにどういう意味があるか考えてみよう．簡単のために次の例で考えてみる．

$x_1, x_2, y_1, y_2, z_1, z_2$ を変数とする．行列 A, B を

$$A = \begin{pmatrix} a & b \\ c & d \end{pmatrix}, \quad B = \begin{pmatrix} e & f \\ g & h \end{pmatrix}$$

とするとき，

$$\begin{cases} z_1 = ay_1 + by_2, \\ z_2 = cy_1 + dy_2, \end{cases} \qquad \begin{cases} y_1 = ex_1 + fx_2, \\ y_2 = gx_1 + hx_2 \end{cases}$$

という 2 つの変換を考える．このような変数変換を **1 次変換**という．このとき，この 2 つの 1 次変換を合成したらどうなるだろうか?

代入すると，

$$z_1 = a(ex_1 + fx_2) + b(gx_1 + hx_2) = (ae + bg)x_1 + (af + bh)x_2,$$
$$z_2 = c(ex_1 + fx_2) + d(gx_1 + hx_2) = (ce + dg)x_1 + (cf + dh)x_2$$

となる．x_1, x_2 の係数を並べ行列をつくると

$$\begin{pmatrix} ae + bg & af + bh \\ ce + dg & cf + dh \end{pmatrix}$$

となるが，これは AB と一致することがわかる．このように，行列に 1 次変換を対応させると，**行列の積は 1 次変換の合成に対応する**のである．

1.5 行列の積の性質

行列の積は，和やスカラー倍との間に次の関係がある．

$$
\begin{aligned}
&A\mathbf{0} = \mathbf{0}, \qquad \mathbf{0}B = \mathbf{0}, \\
&(A+B)C = AC + BC, \\
&A(B+C) = AB + AC, \\
&(rA)B = A(rB) = r(AB), \\
&(AB)C = A(BC).
\end{aligned} \tag{1.5.1}
$$

ここで A, B, C は行列，r は実数であり，行列の和と積はサイズが合っているときのみ考えるものとする．

これらの関係式は，積 AB が A, B 各々に関して『線形』であり，結合法則 (最後の関係式) が成り立っていることを意味している．詳しくは証明しないが，(1.5.1) は積の定義 (1.4.1) で，積の成分 c_{ik} が A, B それぞれの成分に関して斉次 1 次式 (つまり，定数項のない 1 次式) で定義されていることと，実数 a, b, c に対しては $(ab)c = a(bc)$ が成り立っていることから簡単に示せる．

行列の積と転置行列との間には次の関係がある．

> **命題 1.5.2.** A, B が行列で AB が定義できるなら，${}^t(AB) = {}^tB\,{}^tA$ である．

証明. ${}^t(AB)$ の (k, i)-成分は $\sum_j a_{ij}b_{jk}$ である．${}^tB, {}^tA$ の (k, j), (j, i)-成分は b_{jk}, a_{ij} なので，${}^tB\,{}^tA$ の (k, i)-成分は $\sum_j b_{jk}a_{ij} = \sum_j a_{ij}b_{jk}$ である．よって命題が示された． □

行列の積 AB と A, B の行や列との間には深い関係があり，それらを理解することは計算上も理論上も重要なので，それについて解説する．

A を $m \times n$ 行列とし，$\boldsymbol{a}_1, \ldots, \boldsymbol{a}_m$ を A の行，$\boldsymbol{v}_1, \ldots, \boldsymbol{v}_n$ を列とする．このとき，A を

$$
A = \begin{pmatrix} \boldsymbol{a}_1 \\ \vdots \\ \boldsymbol{a}_m \end{pmatrix} = \begin{pmatrix} \boldsymbol{v}_1 & \cdots & \boldsymbol{v}_n \end{pmatrix} \tag{1.5.3}
$$

と表示する．例えば

$$
\boldsymbol{v}_1 = \begin{pmatrix} 2 \\ 3 \end{pmatrix}, \quad \boldsymbol{v}_2 = \begin{pmatrix} 3 \\ -1 \end{pmatrix}, \quad \boldsymbol{v}_3 = \begin{pmatrix} -\frac{1}{2} \\ 0 \end{pmatrix}
$$

で $A = (\boldsymbol{v}_1\ \ \boldsymbol{v}_2\ \ \boldsymbol{v}_3)$ なら，

$$A = \begin{pmatrix} 2 & 3 & -\frac{1}{2} \\ 3 & -1 & 0 \end{pmatrix}$$

である．

また，A が $m \times n$ 行列で $\boldsymbol{b}$ が m 次元列ベクトルなら，A の最後に列ベクトル $\boldsymbol{b}$ を付け加えた行列を $(A\ \ \boldsymbol{b})$ と書く．

A の行ベクトルを $\boldsymbol{a}_1, \dots, \boldsymbol{a}_l$，$B$ の列ベクトルを $\boldsymbol{v}_1, \dots, \boldsymbol{v}_n$ とする．つまり，

$$A = \begin{pmatrix} \boldsymbol{a}_1 \\ \vdots \\ \boldsymbol{a}_l \end{pmatrix}, \quad B = \begin{pmatrix} \boldsymbol{v}_1 & \cdots & \boldsymbol{v}_n \end{pmatrix}$$

である．**次の命題は後でよく使うことになる．**

命題 1.5.4. 上の状況で次が成り立つ．
(1) 積 AB の第 i 行は $\boldsymbol{a}_i B$ である．
(2) 積 AB の第 k 列は $A\boldsymbol{v}_k$ である．

証明. AB の (i,k)-成分を c_{ik} とすると，c_{ik} は (1.4.1) で与えられている．$\boldsymbol{a}_i$ の成分は $a_{i1}, \dots, a_{im}$ なので，$\boldsymbol{a}_i B$ の第 k 成分は c_{ik} となる．AB の第 i 行は成分が $c_{i1}, \dots, c_{in}$ なので，$\boldsymbol{a}_i B$ と一致する．よって (1) を得る．(2) も同様である． □

以下，$\mathbb{R}^n$ において

$$\mathbb{e}_1 = \begin{pmatrix} 1 \\ 0 \\ \vdots \\ 0 \end{pmatrix}, \quad \mathbb{e}_2 = \begin{pmatrix} 0 \\ 1 \\ \vdots \\ 0 \end{pmatrix}, \quad \cdots, \quad \mathbb{e}_n = \begin{pmatrix} 0 \\ 0 \\ \vdots \\ 1 \end{pmatrix} \tag{1.5.5}$$

とおく．これらを $\mathbb{R}^n$ の**基本ベクトル**という．

次の命題も後で有用になる．

命題 1.5.6. A を $m \times n$ 行列とするとき，次が成り立つ．
(1) ${}^t\mathbb{e}_i A = (\overbrace{0\ \cdots 0\ 1}^{i}\ \cdots\ 0)A$ は A の第 i 行である．
(2) $A\mathbb{e}_j$ は A の第 j 列である．

証明. (1) $\boldsymbol{x} = (x_1 \ \cdots \ x_m)$ とするとき，$\boldsymbol{x}A$ の第 j 成分は $x_1a_{1j}+\cdots+x_ma_{mj}$ である．$\boldsymbol{x} = {}^t\mathbb{e}_i$ なら，$x_i = 1$ で他は 0 なので，これは a_{ij} となる．これを $j = 1, \ldots, n$ について並べれば A の第 i 行である．(2) も同様である．□

例 1.5.7. 行列 A, B, C が

$$A = \begin{pmatrix} 0 & 1 & 0 \\ * & * & * \\ 0 & 0 & 0 \end{pmatrix}, \qquad B = \begin{pmatrix} 1 & 0 & * \\ 0 & 0 & * \\ 0 & 0 & * \end{pmatrix}, \qquad C = \begin{pmatrix} 1 & 2 & 3 \\ 4 & 5 & 6 \\ 7 & 8 & 9 \end{pmatrix}$$

という形をしているとする．このとき，AC の第 1 行は ${}^t\mathbb{e}_2C$ なので，これは C の第 2 行である．また，第 3 行は $\mathbf{0}C$ なので，これは零ベクトルである．したがって，

$$AC = \begin{pmatrix} 4 & 5 & 6 \\ * & * & * \\ 0 & 0 & 0 \end{pmatrix}$$

という形をしていることがわかる．

また，CB の第 1 列は $C\mathbb{e}_1$ なので，これは C の第 1 列である．また，第 2 列は $C\mathbf{0}$ なので，これは零ベクトルである．したがって，

$$CB = \begin{pmatrix} 1 & 0 & * \\ 4 & 0 & * \\ 7 & 0 & * \end{pmatrix}$$

という形をしていることがわかる．◇

次の n 次正方行列

$$I_n = \begin{pmatrix} 1 & 0 & \cdots & 0 \\ 0 & 1 & \cdots & 0 \\ 0 & 0 & \ddots & 0 \\ 0 & 0 & \cdots & 1 \end{pmatrix}, \quad rI_n = \begin{pmatrix} r & 0 & \cdots & 0 \\ 0 & r & \cdots & 0 \\ 0 & 0 & \ddots & 0 \\ 0 & 0 & \cdots & r \end{pmatrix} \quad (r \in \mathbb{R})$$

はそれぞれ**単位行列**，**スカラー行列**とよばれる．

命題 1.5.6 から次の系がわかる．

系 1.5.8. A を $m \times n$ 行列，$r \in \mathbb{R}$ とするとき，$(rI_m)A = rA$, $A(rI_n) = rA$ である．特に，$r = 1$ の場合を考えると，$I_mA = A$, $AI_n = A$ である．

つまり，単位行列は実数の乗法における 1 のような行列である．また，スカラー行列は，上のように他の行列との積を考えるとスカラー倍になるのでスカラー行列とよぶのである．

1.6 行列の積と対角行列

行列の積は実数の積などよりも難しい．それは，行列の積では $AB = BA$ という性質が必ずしも成り立たないからである．例えば

$$A = \begin{pmatrix} 1 & 2 \\ 3 & 4 \end{pmatrix}, \quad B = \begin{pmatrix} 2 & 0 \\ 1 & 3 \end{pmatrix}$$

とすると，

$$AB = \begin{pmatrix} 4 & 6 \\ 10 & 12 \end{pmatrix}, \quad BA = \begin{pmatrix} 2 & 4 \\ 10 & 14 \end{pmatrix}$$

なので，$AB \neq BA$ である†．

上の例で行列の積は必ずしも順序を交換できないことを示したが，以下定義する対角行列どうしの積は簡単である．それは，行列の対角化を考える動機にもなっている．

定義 1.6.1. $A = (a_{ij})$ を n 次正方行列とする．

(1) $a_{11}, \ldots, a_{nn}$ のことを A の**対角成分**という．

(2) $i \neq j$ なら $a_{ij} = 0$ のとき，A を**対角行列**という．

(3) $i < j$ なら $a_{ij} = 0$ のとき，A を**下三角行列**という．

(4) $i > j$ なら $a_{ij} = 0$ のとき，A を**上三角行列**という． ◇

例 1.6.2. 行列 A, B, C が

$$A = \begin{pmatrix} 2 & 0 \\ 0 & -1 \end{pmatrix}, \quad B = \begin{pmatrix} 1 & 0 & 0 \\ -2 & 2 & 0 \\ 3 & 2 & 0 \end{pmatrix}, \quad C = \begin{pmatrix} \frac{1}{2} & 2 \\ 0 & 3 \end{pmatrix}$$

なら，A は対角行列，B は下三角行列，C は上三角行列である．B の対角成分に 0 があるが，定義の条件が満たされているので，下三角行列である．対角

---

† このように，何かの性質が成り立たないことを示すには，その性質が成り立たない例を示すことが一般的であり，そのような例を**反例**とよぶ．厳密にいうとどのような性質でも，反例を示さない限り，その性質が成り立たないことを示したことにはならない．

行列は下三角でも上三角でもある．逆に下三角かつ上三角な行列は対角行列である．これらの概念は正方行列のみに対し定義されている． ◇

行列 A, B を

$$A = \begin{pmatrix} a_{11} & 0 & 0 \\ 0 & \ddots & 0 \\ 0 & 0 & a_{nn} \end{pmatrix}, \quad B = \begin{pmatrix} b_{11} & 0 & 0 \\ 0 & \ddots & 0 \\ 0 & 0 & b_{nn} \end{pmatrix} \tag{1.6.3}$$

とすると，

$$AB = \begin{pmatrix} a_{11}b_{11} & 0 & 0 \\ 0 & \ddots & 0 \\ 0 & 0 & a_{nn}b_{nn} \end{pmatrix} \tag{1.6.4}$$

である．なぜなら，$B = (b_{11}\mathbb{e}_1 \ \cdots \ b_{nn}\mathbb{e}_n)$ なので，AB の第 j 列は $Ab_{jj}\mathbb{e}_j$ であり，A の第 j 列で 0 でないのは a_{jj} だけなので，これが b_{jj} 倍されるだけだからである．これより A, B がサイズが同じ対角行列なら，$AB = BA$ であることがわかる．

このように，**対角行列どうしの積はやさしいので**，対角行列は扱いやすい行列である．対角成分が $\lambda_1, \ldots, \lambda_n$ である n 次対角行列のことを $\mathrm{diag}\{\lambda_1, \ldots, \lambda_n\}$ と書く．

1.7　行列の標準形と連立 1 次方程式

行列の概念と計算に少し慣れたところで，一般の連立 1 次方程式を行列変形によって解く方法について解説する．解説の後の 1.8 節で，解法のまとめと例を解説する．

一般の連立 1 次方程式は，$a_{ij} \in \mathbb{R}\ (i = 1, \ldots, m, j = 1, \ldots, n), b_1, \ldots, b_m \in \mathbb{R}$ を定数，$x_1, \ldots, x_n$ を未知の変数として

$$\begin{cases} a_{11}x_1 + \cdots + a_{1n}x_n = b_1, \\ \qquad\qquad \vdots \\ a_{m1}x_1 + \cdots + a_{mn}x_n = b_m \end{cases} \tag{1.7.1}$$

という形をしている．$\boldsymbol{x} = [x_1, \ldots, x_n] \in \mathbb{R}^n$ が上の方程式を満たすとき，**解**という．

これに対し

$$(1.7.2)\quad A=\begin{pmatrix} a_{11} & \cdots & a_{1j} & \cdots & a_{1n} \\ \vdots & \vdots & \vdots & \vdots & \vdots \\ a_{i1} & \cdots & a_{ij} & \cdots & a_{in} \\ \vdots & \vdots & \vdots & \vdots & \vdots \\ a_{m1} & \cdots & a_{mj} & \cdots & a_{mn} \end{pmatrix},\quad \boldsymbol{b}=\begin{pmatrix} b_1 \\ \vdots \\ b_m \end{pmatrix},\quad \boldsymbol{x}=\begin{pmatrix} x_1 \\ \vdots \\ x_n \end{pmatrix}$$

とおく.

命題 1.7.3. 上の状況で次が成り立つ.

(1) 連立 1 次方程式 (1.7.1) は方程式 $A\boldsymbol{x}=\boldsymbol{b}$ と同値である.

(2) A の列ベクトルを $\boldsymbol{v}_1,\ldots,\boldsymbol{v}_n$ とすると, $A\boldsymbol{x}=x_1\boldsymbol{v}_1+\cdots+x_n\boldsymbol{v}_n$ である.

証明. (1) $A\boldsymbol{x}$ の第 i 成分が (1.7.1) の第 i 番目の方程式の左辺であることは, 積 $A\boldsymbol{x}$ の定義からすぐわかる.

(2) $\boldsymbol{x}=x_1\mathbb{e}_1+\cdots+x_n\mathbb{e}_n$ なので, 命題 1.5.6(2) より

$$A\boldsymbol{x}=x_1A\mathbb{e}_1+\cdots+x_nA\mathbb{e}_n=x_1\boldsymbol{v}_1+\cdots+x_n\boldsymbol{v}_n$$

となる. □

命題 1.7.3(2) は 4 章で解説するベクトルの 1 次独立性で繰り返し使うことになる重要な性質である.

A に $\boldsymbol{b}$ を付け加えた行列 $(A\ \ \boldsymbol{b})$ のことを連立 1 次方程式 (1.7.1) に対応する行列という. また, 連立 1 次方程式は行列 $(A\ \ \boldsymbol{b})$ に対応しているともいう. $\boldsymbol{b}=\mathbf{0}$ なら, 連立 1 次方程式は**斉次方程式**, $\boldsymbol{b}\neq\mathbf{0}$ なら, **非斉次方程式**という. 斉次方程式なら, $\boldsymbol{x}=\mathbf{0}$ は解である. これを**自明な解**という. $(A\ \ \boldsymbol{b})$ において最後の列を区別するために, 縦線を入れて $(A\mid\boldsymbol{b})$ と書くこともある. これは単なる便宜上の表記であり, 行列そのものに影響はない.

これから連立 1 次方程式の解法について解説するが, 1.1 節で行ったようなナイーブな解法ならば, 一般的にどのような操作をするだろう? これには次の操作が考えられる.

(1) i 番目の方程式の定数倍を j 番目の方程式に足す (その定数が負なら, 引くことに対応している).

(2) i 番目の方程式に 0 でない定数をかける (逆数を考えることにより，これは定数で割ることにも対応する).

(3) i 番目の方程式と j 番目の方程式を交換する.

ある変数の値が得られたとき，それを代入するという操作は (1) に含まれると考えることができる．なぜなら，例えば

$$**+3x_3+**=**$$

という式に $x_3=5$ というような値を代入するということは，上の式に $x_3=5$ の -3 倍を足すということに対応するからである.

これらの操作を，対応する行列の変形という観点から，次のように定式化する.

定義 1.7.4. 次の 3 つの操作を行列の (行に関する) **基本変形**とよぶ.

(1) 第 j 行に第 i 行の c 倍を足す.

(2) 第 i 行に 0 でない定数 c をかける.

(3) 第 i 行と第 j 行を取り換える. ◇

以降，これらの操作を便宜上それぞれ

$$\begin{aligned} &R_j \to R_j + cR_i, \\ &R_i \to cR_i, \\ &R_i \leftrightarrow R_j \end{aligned} \tag{1.7.5}$$

と書く．定義 1.7.4(1)–(3) は，もちろん連立 1 次方程式の変形 (1)–(3) に対応する．例えば

$$\begin{pmatrix} 2 & 7 & 15 \\ 1 & 2 & 3 \end{pmatrix} \xrightarrow{R_1 \leftrightarrow R_2} \begin{pmatrix} 1 & 2 & 3 \\ 2 & 7 & 15 \end{pmatrix}$$
$$\xrightarrow{R_2 \to R_2 - 2R_1} \begin{pmatrix} 1 & 2 & 3 \\ 0 & 3 & 9 \end{pmatrix} \xrightarrow{R_2 \to \frac{1}{3}R_2} \begin{pmatrix} 1 & 2 & 3 \\ 0 & 1 & 3 \end{pmatrix}$$

である.

さて，連立 1 次方程式を解くために，対応する行列の変形をするとして，最終的に行列をどういう形に変形することを目指せばよいのだろう?

変数が複数ある場合，共通の変数を消去していくのが自然である．1 つの方程式を使えば，他の方程式から共通の 1 つの変数を消去することができる．変数の数が多ければ，変数の数が 1 つ少ない複数の方程式を使って，もう 1 つ変

数を消去することができる．消去する変数をなるべく $x_1, x_2, \ldots$ という順にすることにすると，消去のプロセスを繰り返すことにより，最終的には方程式の形は大ざっぱにいえば上三角になるはずである．そして変数の数が一番少ない状態になったら，それをそれまでの方程式に代入していくことになる．それに対応する行列の形を定式化すると次のようになる．

定義 1.7.6. 行列 A が行変形に関する**標準形**であるとは，次の性質を満たすことである．

(1) すべての成分が 0 である行は A の一番下にまとまってある．

(2) 各行の 0 でない成分の中で，一番左にある成分 (これを以下**ピボット**という) は，それより上の行のピボットより右にある．

(3) ある行のピボットになっている成分を含む列は，そのピボットになっている成分以外 0 である．またピボットの値はすべて 1 である．　◇

なお，この標準形のことを，英語では reduced row echelon form というので，略して行列の **rref (アールアールイーエフ)** ということにする．また上の定義の (1), (2) は満たされているが，(3) は必ずしも満たされていない行列は **ref** (row echelon form) であるという．日本語では『階段行列』などの用語があるが，黒板に書きにくいのでこの用語を使うことにする．

ピボットは各行，各列に高々1つしかないので，次の命題は明らかである．

命題 1.7.7. A が $m \times n$ 行列で rref なら，ピボットの数 r は m, n を越えない．

例 1.7.8. 行列 A, B, C, D, E を

$$A = \begin{pmatrix} \boxed{0 \quad 0 \quad 0} \\ 1 \quad 0 \quad 0 \\ 0 \quad 0 \quad 0 \end{pmatrix}, \quad B = \begin{pmatrix} 1 & 0 & 0 \\ 0 & 1 & 1 \\ 0 & \boxed{1} & 0 \end{pmatrix},$$

$$C = \begin{pmatrix} 0 & 1 & -3 & 0 & 2 & 0 \\ 0 & 0 & 0 & 1 & 2 & 0 \\ 0 & 0 & 0 & 0 & 0 & 1 \end{pmatrix},$$

$$D = \begin{pmatrix} 1 & -3 & \boxed{1} & 2 & 0 \\ 0 & 0 & 1 & 2 & 0 \\ 0 & 0 & 0 & 0 & 1 \end{pmatrix}, \quad E = \begin{pmatrix} 1 & -3 & 0 & 2 & 0 \\ 0 & 0 & \boxed{3} & 2 & 0 \\ 0 & 0 & 0 & 0 & \boxed{2} \end{pmatrix}$$

とすると，A は定義 1.7.6(1) が満たされていないので，rref ではない．B は

第 3 行のピボットが第 2 行のピボットより右にないので，rref ではない．C は rref である．D は $(1,3)$-成分が，ピボットである $(2,3)$-成分と同じ列にあるが 0 でないので，ref だが rref ではない．E はピボットである $(2,3)$-成分と $(3,5)$-成分が 1 でないので，ref だが rref ではない． ◇

A, B は行列で行のサイズは同じとする．A の右に B を置いた行列を $(A\ \ B)$ ($(A \mid B)$ でもよい) と書く．次の命題は rref の定義から従う．

命題 1.7.9. $(A\ \ B)$ が rref なら，A も rref である．

行列の rref を求める計算をする前に，rref である行列に対応する連立 1 次方程式の解は即座に読みとれることを示そう．例えば，連立 1 次方程式に対応する行列 $(A \mid \boldsymbol{b})$ が

$$(A \mid \boldsymbol{b}) = \left(\begin{array}{ccccc|c} 0 & 1 & 0 & -2 & 0 & 1 \\ 0 & 0 & 1 & 1 & 0 & -2 \\ 0 & 0 & 0 & 0 & 1 & 3 \end{array}\right)$$

であり，変数は $x_1, \ldots, x_5$ だとする．このとき，連立 1 次方程式は

$$\begin{cases} x_2 \quad - 2x_4 \quad = 1, \\ \quad x_3 + \ x_4 \quad = -2, \\ \qquad\qquad x_5 = 3 \end{cases}$$

である．したがって，x_1, x_4 は任意の実数で，$x_2 = 2x_4+1$，$x_3 = -x_4-2$，$x_5 = 3$ となることがわかる．これをベクトルの形で書くと，

$$\boldsymbol{x} = \begin{pmatrix} x_1 \\ 2x_4+1 \\ -x_4-2 \\ x_4 \\ 3 \end{pmatrix} = x_1 \begin{pmatrix} 1 \\ 0 \\ 0 \\ 0 \\ 0 \end{pmatrix} + x_4 \begin{pmatrix} 0 \\ 2 \\ -1 \\ 1 \\ 0 \end{pmatrix} + \begin{pmatrix} 0 \\ 1 \\ -2 \\ 0 \\ 3 \end{pmatrix}$$

(x_1, x_4 は任意の実数) である．ここで，この方程式は $x_1, \ldots, x_5$ に関する方程式であり，上の方程式には表面上 x_1 は現れないが，無視してはいけないことに注意する．

もう 1 つの例として，$(A \mid \boldsymbol{b})$ が

$$(A \mid \boldsymbol{b}) = \left(\begin{array}{ccc|c} 1 & 0 & -2 & 1 \\ 0 & 1 & 1 & 0 \\ 0 & 0 & 0 & 1 \end{array}\right)$$

だったらどうだろう (変数は x_1, x_2, x_3).

最後の行に対応する方程式を書くと

$$0x_1 + 0x_2 + 0x_3 = 1$$

となる．これは x_1, x_2, x_3 がどんな値をとろうと満たされることはない．したがって，この場合は解は存在しない．

以下，rref の求めかたについて述べる．次の定理は形の上では存在定理だが，その証明は rref の求めかたを示している．

> **定理 1.7.10.** 任意の行列 A は，行列の基本変形によって rref に変形することができる．また A が ref なら，A のピボットの数と A の rref のピボットの数は等しい．

証明. A は零行列ではないとする．このとき，左から最初に $\mathbf{0}$ でない列を第 j_1 列とする．第 j_1 列の中には 0 でない成分があるので，必要なら行を取り換えて $(1, j_1)$-成分は 0 でないとしてよい．また，$1/a_{1j_1}$ を第 1 行にかけることにより，$a_{1j_1} = 1$ と仮定してよい．ここで A は

$$\begin{pmatrix} 0 & \cdots & 0 & 1 & * & \cdots & * \\ 0 & \cdots & 0 & a_{2j_1} & * & \cdots & * \\ 0 & \vdots & 0 & \vdots & * & \vdots & * \\ 0 & \cdots & 0 & a_{mj_1} & * & \cdots & * \end{pmatrix}$$

という形をしている．

第 2 行から第 1 行の a_{2j_1} 倍を引き，$\cdots$ などと繰り返すと，A は

$$\begin{pmatrix} 0 & \cdots & 0 & 1 & * & \cdots & * \\ 0 & \cdots & 0 & 0 & & & \\ \vdots & \vdots & \vdots & \vdots & & B & \\ 0 & \cdots & 0 & 0 & & & \end{pmatrix}$$

という形になる．B に関する行の基本変形は A に関する行の基本変形から得られるので，これを繰り返せば A は ref になる．

この時点で A は次のような形をしている．

$$\begin{pmatrix} 0 & \boxed{1} & * & * & * & * & * & * \\ 0 & 0 & 0 & 1 & * & * & * & * \\ 0 & 0 & 0 & 0 & 0 & 1 & * & * \\ 0 & 0 & 0 & 0 & 0 & 0 & 0 & 0 \end{pmatrix}$$

一番下のピボットを使い，上の行からピボットの上の成分を消去することができる．その際，そのピボットより左の成分は 0 で，上の行のピボットは一番下のピボットより左にあるので，この操作で上の行のピボットは影響を受けない (下の図参照).

$$\begin{pmatrix} 0 & \boxed{1} & * & * & * & 0 & * & * \\ 0 & 0 & 0 & \boxed{1} & * & 0 & * & * \\ 0 & 0 & 0 & 0 & 0 & \boxed{1} & * & * \\ 0 & 0 & 0 & 0 & 0 & 0 & 0 & 0 \end{pmatrix}$$

よってこれを繰り返せば，A を次のような rref に変形することができる．

$$\begin{array}{c} \quad\; j_1 \qquad \cdots \qquad j_r \qquad\qquad \\ \begin{pmatrix} 0 & \boxed{1} & * & 0 & * & 0 & * & * \\ 0 & 0 & 0 & \boxed{1} & * & 0 & * & * \\ 0 & 0 & 0 & 0 & 0 & \boxed{1} & * & * \\ 0 & 0 & 0 & 0 & 0 & 0 & 0 & 0 \end{pmatrix} \end{array}$$

上の図で，$j_1, \ldots, j_r$ はピボットを含む列を表す．

A がすでに ref なら，ピボットを 1 にした後上の変形の後半の部分だけを実行すればよいので，ピボットの数は変わらない．よって定理の後半の部分を得る． □

上の定理の証明で示された rref の求めかたを以下のようにまとめる．

rref の求めかた

(1) 左から最初に $\mathbf{0}$ でない列の 0 でない成分を，必要なら行を交換することにより，第 1 行に移動する．さらにスカラー倍を適用して，その成分を 1 にする．これはピボットである．
(2) 第 1 行の定数倍をそれ以外の行に足すことにより，(1) のピボットの真下の成分すべてを 0 にする．
(3) 第 2 行以下に (1), (2) を繰り返し適用する．
(4) 0 でない一番下の行の定数倍をそれより上の行に足すことにより，一番下のピボットの真上の成分をすべて 0 にする．
(5) (4) の行より上の部分を考え，(4) の作業を繰り返す．これで rref が求まる．

実は A の rref は，それを求める過程によらず，A によって一意的に定まることを証明することもできる．それは 4.6 節で解説する．

定理 1.7.11. 行列 $(A \mid \boldsymbol{b})$ と $(A' \mid \boldsymbol{b}')$ は行の基本変形で移り合うとする．このとき，$(A \mid \boldsymbol{b})$ と $(A' \mid \boldsymbol{b}')$ に対応する連立 1 次方程式の解の集合は一致する．

証明. 2 つの方程式 $l_1(x) = b_1$, $l_2(x) = b_2$ が成り立つなら，$c \in \mathbb{R}$ を定数とするとき，$l_1(x) = b_1$, $l_2(x) + cl_1(x) = b_2 + cb_1$ が成り立つ．したがって，

$$\begin{cases} l_1(x) = b_1, \\ l_2(x) = b_2 \end{cases} \Longrightarrow \begin{cases} l_1(x) = b_1, \\ l_2(x) + cl_1(x) = b_2 + cb_1 \end{cases}$$

である．もう一度 2 番目の方程式に 1 番目の方程式の $-c$ 倍を足すという操作を行えば

$$\begin{cases} l_1(x) = b_1, \\ l_2(x) + cl_1(x) = b_2 + cb_1 \end{cases} \Longrightarrow \begin{cases} l_1(x) = b_1, \\ l_2(x) = b_2 \end{cases}$$

もわかる．これを i, j 番目の方程式に当てはめると，定義 1.7.4(1) のタイプの行変形で，対応する連立 1 次方程式は同値であることがわかる．(2), (3) のタイプの基本変形で解の集合が変わらないことも同様にわかる． □

$(A \mid \boldsymbol{b})$ が rref のとき，対応する連立 1 次方程式の解の集合の記述方法を述べる．

$(A \mid \boldsymbol{b})$ のピボットは $(1, j_1), \ldots, (r, j_r)$ 成分であるとし，$S = \{1, \ldots, n\} \setminus \{j_1, \ldots, j_r\}$ とおく．このとき，

$$\boldsymbol{t} = \begin{pmatrix} \vdots \\ b_1 \\ \vdots \\ 0 \\ \vdots \\ b_r \\ \vdots \end{pmatrix} \begin{matrix} \\ \cdots j_1 \\ \\ \cdots j\ (\in S) \\ \\ \cdots j_r \\ \\ \end{matrix}, \qquad \boldsymbol{s}_l = \begin{pmatrix} \vdots \\ -a_{1l} \\ \vdots \\ 1 \\ \vdots \\ 0 \\ \vdots \\ -a_{rl} \\ \vdots \end{pmatrix} \begin{matrix} \\ \cdots j_1 \\ \\ \cdots l \\ \\ \cdots j\ (\in S \setminus \{l\}) \\ \\ \cdots j_r \\ \\ \end{matrix}$$

とおく．ただし $\boldsymbol{s}_l$ の定義において $l \in S$ である．

$\boldsymbol{t}, \boldsymbol{s}_l$ を基本ベクトルで表すと

$$\boldsymbol{t} = b_1 \mathbb{e}_{j_1} + \cdots + b_r \mathbb{e}_{j_r}, \quad \boldsymbol{s}_l = \mathbb{e}_l - \sum_{i=1}^{r} a_{il} \mathbb{e}_{j_i} \quad (l \in S) \tag{1.7.12}$$

となる．

定理 1.7.13. 行列 $(A \mid \boldsymbol{b})$ が rref なら，次が成り立つ．

(1) $A\boldsymbol{x} = \boldsymbol{b}$ の解が存在するための必要十分条件は，$(A \mid \boldsymbol{b})$ が

$$\left(\begin{array}{ccc|c} 0 & \cdots & 0 & 1 \end{array}\right)$$

という行を含まないことである．

(2) もし $A\boldsymbol{x} = \boldsymbol{b}$ の解が存在するなら，$A\boldsymbol{x} = \boldsymbol{b}$ の解は $\boldsymbol{x} = \sum_{l \in S} x_l \boldsymbol{s}_l + \boldsymbol{t}$ (ただし，$l \in S$ に対し $x_l \in \mathbb{R}$ は任意) となる．特に，$n > m$ なら，方程式 $A\boldsymbol{x} = \boldsymbol{0}$ は $\boldsymbol{0}$ でない解をもつ．

証明. $(A \mid \boldsymbol{b})$ が $(0 \ \cdots \ 0 \mid 1)$ という行を含まないと仮定する．すると，$A\boldsymbol{x} = \boldsymbol{b}$ は以下のような形をしている．

$$\begin{cases} x_{j_1} & & & + \displaystyle\sum_{l \in S} a_{1l} x_l = b_1, \\ & x_{j_2} & & + \displaystyle\sum_{l \in S} a_{2l} x_l = b_2, \\ & & \ddots & \qquad \vdots \\ & & x_{j_r} & + \displaystyle\sum_{l \in S} a_{rl} x_l = b_r. \end{cases}$$

仮定により，どの方程式にも左辺にピボットに対応する変数 x_{j_i} がある．これは

$$\begin{cases} x_{j_1} = -\displaystyle\sum_{l \in S} a_{1l} x_l + b_1, \\ x_{j_2} = -\displaystyle\sum_{l \in S} a_{2l} x_l + b_2, \\ \qquad \vdots \\ x_{j_r} = -\displaystyle\sum_{l \in S} a_{rl} x_l + b_r \end{cases} \tag{1.7.14}$$

と同値である．(1.7.14) を使うと

$$\begin{aligned} \boldsymbol{x} &= \sum_{l \in S} x_l \mathbb{e}_l + \sum_{i=1}^{r} \left(b_i - \sum_{l \in S} a_{il} x_l \right) \mathbb{e}_{j_i} \\ &= \sum_{l \in S} x_l \left(\mathbb{e}_l - \sum_{i=1}^{r} a_{il} \mathbb{e}_{j_i} \right) + \sum_{i=1}^{r} b_i \mathbb{e}_{j_i} \\ &= \sum_{l \in S} x_l \boldsymbol{s}_l + \boldsymbol{t}. \end{aligned}$$

もし $(A \mid \boldsymbol{b})$ が $(0 \ \cdots \ 0 \mid 1)$ という行を含むなら，$0=1$ なので解をもたない．したがって，(1) の必要条件の部分もわかった．

$\boldsymbol{b}=\boldsymbol{0}$ なら解 $\boldsymbol{x}=\boldsymbol{0}$ をもつので，$(A \mid \boldsymbol{b})$ は $(0 \ \cdots \ 0 \mid 1)$ という行を含まない．ピボットの数 r は m 以下なので，$n>m$ なら $S \neq \emptyset$ である．したがって，$\boldsymbol{x} \neq \boldsymbol{0}$ である解がある． □

注 1.7.15. 上の $\boldsymbol{s}_l$ の第 j-成分 $(j \in S)$ は，$j=l$ なら 1 で，$j \neq l$ なら 0 である．したがって，$a_l \in \mathbb{R}$ で $\sum_{l \in S} a_l \boldsymbol{s}_l = \boldsymbol{0}$ なら，$a_l=0$ がすべての $l \in S$ に対して成り立つ．これは 4 章で解説するが，$\{\boldsymbol{s}_l \mid l \in S\}$ が『1 次独立』であることを示している． ◇

1.8 連立 1 次方程式の解法のまとめと例

定理 1.7.10, 1.7.11, 1.7.13 により，一般の連立 1 次方程式は，対応する行列の rref を求めることにより，その解の集合を記述することができる．これらをまとめると以下のようになる．

連立 1 次方程式の解法のまとめ

(1) 行列 $(A \mid \boldsymbol{b})$ の rref を求める．

(2) rref になった $(A \mid \boldsymbol{b})$ が $(0 \ \cdots \ 0 \mid 1)$ を含まなければ解をもつ．その場合，対応する連立 1 次方程式を書いて，ピボットに対応しない変数 (x_l, $l \in S$ とする) を含む項をすべて右辺に移項する．すると，ピボットに対応する変数を，ピボットに対応しない変数の 1 次式で表せる．

(3) $\boldsymbol{x}$ の成分でピボットに対応する変数 x_{j_i} を，ピボットに対応しない変数 x_l $(l \in S)$ の 1 次式で置き換える．

(4) 各 $l \in S$ に対し，$\boldsymbol{x}$ における x_l の係数をまとめたベクトルを $\boldsymbol{s}_l$，定数項をまとめたベクトルを $\boldsymbol{t}$ とする．すると，$A\boldsymbol{x}=\boldsymbol{b}$ の解は

$$\boldsymbol{x} = \sum_{l \in S} x_l \boldsymbol{s}_l + \boldsymbol{t}$$

で，x_l $(l \in S)$ は任意にとれる．

この解法を理解するには，実際に手頃なサイズの連立 1 次方程式を解いてみるのが一番である．

例 1.8.1. 連立 1 次方程式

$$\begin{cases} 3x_1+4x_2+\ \ x_3-2x_4=7, \\ 2x_1+5x_2-4x_3-3x_4=9, \\ \ \ x_1+2x_2-\ \ x_3-\ \ x_4=4 \end{cases}$$

の解をすべて求めてみる．対応する行列の rref を以下求める．途中の縦線は省略する．

$$\left(\begin{array}{cccc|c} 3 & 4 & 1 & -2 & 7 \\ 2 & 5 & -4 & -3 & 9 \\ 1 & 2 & -1 & -1 & 4 \end{array}\right) \xrightarrow{R_1 \leftrightarrow R_3} \begin{pmatrix} 1 & 2 & -1 & -1 & 4 \\ 2 & 5 & -4 & -3 & 9 \\ 3 & 4 & 1 & -2 & 7 \end{pmatrix}$$

$$\xrightarrow[R_3 \to R_3-3R_1]{R_2 \to R_2-2R_1} \begin{pmatrix} 1 & 2 & -1 & -1 & 4 \\ 0 & 1 & -2 & -1 & 1 \\ 0 & -2 & 4 & 1 & -5 \end{pmatrix} \xrightarrow{R_3 \to R_3+2R_2} \begin{pmatrix} 1 & 2 & -1 & -1 & 4 \\ 0 & 1 & -2 & -1 & 1 \\ 0 & 0 & 0 & -1 & -3 \end{pmatrix}$$

$$\xrightarrow{R_3 \to -R_3} \begin{pmatrix} 1 & 2 & -1 & -1 & 4 \\ 0 & 1 & -2 & -1 & 1 \\ 0 & 0 & 0 & 1 & 3 \end{pmatrix} \xrightarrow[R_2 \to R_2+R_3]{R_1 \to R_1+R_3} \begin{pmatrix} 1 & 2 & -1 & 0 & 7 \\ 0 & 1 & -2 & 0 & 4 \\ 0 & 0 & 0 & 1 & 3 \end{pmatrix}$$

$$\xrightarrow{R_1 \to R_1-2R_2} \left(\begin{array}{cccc|c} 1 & 0 & 3 & 0 & -1 \\ 0 & 1 & -2 & 0 & 4 \\ 0 & 0 & 0 & 1 & 3 \end{array}\right)$$

となる．なお，最初に第 1 行と第 3 行を交換したのは，$(1,1)$-成分が 1 にできれば計算が簡単だからであり，一般には分数を使わずには，このようなことはできない．この結果，最初の連立 1 次方程式は

$$\begin{cases} x_1 \qquad +3x_3 \qquad = -1, \\ \qquad x_2-2x_3 \qquad = 4, \\ \qquad\qquad\qquad x_4 = 3 \end{cases} \Longrightarrow \begin{cases} x_1 = -3x_3-1, \\ x_2 = 2x_3+4, \\ x_4 = 3 \end{cases}$$

と同値である．だから，

$$\boldsymbol{x} = \begin{pmatrix} -3x_3-1 \\ 2x_3+4 \\ x_3 \\ 3 \end{pmatrix} = x_3 \begin{pmatrix} -3 \\ 2 \\ 1 \\ 0 \end{pmatrix} + \begin{pmatrix} -1 \\ 4 \\ 0 \\ 3 \end{pmatrix}$$

となる．例えば $x_3 = 0, 1, 10$ を代入すれば，

$$\boldsymbol{x} = [-1, 4, 0, 3], \quad [-4, 6, 1, 3], \quad [-31, 24, 10, 3]$$

などと，いくらでも解の例をつくることができる． ◇

1.9 逆行列

次に，逆行列の概念について解説する．1変数の方程式 $ax = b$ なら，$x = a^{-1}b$ とすぐに解くことができる．連立1次方程式の場合も，$A\boldsymbol{x} = \boldsymbol{b}$ から $\boldsymbol{x} = A^{-1}\boldsymbol{b}$ とできないだろうか？ このようなことはいつもできるわけではないが，A が正方行列であり,『逆行列』をもつときにはそれが可能である．逆行列の概念は連立1次方程式だけでなく，行列の理論の中で基本的である．まず逆行列の定義から始める．

定義 1.9.1. A を n 次正方行列とする．もし n 次正方行列 B で，$AB = BA = I_n$ となるものがあれば，A は**正則**，あるいは**可逆**であるといい†，$B = A^{-1}$ と書く．A^{-1} を A の**逆行列**という． ◇

逆行列は，もしあれば A に対し一意的に定まる．なぜなら，もし C も A の逆行列なら，

$$C = CI_n = C(AB) = (CA)B = I_nB = B$$

となるからである．したがって，上の定義で $B = A^{-1}$ と書くことができる．

注 1.9.2. 数学では，ある定義が表面的には一意的には定まらないものに依存するとき，実は一意的に定まるか，そうでなくても，それを使って定義した対象はその曖昧さに依存しないで定まるというようなことが示せたとき，『この定義は **well-defined** である．』などといい，初めて定義が正当化される．定義 1.9.1 では，A が正則ということを定義するのには B が一意的に定まる必要はないが，$B = A^{-1}$ と書くためには，この B が A から一意的に定まることを示して初めてこの定義は well-defined といえるのである． ◇

---

† 日本では正則行列という用語のほうが，可逆行列という用語よりも圧倒的に多く使われているようである．インターネットで英語で検索すると，non-singular matrix と invertible matrix では，ヒット数の割合が大体 4 対 1 くらいで，日本ほど圧倒的な違いではないが，それでも non-singular matrix という用語のほうが多く使われている．ただし，成分が整数である行列の逆行列も成分が整数である，というような状況では，正則行列という用語より可逆行列という用語のほうがより使われるようである．

例 1.9.3. $a_{11}, \ldots, a_{nn} \neq 0$ なら，(1.6.4) より

$$\begin{pmatrix} a_{11} & 0 & 0 \\ 0 & \ddots & 0 \\ 0 & 0 & a_{nn} \end{pmatrix}^{-1} = \begin{pmatrix} a_{11}^{-1} & 0 & 0 \\ 0 & \ddots & 0 \\ 0 & 0 & a_{nn}^{-1} \end{pmatrix}$$

である． ◇

例 1.9.4. 行列 A, B, C を

$$A = \begin{pmatrix} 1 & & \\ & 1 & \\ 3 & & 1 \end{pmatrix}, \quad B = \begin{pmatrix} & & 1 \\ & 1 & \\ 1 & & \end{pmatrix}, \quad C = \begin{pmatrix} 1 & & \\ & 1 & \\ & & \frac{1}{2} \end{pmatrix}$$

とおく．これらの逆行列が

$$D = \begin{pmatrix} 1 & & \\ & 1 & \\ -3 & & 1 \end{pmatrix}, \quad E = \begin{pmatrix} & & 1 \\ & 1 & \\ 1 & & \end{pmatrix}, \quad F = \begin{pmatrix} 1 & & \\ & 1 & \\ & & 2 \end{pmatrix}$$

であることは，AD, DA 等を計算することにより，直接確かめることができる．これらは後で定義する『基本行列』の例である． ◇

例 1.9.5. 行列 A, B を

$$A = \begin{pmatrix} a & b \\ c & d \end{pmatrix}, \quad B = \begin{pmatrix} d & -b \\ -c & a \end{pmatrix}$$

とすると，$AB = BA = (ad - bc)I_2$ であることが簡単な計算で確かめられる．だから，もし $ad - bc \neq 0$ なら，

$$\begin{pmatrix} a & b \\ c & d \end{pmatrix}^{-1} = \frac{1}{ad - bc} \begin{pmatrix} d & -b \\ -c & a \end{pmatrix}$$

である．$n = 2$ の場合には，これは大変便利な公式である．例えば

$$\begin{pmatrix} 1 & 2 \\ 3 & 4 \end{pmatrix}^{-1} = -\frac{1}{2} \begin{pmatrix} 4 & -2 \\ -3 & 1 \end{pmatrix}$$

がすぐわかる． ◇

$1 \leqq i \neq j \leqq n$ のとき，n 次正方行列を

$$R_{ij}(c) = \begin{array}{c} \\ \\ j\cdots \\ \\ \\ \end{array} \begin{pmatrix} 1 & & \overset{\substack{i \\ \vdots}}{} & \\ & \ddots & c & \\ & & \ddots & \\ & & & 1 \end{pmatrix},$$

(1.9.6)
$$P_{ij} = \begin{array}{c} \\ \\ i\cdots \\ \\ j\cdots \\ \\ \\ \end{array} \begin{pmatrix} 1 & & \overset{\substack{i \\ \vdots}}{} & & \overset{\substack{j \\ \vdots}}{} & & \\ & \ddots & & & & & \\ & & 0 & & 1 & & \\ & & & \ddots & & & \\ & & 1 & & 0 & & \\ & & & & & \ddots & \\ & & & & & & 1 \end{pmatrix},$$

$$T_i(c) = \begin{array}{c} \\ \\ i\cdots \\ \\ \\ \end{array} \begin{pmatrix} 1 & & & & \\ & \ddots & & & \\ & & c & & \\ & & & \ddots & \\ & & & & 1 \end{pmatrix}$$

とおく．なお，P_{ij} の対角成分は (i,i), (j,j)-成分を除き 1 である．また，$T_i(c)$ の対角成分は (i,i)-成分を除き 1 である．これらの行列は，次に示すように行変換を引き起こすもので，理論上重要である．

命題 1.9.7. A を $n \times m$ 行列とする．

(1) $R_{ij}(c)A$ は A に行変換 $R_j \to R_j + cR_i$ を適用したものである．

(2) $P_{ij}A$ は A の第 i 行と第 j 行を交換したものである．

(3) $T_i(c)A$ は A の第 i 行を c 倍したものである．

証明. (1) 命題 1.5.4, 1.5.6 を使う．$R_{ij}(c)A$ の第 l 行は $R_{ij}(c)$ の第 l 行と A の積だが，$R_{ij}(c)$ の第 l 行が I_n の第 l 行と異なるのは $l=j$ のときのみである．$R_{ij}(c)$ の第 j 行は ${}^t(\mathbb{e}_j + c\mathbb{e}_i)$ である．よって命題 1.5.6 より，$R_{ij}(c)A$ の第 j 行は A の第 j 行に A の第 i 行の c 倍を足したものである．

(2) (1) と同様に，第 i 行と第 j 行だけ考えればよい．$P_{ij}A$ の第 i 行は ${}^t\mathbb{e}_jA$ なので，A の第 j 行である．第 j 行も同様である．

(3) $T_i(c)A$ の第 i 行は $c\,{}^t\mathbb{e}_iA$ なので，A の第 i 行に c をかけたものである．他の行は上と同様変わらない． □

系 1.9.8. $R_{ij}(c), P_{ij}$ は正則であり，$T_i(c)$ は $c \neq 0$ なら正則である．その逆行列は以下のようになる．

(1) $R_{ij}(c)^{-1} = R_{ij}(-c)$.

(2) $P_{ij}^{-1} = P_{ij}$.

(3) $T_i(c)^{-1} = T_i(c^{-1})$.

証明. (1) $R_{ij}(-c)R_{ij}(c)I_n$ を考えると，命題 1.9.7 より，第 i 行の c 倍を第 j 行に足した後引くことになるので，$R_{ij}(-c)R_{ij}(c)I_n = I_n$ である．よって $R_{ij}(-c)R_{ij}(c) = I_n$ だが，c を $-c$ にすれば $R_{ij}(c)R_{ij}(-c) = I_n$ となり，(1) がわかる．(2), (3) も同様である． □

つまり，(1.9.6) で与えた行列は正則で，A に左からかけると A に対して行の基本変換を引き起こす．だからこれらの形の行列を行に関する**基本行列**，あるいは単に基本行列とよぶことにする．

例 1.9.9. 例 1.9.4 の行列 A, B, C を左からかけると，命題 1.9.7 より，それぞれ基本変形 $R_3 \to R_3 + 3R_1$, $R_1 \leftrightarrow R_3$, $R_3 \to \frac{1}{2}R_3$ を引き起こす． ◇

正則行列には次の性質がある．A, B は n 次正方行列とする．

命題 1.9.10. (1) A, B が正則なら，AB も正則で $(AB)^{-1} = B^{-1}A^{-1}$.

(2) A が正則なら，A^{-1} も正則で $(A^{-1})^{-1} = A$.

(3) A が正則なら，${}^tA$ も正則で $({}^tA)^{-1} = {}^t(A^{-1})$.

証明. (1)
$$(B^{-1}A^{-1})(AB) = B^{-1}(A^{-1}A)B = B^{-1}B = I_n,$$
$$(AB)(B^{-1}A^{-1}) = A(BB^{-1})A^{-1} = AA^{-1} = I_n$$
より，$(AB)^{-1} = B^{-1}A^{-1}$ である．

(2) $AA^{-1} = A^{-1}A = I_n$ を A^{-1} の逆行列を定義する式とみなすことができるので，$(A^{-1})^{-1} = A$ である．

(3) $AA^{-1} = A^{-1}A = I_n$ の転置行列をとると，

$$
\begin{aligned}
{}^t(AA^{-1}) &= {}^t(A^{-1})\,{}^tA = {}^tI_n = I_n, \\
{}^t(A^{-1}A) &= {}^tA\,{}^t(A^{-1}) = {}^tI_n = I_n
\end{aligned}
$$

となるので，$({}^tA)^{-1} = {}^t(A^{-1})$ である．　□

命題 1.9.7, 1.9.10，系 1.9.8 より，次の系が従う．

系 1.9.11. 行列 A, B が行の基本変形で移り合うなら，正則行列 P があり $B = PA$ となる．

次に，A の正則性と，A の rref が I_n になることが同値になることを証明する．

命題 1.9.12. A が n 次正方行列であるとき，次の 3 つの条件は同値である．

(1) 方程式 $A\boldsymbol{x} = \boldsymbol{0}$ が $\boldsymbol{0}$ でない解をもたない．

(2) A の rref が I_n になる．

(3) A が正則である．

証明. A の rref において，ピボットは各行に高々 1 つしかないので，もしピボットの数が n なら，すべての行にピボットがある．よって A の rref は I_n である．よって A の rref が I_n でなければ，ピボットの数 r は $n-1$ 以下である．このとき，$n - r \geqq n - (n-1) = 1 > 0$ である．したがって，定理 1.7.13 の $\boldsymbol{s}_l$ があり $A\boldsymbol{x} = \boldsymbol{0}$ の解である．これで (1) $\Longrightarrow$ (2) の対偶が示せた．

(2) $\Longrightarrow$ (3) を証明する．仮定と系 1.9.11 より，正則行列 P があり

$$PA = I_n$$

となる．P^{-1} を左からかけて $A = P^{-1}$ となる．命題 1.9.10(2) より，A は正則である．

最後に (3) $\Longrightarrow$ (1) を証明する．A が正則なので，$A\boldsymbol{x} = \boldsymbol{0}$ なら，$x = A^{-1}A\boldsymbol{x} = \boldsymbol{0}$ となり，$\boldsymbol{0}$ でない解をもたない．よって (1) が示せた．　□

上の (1) は $A\boldsymbol{x} = \boldsymbol{0}$ が自明でない解をもたないともいうことは前に述べた．

命題 1.9.13. A, B が n 次正方行列で $AB = I_n$ なら，A, B ともに正則であり，お互いの逆行列である．特に，$BA = I_n$ である．

証明．$AB = I_n$ とする．もし A の rref が I_n でないなら，正則行列 P があり，

$$PA = \begin{pmatrix} & & \\ & * & \\ 0 & \cdots & 0 \end{pmatrix}$$

となる．したがって，

$$I_n = PABP^{-1} = \begin{pmatrix} & & \\ & * & \\ 0 & \cdots & 0 \end{pmatrix} BP^{-1} = \begin{pmatrix} & & \\ & * & \\ 0 & \cdots & 0 \end{pmatrix}$$

だが，これは I_n になりえない．よって矛盾である．これは A の rref が I_n であることを意味する．よって A は正則である．$AB = I_n$ なので，$B = A^{-1}AB = A^{-1}$ である．よって命題 1.9.10(2) より，B も正則である．A^{-1} の定義より，$BA = A^{-1}A = I_n$ である． □

命題 1.9.14. (1) A, B が n 次正方行列で，以下のように上三角とする．

$$A = \begin{pmatrix} a_{11} & & * \\ & \ddots & \\ & & \ddots & \\ 0 & & a_{nn} \end{pmatrix}, \quad A = \begin{pmatrix} b_{11} & & * \\ & \ddots & \\ & & \ddots & \\ 0 & & a_{nn} \end{pmatrix}.$$

このとき，

$$AB = \begin{pmatrix} a_{11}b_{11} & & * \\ & \ddots & \\ & & \ddots & \\ 0 & & a_{nn}b_{nn} \end{pmatrix}$$

である．

(2) (1) の A が正則であることと，$a_{11}, \ldots, a_{nn} \neq 0$ であることは同値である．この場合 A^{-1} も上三角である．

証明．(1) $A = (a_{ij})$，$B = (b_{jk})$ を上三角とする．$a_{ij} = 0$ $(i > j)$，$b_{jk} = 0$ $(j > k)$ である．$AB = (c_{ik})$ とすると，$c_{ik} = \sum_{j=1}^{n} a_{ij}b_{jk}$ だが，0 でない項

は $i \leqq j \leqq k$ の場合のみなので，$i \leqq k$ でなくてはならない．よって $i > k$ なら $c_{ik} = 0$ となり，AB は上三角である．$i = k$ なら $i \leqq j \leqq k = i$ なので，$i = j = k$ となる項だけ考えればよく，AB の (i,i)-成分は $a_{ii}b_{ii}$ になる．

(2) もし $a_{ii} = 0$ である i があれば，$a_{ii} \neq 0$, $i < j$, $a_{jj} = 0$ とする．このとき，$a_{11}, \ldots, a_{j-1\,j-1}$ はピボットである．j 行以下を考えると，(j,j)-成分より下は 0 である．よって第 j 列にピボットはない．これは A の rref が I_n にはならないことを意味する．よって命題 1.9.12 より，A は正則ではない．対偶を考えると，A が正則なら，$a_{11}, \ldots, a_{nn} \neq 0$ である．

逆に $a_{11}, \ldots, a_{nn} \neq 0$ と仮定する．$a_{nn} \neq 0$ なので，A に $R_i \to R_i + cR_n$ $(i < n)$ という形の行変形をしていけば $a_{in} = 0$ $(i = 1, \ldots, n-1)$ になる．このとき，$a_{11}, \ldots, a_{n-1\,n-1}$ は変化しない．さらに $a_{n-1\,n-1}$ を使って，というように繰り返せば A は対角行列になる．また対角成分はこれらの操作で変わらない．この際，A の行変形は $i < j$ であるような $R_{ij}(c)$ を，A に左からかけることによって引き起こされるが，$R_{ij}(c)$ はすべて上三角である．(1) より上三角行列の積は上三角なので，上三角行列 B と対角成分が $a_{11}, \ldots, a_{nn}$ である対角行列 Λ があり，$BA = \Lambda$ となる．例 1.9.3 より Λ は正則であり，$\Lambda^{-1}BA = I_n$ である．$(\Lambda^{-1}B)A = I_n$ とみなせば，命題 1.9.13 より A は正則であり，$A^{-1} = \Lambda^{-1}B$ である．例 1.9.3 より Λ^{-1} も対角行列なので，上三角でもある．よって (1) より，A^{-1} も上三角行列である． □

(1) より，(2) の A^{-1} の対角成分が $a_{11}^{-1}, \ldots, a_{nn}^{-1}$ となることがわかる．また上の命題と転置行列を使い，同様の性質が下三角行列についても成り立つ．

注 1.9.15. 0 でない実数 a には a^{-1} があるが，行列の場合，1 つの行が $\mathbf{0}$ であれば正則ではない．だから正則でない行列はたくさんある． ◇

1.10 逆行列の求め方

A を n 次正方行列とする．A^{-1} は次のようにして求めることができる．

定理 1.10.1. A と I_n を横に並べた $n \times 2n$ 行列 $(A \mid I_n)$ が

$$(A \mid I_n) \to (B \mid C)$$

と rref に変形されたとする．このとき，A が正則であることと，$B = I_n$ となることは同値であり，$B = I_n$ なら $C = A^{-1}$ となる．

証明. $(A \mid I_n)$ の rref が $(B \mid C)$ なので，A の rref は B である．$(A \mid I_n)$ に行の基本変形を施すとき，左半分と右半分には全く同じ基本変形がなされる．上の変形を引き起こす基本行列を $E_1, \ldots, E_m$ とするとき，

$$(E_m \cdots E_1 A \mid E_m \cdots E_1 I_n) = (B \mid C)$$

となる．もし A が正則なら，A の rref は I_n なので，$P = E_m \cdots E_1$ とおくと $PA = I_n$, $P = C$ となる．$P = A^{-1}$ なので，$C = A^{-1}$ である．逆に $B = I_n$ なら，A の rref は I_n なので，A は正則である．□

例 1.10.2. 行列

$$A = \begin{pmatrix} 3 & 7 & 12 \\ -2 & -4 & -6 \\ 1 & 3 & 5 \end{pmatrix}$$

の逆行列を求める．そのため $(A \mid I_3)$ の rref を求める．縦線は最初と最後だけにする．

$$\left(\begin{array}{ccc|ccc} 3 & 7 & 12 & 1 & 0 & 0 \\ -2 & -4 & -6 & 0 & 1 & 0 \\ 1 & 3 & 5 & 0 & 0 & 1 \end{array}\right) \overset{(1)}{\longrightarrow} \begin{pmatrix} 1 & 3 & 5 & 0 & 0 & 1 \\ -2 & -4 & -6 & 0 & 1 & 0 \\ 3 & 7 & 12 & 1 & 0 & 0 \end{pmatrix}$$

$$\overset{(2)}{\longrightarrow} \begin{pmatrix} 1 & 3 & 5 & 0 & 0 & 1 \\ 0 & 2 & 4 & 0 & 1 & 2 \\ 0 & -2 & -3 & 1 & 0 & -3 \end{pmatrix} \overset{(3)}{\longrightarrow} \begin{pmatrix} 1 & 3 & 5 & 0 & 0 & 1 \\ 0 & 2 & 4 & 0 & 1 & 2 \\ 0 & 0 & 1 & 1 & 1 & -1 \end{pmatrix}$$

$$\overset{(4)}{\longrightarrow} \begin{pmatrix} 1 & 3 & 0 & -5 & -5 & 6 \\ 0 & 2 & 0 & -4 & -3 & 6 \\ 0 & 0 & 1 & 1 & 1 & -1 \end{pmatrix} \overset{(5)}{\longrightarrow} \begin{pmatrix} 1 & 3 & 0 & -5 & -5 & 6 \\ 0 & 1 & 0 & -2 & -\frac{3}{2} & 3 \\ 0 & 0 & 1 & 1 & 1 & -1 \end{pmatrix}$$

$$\overset{(6)}{\longrightarrow} \left(\begin{array}{ccc|ccc} 1 & 0 & 0 & 1 & -\frac{1}{2} & -3 \\ 0 & 1 & 0 & -2 & -\frac{3}{2} & 3 \\ 0 & 0 & 1 & 1 & 1 & -1 \end{array}\right)$$

となり，最後の行列が rref である．なお，行変換は

(1) $R_1 \leftrightarrow R_3$,　(2) $R_2 \to R_2 + 2R_1, R_3 \to R_3 - 3R_1$,
(3) $R_3 \to R_3 + R_2$,　(4) $R_1 \to R_1 - 5R_3, R_2 \to R_2 - 4R_3$,
(5) $R_2 \to \frac{1}{2}R_2$,　(6) $R_1 \to R_1 - 3R_2$

である．したがって，

$$A^{-1} = \begin{pmatrix} 1 & -\frac{1}{2} & -3 \\ -2 & -\frac{3}{2} & 3 \\ 1 & 1 & -1 \end{pmatrix}.$$

だから，例えば連立1次方程式

$$\begin{cases} 3x_1 + 7x_2 + 12x_3 = 1, \\ -2x_1 - 4x_2 - 6x_3 = -1, \\ x_1 + 3x_2 + 5x_3 = 2 \end{cases}$$

を考えると，$\boldsymbol{b} = [1, -1, 2]$ とおけば $A\boldsymbol{x} = \boldsymbol{b}$ なので，$\boldsymbol{x} = A^{-1}A\boldsymbol{x} = A^{-1}\boldsymbol{b}$ である．よって

$$\begin{pmatrix} x_1 \\ x_2 \\ x_3 \end{pmatrix} = \begin{pmatrix} 1 & -\frac{1}{2} & -3 \\ -2 & -\frac{3}{2} & 3 \\ 1 & 1 & -1 \end{pmatrix} \begin{pmatrix} 1 \\ -1 \\ 2 \end{pmatrix} = \begin{pmatrix} -\frac{9}{2} \\ \frac{11}{2} \\ -2 \end{pmatrix}$$

となり，解は一意的である． ◇

方程式 $A\boldsymbol{x} = \boldsymbol{b}$ を考える．もし A が正則で A^{-1} がわかっていれば，上の例のように $\boldsymbol{x} = A^{-1}A\boldsymbol{x} = A^{-1}\boldsymbol{b}$ となるので，これは一意的な解をもつことがわかる．ただし，A^{-1} を求めるためには，$n \times 2n$ 行列の rref を求めなければならない．一方，$A\boldsymbol{x} = \boldsymbol{b}$ の解だけなら $(A\ \ \boldsymbol{b})$ の rref を求めればよいが，これは $n \times (n+1)$ 行列なので，こちらのほうが手間がかからない．ただし，例えば複数の $\boldsymbol{b}$ に対して $A\boldsymbol{x} = \boldsymbol{b}$ を解きたい場合には，A^{-1} を求めれば A^{-1} を各々の $\boldsymbol{b}$ にかけるだけなので，$\boldsymbol{b}$ の数が多ければこちらのほうが手間がかからない．

1.11　線形代数と Maple*

線形代数に関連する計算の大部分は，数式処理ソフトを使って実行することができる．代表的な商用ソフトは Maple, Mathematica だが，他にも Matlab やフリーソフトで maxima というものもある．どれでも操作はたいして違わないので，ここでは Maple に限定して，線形代数に関連した計算方法の基礎について解説する†.

注意しておくが，数式処理ソフトは計算はしてくれるが，4章で解説する『1次独立性』などの概念を理解する助けにはならない．また，電卓があってもある程度は手計算もできないと支障をきたすように，線形代数でもある程度手計算もできないと，数式処理ソフトも使いこなせないようである．しかし**線形代数を理解した後は**，このような数式処理ソフトがあると便利なことも確かである．実際著者も仕事で行列計算を行うことがあるが，例えば100個の行列の rref を

† なお，Maple を作ったのはカナダの会社なので，その国旗から名前が Maple (かえで) である．

求めるというような場合には数式処理ソフトを使う．このような意味で数式処理ソフトによる線形代数の計算に慣れることにもメリットはあるので，ここではごく基礎的な部分について解説することにする．

Maple は使える環境にあるものとして解説を始める．Maple を使う場合，基本的な作業の流れは，

Maple 開始 → 計算 → ファイルを保存 (mws, txt, tex) → 終了

となる．ファイルとして保存する場合，Maple Work Sheet (mws) 形式で保存するのが普通で，その場合後で計算を継続することができる．テキストファイル (txt) や TeX ファイル (tex) として export することもできる (ただし TeX ファイルの場合 maple.sty などのスタイルファイルが『パスの通った所』に置いてある必要がある)．

計算するときには，プロンプト (>) でコマンドをタイプし，Return を押すことで実行する．以下，Maple の実際の使用法について述べる．なお，線形代数については固有値，内積などまだ解説していないトピックもあるが，Maple に関する解説を分散させるより，1 箇所にまとまっていたほうが便利だと思うので，まだ解説していないトピックはどの章で解説するかを述べ，使用法は基本的にはここにまとめることにする．

コマンド: すべてのコマンドはセミコロンかコロンで終わらなくてはならない．それなしに Return を押しても，コマンドが終わったものとみなされない．セミコロンだと計算結果が表示されるが，コロンだと計算結果が表示されない．普通はセミコロンを使うが，途中の計算で結果を見る必要がない場合はコロンを使うこともできる．加減乗除は `+`, `-`, `*`, `/` を使う．例えば

```
> 1 + 2;
```

とすればもちろん 3 という答えが返ってくる．

```
> 1+2+3+4+
> 5+6;
```

とすれば，最初の Return は無視され，21 という答えを得る．

定義と関数: 定義は `:=` で与える．だから，

```
> eq:= x+y;
```

は `eq` を形式的な表現 `x+y` と定義する．しかしこれは関数ではないので，`x=1`, `y=2` という値を `eq` に `eq(1,2)` というように代入することはできない．もしこ

の表現に値を代入するなら,

```
> subs(x=1,y=2,eq);
```

などとする．関数を定義するには

```
> eq:= (x,y) -> x+y;
```

とする．このように関数として定義すると，eq(1,2) というように値を代入することができる．なお，三角関数などの値の実数としての近似値を求めるときには，evalf(cos(1)) などと evalf を使う．

グループ化: 対象をまとめるときには中括弧 { } を使う．計算の優先順位を指定するときは ( ) を使う．x, y の値としては

```
> val:= {x=1,y=2};
```

と定義することができる．なお，この場合は

```
> val:= x=1,y=2;
```

でもうまくいく．だから，例えば先に定義した eq に

```
> subs(val,eq);
```

と値を代入することができる．

パッケージの読み込み: Maple では最初からすべてのコマンドが使えるわけではない．必要なパッケージはその都度読み込むが，それには with( ) というコマンドを使う．例えば線形代数を行うには linalg というパッケージが必要で，

```
> with(linalg);
```

としてこのパッケージを読み込む．線形代数に関しては，このコマンドを実行すると使用可能なコマンドのリストが示されるので，どのように Maple を使えばよいのかは想像がつくはずである．

基本演算: 加減乗除のような基本的な演算を実行するコマンドを以下にまとめる．

1) +, - 足し算と引き算．これは行列でも同じである．
2) * スカラーの積，あるいは行列のスカラー倍．
3) / 割算．
4) ^ べき．例えば 2^3 は 2^3 のことで，これは行列でも同じである．
5) I は虚数単位である．

優先順位: 上の演算の中ではべき ^ が最優先される．*, / が次で，+, - の優先順位が最も低い．例えば

```
> 23^4*2 + 4/2;
```

は $(23)^4 \times 2 + \frac{4}{2}$ という意味である．Maple は 23 を 2×3 とは解釈しない (* がないので) ことに注意せよ．演算の順番を強制的に指定するときは ( ) を使う．

行列，ベクトルの基本コマンド: 行列を入力するには以下のようにする．

```
> A:= matrix(2,2,[1,2,3,4]);
```

これにより，行列

$$A := \begin{pmatrix} 1 & 2 \\ 3 & 4 \end{pmatrix}$$

が入力される．他にもうまくいく方法として以下のような方法がある．

```
> A:=  matrix(2,2,[[1,2],[3,4]]);
> A:=  matrix([[1,2],[3,4]]);
> A:=  array(1..2,1..2,[[1,2],[3,4]]);
> A:=  array([[1,2],[3,4]]);
```

先に書いたように，入力は 1 行で終わる必要はない. 例えば

```
> A:= matrix(8,8,[1,2,3,4,5,6,7,8,
> 9,10, .........]);
```

などと入力できる．あとで成分の値を変えたいときは，その成分だけ入力すればよい．例えば

```
> A[2,3]:= 3;
```

は入力されている値のうち，A の (2,3)-成分を 3 にする．対角行列は

```
> A: = diag(1,2,3,4);
```

と入力することもできる．また，

```
> A:= array(identity,1..3,1..3);
```

は単位行列である．A が n 次正方行列なら，A+2 は Maple には $A + 2I_n$ と認識される．

成分が行と列の関数で与えられているときには

```
> A:= matrix(3,4,(i,j)-> x^(i+j));
```

などと入力できる．零行列は

```
> A:= matrix(3,4,0);
```

などと入力できる.

行列を入力した後は行列の演算を実行することができる．行列の演算の基本的なものを下にまとめる.

1) +, - 足し算，引き算
2) * スカラー倍
3) ^ べき
4) &* 行列の積

なお，行列の演算を実際に実行するには，`evalm( )` とする必要がある．例えば A, B が行列なら

```
> A+B;
```

は単に A+B という表現しか返ってこない．実際に計算するには

```
> evalm(A+B);
```

とする.

問題 1.11.1. 試しに適当に入力した 3×3 行列 A に対し $A^4 - 3A^2 + 5I_3$ を計算せよ.

Maple ではベクトルは完全に行ベクトル，あるいは列ベクトルというわけではない．例えば

```
> v:= vector([1,2]);
```

とすれば，v を 2 次元ベクトルとして定義する．もし a が 2×2 行列なら,

```
> evalm(a &* v);
```

は実行され，結果は 2 次元のベクトルである．しかし

```
> evalm(v &* a);
```

も認識され，結果は行ベクトルになる．だからベクトルはサイズが合うときには，行ベクトルとしても列ベクトルとしても使えるようである.

2 章と 8 章で解説する内積などは以下のコマンドで計算できる.

```
>  dotprod(v,w); v, w の内積
>  crossprod(v,w); v, w の外積 (ただし 3 次元のみ)
>  norm(v,2); v の長さ
>  angle(v,w); v, w の角度
```

なお，長さでは 2 という数字が必要である．これは $x=[x_1,\ldots,x_n]$ のノルムとして，もっと一般な $\|x\|_p=\sqrt[p]{|x_1|^p+\cdots+|x_n|^p}$ というものがあるからである．

行列の rref などは以下のコマンドで計算できる．

> rref(A); A の rref

> transpose(A); A の転置行列

> augment(A,B,C); A, B, C を並べて得られる行列

なお，augment(A,B,C) は A, B, C の行のサイズが同じときのみ使う．

方程式: 連立 1 次方程式は以下のように入力する．

```
> eq:= {x+y=0,x-y=2};
```

この方程式の解を求めるには以下のようにする．

```
> solve(eq);
```

これは

```
> solve({x+y=0,x-y=2})
```

と同じことだが，方程式の数が 1 でない限りこのように { } が必要である．

行列に関連した部分空間: 行列 A に関連していくつかのベクトル空間が定義される．これらは 4 章で定義するが，基底を求めるには以下のコマンドを使える．

> nullspace(A); A の零空間

> colspace(A); A の列空間

> rowspace(A); A の行空間

ただし，4 章での方法で見つける基底になるとは限らない．

行列式，固有値，固有ベクトル，ジョルダン標準形: 行列式は 3 章，固有値と固有ベクトルは 6 章で解説する．行列 A の行列式は

```
> det(A);
```

で計算できる．固有値，固有ベクトルは

```
> eigenvects(A);
```

で求められる．ただし成分が整数である行列を与えると，根号などを使って固有値等を求めようとする．数値 (近似値) を求めるには，成分が実数であることを Maple に教えればよい．例えば行列が

$$A = \begin{pmatrix} 1 & 2 & 0 & -3 \\ 2 & 5 & 3 & 7 \\ -5 & 11 & 3 & 9 \\ 3 & 5 & -2 & -22 \end{pmatrix}$$

なら，次のように行列を入力する．

```
> A:= matrix(4,4,[1.0,2,0,-3,2,5,3,7,-5,11,3,9,3,5,-2,-22]);
```

ここで (1,1)-成分を 1.0 としたことに注意する． これにより，A は実数を成分とする行列と認識される．そして

```
> eigenvects(A);
```

とすれば固有値，固有ベクトルが計算される．

ジョルダン標準形: A のジョルダン標準形は 9 章で解説する．ジョルダン標準形を求めるには

```
> jordan(A,'P');
```

とする．'P' はオプションで，このオプションつきだと，$J(A)$ をジョルダン標準形とするとき，$A = PJ(A)P^{-1}$ となる P を求めることができる．ただし，上のコマンドの結果としては表示されないが，内在的には求まっているので，

```
> evalm(P);
```

とすれば P が何かわかる．

グラフ: 関数のグラフを表示するには

```
> plot(x^3+1,x=-5..5);
```

などとすればよい．より複雑なことをする場合は plots パッケージを使う．そして複数の対象を同時に表示するには以下のようにする．

```
> with(plots);
> p1:= pointplot([1,2],[3,-1]); 点を描写
> p2:= plot(x^3+1,x=0..5);
> display(p1,p2);
```

2 変数の関数の 3 次元グラフを表示することもできる．例えば

```
> plot3d(x^2-y^2,x=0..5,y=0..5);
```

などとする．

1.12　最小 2 乗法*

行列とベクトルは，純粋数学でも応用数学でも非常に多くの応用をもつ．ここまで解説したのは行列の基本的な演算や変形だが，単純な行列の計算でも興味深い応用に現れることがある．ここでは行列の演算を学ぶことの動機づけとして，最小 2 乗法を使ったモデルの構築について解説する．

次のような状況を考えよう．

$x = [x_1, \ldots, x_n]$ という定数に依存する q の関数

$$f(q, x) = f_1(q)x_1 + \cdots + f_n(q)x_n \tag{1.12.1}$$

があったとする．この関数は $x_1, \ldots, x_n$ については 1 次である．この関数が実世界の現象のモデルであるとき (例えば q 時間，$f(q, x)$ 人口)，実際のデータはモデルとは必ずしも合わないが，一番適合するような定数 x を見つけようとすることはありうる．最小 2 乗法とはそのような方法の一つである．

アイデアとしては，$q_1, \ldots, q_m$ における実際の値 (測定値) を $b_1, \ldots, b_m$ とするとき，

$$S(x) = \sum_{i=1}^{m} (f(q_i, x) - b_i)^2 \tag{1.12.2}$$

が最小になるように x を選ぶのが最小 2 乗法である．なお，このように実世界の現象のモデルを扱う場合，常にモデルが正しいかどうか疑ってかかる必要がある．また，仮にモデルが正しくても，必要な条件が満たされていないなど，さまざまな理由で不適当であることもあるので，注意が必要である．

$$a_{ij} = f_j(q_i), \qquad i = 1, \ldots, m,\ j = 1, \ldots, n$$

とおく．

$S(x)$ を最小にするには，x_k に関する偏微分がすべて 0 であればよい．

$$S(x) = \sum_{i=1}^{m} \left(\sum_{j=1}^{n} a_{ij} x_j - b_i \right)^2$$

なので，これを x_k に関して偏微分すると，

$$\sum_{i=1}^{m} a_{ik} \left(\sum_{j=1}^{n} a_{ij} x_j - b_i \right) = 0.$$

よって

$$\sum_{i=1}^{m}\sum_{j=1}^{n} a_{ik}a_{ij}x_j = \sum_{i=1}^{m} a_{ik}b_i$$

である.

$$A = (a_{ij}), \quad \boldsymbol{x} = \begin{pmatrix} x_1 \\ \vdots \\ x_n \end{pmatrix}, \quad \boldsymbol{b} = \begin{pmatrix} b_1 \\ \vdots \\ b_m \end{pmatrix}$$

とおくと，上の条件は

$${}^tAA\boldsymbol{x} = {}^tA\boldsymbol{b}$$

と書ける．したがって，

$$\boldsymbol{x} = ({}^tAA)^{-1}\,{}^tA\boldsymbol{b}$$

である．まとめて定理の形で述べておく.

定理 1.12.3. $q_1, \ldots, q_m$ におけるモデル (1.12.1) の測定値が $b_1, \ldots, b_m$ であるとき，(1.12.2) を最小にする $\boldsymbol{x}$ は

$$\boldsymbol{x} = ({}^tAA)^{-1}\,{}^tA\boldsymbol{b}$$

で与えられる.

なお，A は正方行列とは限らないので，$({}^tAA)^{-1} = A^{-1}\,{}^tA^{-1}$ などとはならない.

1.13 人口増加のロジスティックモデル*

上の方法を人口増加のモデルに適用することを考える．$y(t)$ を t 年におけるある地方の人口とする．もし出生率が一定なら，生まれる人口は人口に比例するから $y' = Ay$ (A 定数) だが，実際には y が大きくなるにつれて食糧確保などの生存競争が生まれ，出生率は低くなる．ある飽和人口 B というものがあって

$$y' = A(B - y)y \tag{1.13.1}$$

となるというのが，**ロジスティック (logistic) モデル**とよばれるものである．ただし，このモデルが適当かどうかはもちろん状況による.

上の式を

$$y' = ay - by^2$$

と書き直すと $B=a/b$, $A=b$ である.

$$\begin{aligned}\frac{y'}{(a-by)y}=1 &\Longrightarrow \left(\frac{b}{a-by}+\frac{1}{y}\right)y'=a\\ &\Longrightarrow -\log(a-by)+\log y=at+\overline{C} \quad (\overline{C}\text{: 定数})\\ &\Longrightarrow \log\left(\frac{a}{y}-b\right)=-at-\overline{C}\\ &\Longrightarrow \frac{a}{y}-b=Ce^{-at} \quad (C\text{: 定数})\\ &\Longrightarrow y=\frac{a}{Ce^{-at}+b}\end{aligned}$$

となる. よって次の定理を得る.

定理 1.13.2. 微分方程式 (1.13.1) の解は, $B=a/b$, $A=b$ とおくと,

$$y=\frac{a}{Ce^{-at}+b} \quad (C\text{: 定数}) \qquad \left(\iff y(Ce^{-at}+b)=a\right)$$

である.

上の式は C, b については 1 次式だが, a については 1 次式ではないので, 工夫が必要である. 最初の仮定 $y'=ay-by^2$ にもどると, これは a,b について 1 次式である.

$t_1,\dots,t_{m+1}$ でのデータ $y=y_i$ があるなら, $(y_{i+1}-y_i)/(t_{i+1}-t_i)$ を $y'(t_i)$ とみなす. すると最小 2 乗法で a,b を選ぶことができる. それをもとにして

$$Ce^{-at}=\frac{a}{y}-b$$

にもう一度最小 2 乗法を適用して C を選ぶことができる.

誤差が二重になるので, 信頼度には非常な注意が必要だが, これが実際の人口の変動をよく記述する場合もある. 具体的な作業は次のように行う.

$$A=\begin{pmatrix} y_1 & -y_1^2\\ \vdots & \vdots\\ y_m & -y_m^2\end{pmatrix}, \quad \boldsymbol{d}=\begin{pmatrix}\frac{y_2-y_1}{t_2-t_1}\\ \vdots\\ \frac{y_{m+1}-y_m}{t_{m+1}-t_m}\end{pmatrix} \quad \text{とおいて} \quad \begin{pmatrix}a\\ b\end{pmatrix}=({}^t\!AA)^{-1}\,{}^t\!A\boldsymbol{d}$$

と選ぶ.

さらに

$$B=\begin{pmatrix}e^{-at_1}\\ \vdots\\ e^{-at_m}\end{pmatrix}, \quad \boldsymbol{e}=\begin{pmatrix}\frac{a}{y_1}-b\\ \vdots\\ \frac{a}{y_m}-b\end{pmatrix} \quad \text{として,} \quad C=({}^tBB)^{-1}\,{}^tB\boldsymbol{e}$$

と選ぶ.

これをアメリカの人口推移に当てはめてみる. $y(t)$ を t 年の人口とする.

t (年)	$y(t)$ (単位 100 万人)	t (年)	$y(t)$ (単位 100 万人)
1810	7.2	1910	92.0
1820	9.6	1920	106.0
1830	12.9	1930	123.2
1840	17.1	1940	132.2
1850	23.2	1950	151.3
1860	31.4	1960	179.3
1870	38.6	1970	203.3
1880	50.2	1980	226.5
1890	63.0	1990	248.7
1900	76.2	2000	284.1

(US Census Bureau: `http://www.census.gov/population/www` より)

これにより, Maple を使って a, b, C を求める. 少し煩わしいが, 電卓でも計算可能である. 1990 年までのデータでモデルをつくり, 現実の 2000 年のデータと比べてみる. 実際には 1790 年からのデータがあるが, $y' = ay - by^2$ というモデルで考えると, y は最近に比べ 1790 年当時は非常に小さく, その頃のデータを使うとあまりうまくいかない. 上の表で値が 2 桁になった 1830 年からデータを使うことにする. 1830 年を $t = 0$ に設定し, 10 年を 1 単位とする. 実際の計算は,

```
> y0:= 12.9;
> y1:= 17.1;
      ⋮
```

と y の値を入力して $y = 16$ (1990 年) まで入力する. そして

```
> A:= matrix(16,2,[y0,-y0^2,(省略),y15,-y15^2]);
> d:= matrix(16,1,[y1-y0,y2-y1,(省略),y16-y15]);
> B1:= evalm((transpose(A) &* A)^(-1));
> B2:= evalm(B1 &* transpose(A) &* d);
```

とすると, `B2` の第 1, 2 成分が a, b である. なお, `B1`, `B2` と分けて計算しないと『正方行列でないから...』などと文句を言われる. さらに計算を続け,

```
> a:= B2[1,1];
> b:= B2[2,1];
> e:= exp(-a);
```

```
> E:= matrix(16,1,(i,j)->e^(i-1));
> f:= matrix(16,1,[a/y0-b,(省略),a/y15-b]);
> F:= evalm((transpose(E) &* E)^(-1));
> C:= evalm(F &* transpose(E) &* f)[1,1];
```

で定数 C を決定する．結果は 0.01574 である．$a/b = 396.13$, $C/b = 26.94$ だから

$$y(t) = \frac{396.13}{26.94e^{-0.2315t} + 1}$$

が人口推移のモデルであり，396.13 が飽和人口である．

ちなみに $y(17) = 259.57$ (2000 年) であり，現実のデータは 284.1 である．

```
> with(plots);
> p1:= pointplot({[0,y0],(省略),[15,y15]}):
> p2:= plot(a/(C*exp(-a*t)+b),t=0..20):
> display(p1,p2);
```

とすると，下のようなグラフが得られた†．

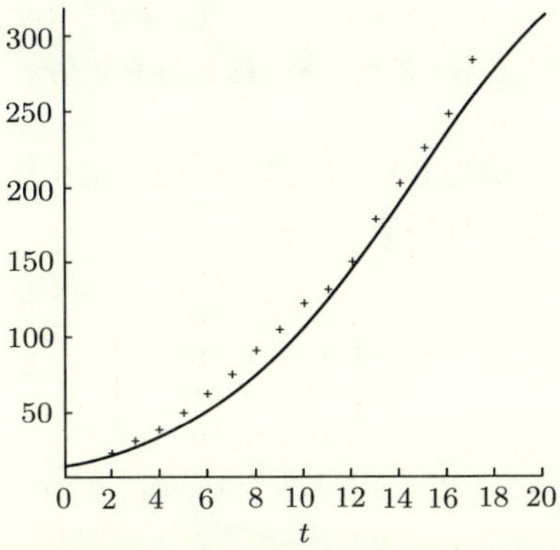

なお，10 年間の人口推移などはもっとミクロ的な問題で，このモデルが適さないことは明らかだろう．また，地球全体の人口推移にはロジスティックモデルはよく当てはまらないことが知られている．このように，現実問題を扱うときには，信頼性など非常な注意が必要であり，結果は常に疑ってかかる必要がある．

† 正直に書くと，2000 年で人口が再び増加傾向に転ずるので，この年のデータを加えると，ロジスティックモデルのような『飽和人口に近づく』といったモデルとは少し合わなくなるので，いくぶんズルをしているのだが，ここでの目的は線形代数の応用例を解説したかっただけなので許してもらいたい．

1章の演習問題

[A]

1.1.

$$A=\begin{pmatrix}1&2\\-5&3\end{pmatrix},\ B=\begin{pmatrix}-4&5\\7&0\end{pmatrix},\ C=\begin{pmatrix}1&2\\0&3\end{pmatrix},\ \boldsymbol{v}_1=\begin{pmatrix}1\\4\end{pmatrix},\ \boldsymbol{v}_2=\begin{pmatrix}2&1\end{pmatrix}$$

とする．

(1) $3C-4D=2A$ となる行列 D を求めよ．

(2) $AB-BC$ を求めよ．

(3) $\boldsymbol{v}_1\boldsymbol{v}_2$ を求めよ．

(4) ${}^t(A\boldsymbol{v}_1)-2\boldsymbol{v}_2$ を求めよ．

1.2. 次の連立方程式の解を，対応する行列の rref を求めることにより求めよ．また具体的な解を 3 つ選べ．

(1) $\begin{cases}3x_1+5x_2+3x_3+9x_4=11,\\ x_1+2x_2+2x_3+5x_4=7,\\ 2x_1+3x_2+2x_3+6x_4=7.\end{cases}$　(2) $\begin{cases}2x_1+5x_2+x_3+17x_4=1,\\ x_1+2x_2+x_3+6x_4=0,\\ 3x_1+4x_2+5x_3+9x_4=-2.\end{cases}$

(3) $\begin{cases}2x_1+3x_2+8x_3+3x_4=19,\\ x_1+x_2+3x_3+2x_4=6,\\ 2x_1+3x_2+5x_3=13.\end{cases}$　(4) $\begin{cases}3x_1+7x_2+5x_3+11x_4=-1,\\ x_1+2x_2+x_3+3x_4=0,\\ -2x_1-2x_2+2x_3-x_4=-3.\end{cases}$

1.3. (1) 4×2 行列に左からかけたとき，第 3 行を 4 倍するという基本変形を引き起こす正則行列は何か?

(2) 3×2 行列に左からかけたとき，第 2 行の 2 倍を第 3 行から引くという基本変形を引き起こす正則行列は何か?

(3) 4×5 行列に

$$\begin{pmatrix}1&0&0&0\\0&1&0&0\\-2&0&1&0\\0&0&0&1\end{pmatrix}$$

を左からかけたとき，どのような基本変形が起きるか?

1.4. 次の行列の逆行列がもしあれば求めよ．

(1) $\begin{pmatrix}2&-1\\3&5\end{pmatrix}$　(2) $\begin{pmatrix}2&5\\3&7\end{pmatrix}$　(3) $\begin{pmatrix}-8&3\\5&-2\end{pmatrix}$　(4) $\begin{pmatrix}4&1\\7&-2\end{pmatrix}$

(5) $\begin{pmatrix}1&3&1\\2&2&1\\4&3&2\end{pmatrix}$　(6) $\begin{pmatrix}1&3&4\\3&5&4\\-2&3&10\end{pmatrix}$　(7) $\begin{pmatrix}1&1&0&0\\0&1&1&0\\0&0&1&1\\0&0&0&1\end{pmatrix}$

1.5. 行列 A, B を

$$A=\begin{pmatrix}1&2&4\\2&5&11\\2&3&6\end{pmatrix},\quad B=\begin{pmatrix}3&7&11\\1&2&3\\2&2&1\end{pmatrix}$$

とする．

(1) A^{-1}, B^{-1} を求めよ．

(2) A^{-1}, B^{-1} を使い，次の連立方程式の解を求めよ．

$$\begin{cases} x_1 + 2x_2 + \ \ 4x_3 = 0, \\ 2x_1 + 5x_2 + 11x_3 = 1, \\ 2x_1 + 3x_2 + \ \ 6x_3 = 1. \end{cases} \qquad \begin{cases} 3x_1 + \ \ x_2 + 2x_3 = 1, \\ 7x_1 + 2x_2 + 2x_3 = 1, \\ 11x_1 + 3x_2 + \ \ x_3 = 0. \end{cases}$$

以下の問 1.6, 1.7 は Maple を使って解答せよ．

1.6.

$$A = \begin{pmatrix} 23 & 15 \\ 36 & 121 \end{pmatrix}, \quad B = \begin{pmatrix} 12 & 7 & 11 & -4 \\ -7 & 8 & 9 & -5 \\ 13 & -21 & 14 & 5 \\ 6 & -2 & 1 & 5 \end{pmatrix}, \quad \boldsymbol{v} = \begin{pmatrix} 45 \\ 51 \end{pmatrix}, \quad \boldsymbol{w} = \begin{pmatrix} 71 & -15 \end{pmatrix}$$

とする．

(1) $\boldsymbol{w}A\boldsymbol{v}$ を求めよ．

(2) B^{-1} を求めよ．

1.7. 次の連立方程式の解を，対応する行列の rref を求めることにより求めよ．

$$\begin{cases} 3x_1 + 4x_2 + \ \ 5x_3 + 11x_4 - 4x_5 = \ \ 6, \\ 5x_1 - 5x_2 + \ \ 2x_3 - 17x_4 + 6x_5 = \ \ 9, \\ 7x_1 + 2x_2 + 13x_3 - 12x_4 + 9x_5 = 15. \end{cases}$$

[B]

1.8 (ブリューア (Bruhat) 分解). (1) 行列 $A, n(u), w$ を

$$A = \begin{pmatrix} 2 & 1 \\ 3 & 4 \end{pmatrix}, \quad n(u) = \begin{pmatrix} 1 & 0 \\ u & 1 \end{pmatrix}, \quad w = \begin{pmatrix} 0 & 1 \\ 1 & 0 \end{pmatrix}$$

とおく．$n(u)A$ の $(2,2)$-成分が 0 になるような $u \in \mathbb{R}$ を見つけよ．

(2) $A \in \mathrm{M}(2,2)_{\mathbb{R}}$ が正則なら，下三角行列 B_1, B_2 があり，B_1AB_2 が I_2 または w になることを証明せよ．(これは A のブリューア分解とよばれている．)

1.9. (1) n 次正方行列 $A = (a_{ij})$ に対し $\mathrm{tr}(A) = a_{11} + \cdots + a_{nn}$ と定義する．これを A のトレースとよぶ．B も n 次正方行列なら，$\mathrm{tr}(AB) = \mathrm{tr}(BA)$ であることを証明せよ．

(2) n 次正方行列 A, B で $AB - BA = I_n$ となるものはないことを示せ．

1.10 (ブロック行列の積). 行列 A, B は次の形をしているとする．

$$A = \left(\begin{array}{c|c|c|c} A_{11} & A_{12} & \cdots & A_{1m} \\ \hline A_{21} & A_{22} & \cdots & A_{2m} \\ \hline \vdots & \vdots & \ddots & \vdots \\ \hline A_{l1} & A_{l2} & \cdots & A_{lm} \end{array}\right), \quad B = \left(\begin{array}{c|c|c|c} B_{11} & B_{12} & \cdots & B_{1n} \\ \hline B_{21} & B_{22} & \cdots & B_{2n} \\ \hline \vdots & \vdots & \ddots & \vdots \\ \hline B_{m1} & B_{m2} & \cdots & B_{mn} \end{array}\right).$$

ただし，自然数 $p_1, \ldots, p_l, q_1, \ldots, q_m, r_1, \ldots, r_n$ が存在して，A_{ij} のサイズは $p_i \times q_j$，B_{jk} のサイズは $q_j \times r_k$ であるとする．このとき，$C = AB$ は次のような形

$$C = \left(\begin{array}{c|c|c|c} C_{11} & C_{12} & \cdots & C_{1n} \\ \hline C_{21} & C_{22} & \cdots & C_{2n} \\ \hline \vdots & \vdots & \ddots & \vdots \\ \hline C_{l1} & C_{l2} & \cdots & C_{ln} \end{array}\right)$$

であり，$C_{ik} = \sum_{j=1}^{m} A_{ij}B_{jk}$ となることを証明せよ．

1.11. A, B はそれぞれ n, m 次正方行列，C は $n \times m$ 行列とする．行列 X は次の形をしているとする．

$$X = \left(\begin{array}{c|c} A & C \\ \hline 0 & B \end{array}\right).$$

(1) X が正則であることと，A, B が両方正則であることは同値であることを証明せよ．
(2) X が正則のとき，X^{-1} を A^{-1}, B^{-1}, C で表せ．

1.12 (オークンの法則). ほとんどの国では，経済成長率と失業率の変化の間に，次の形のかなり安定した関係が成立している．

$$(\text{経済成長率}) = -\alpha(\text{失業率の変化}) + \beta \qquad (\alpha, \beta \text{ は正の定数}).$$

この結果は**オークン (Okun) の法則**とよばれている (オークンは経済学者)．α はオークン係数とよばれ，$\alpha = 0$ にするような経済政策が望ましいといわれている．$\alpha = 0$ なら経済成長率は β と一致するので，β は潜在成長率と考えられる．次の表は日本の過去の失業率 A (%)，失業率の変化 B (%)，経済成長率 C (%) である．(労働力調査 長期時系列データ「第 3 表 (3) 年齢階級 (5 歳階級)，男女別完全失業者数及び完全失業率」`http://www.stat.go.jp/data/roudou/longtime/zuhyou/lt03-03.xls` 及び，平成 15 年度国民経済計算「4. 主要系列表 (3) 経済活動別国内総生産　実質暦年」`http://www.esri.cao.go.jp/jp/sna/h17-nenpou/80fcm3r_jp.xls` 参照)

歴年	A (%)	B (%)	C (%)	歴年	A (%)	B (%)	C (%)
1988	2.5			1996	3.4	0.2	3.4
1989	2.3	−0.2	5.3	1997	3.4	0.0	1.9
1990	2.1	−0.2	5.2	1998	4.1	0.7	−1.1
1991	2.1	0.0	3.4	1999	4.7	0.6	0.1
1992	2.2	0.1	1.0	2000	4.7	0.0	2.9
1993	2.5	0.3	0.2	2001	5.0	0.3	0.4
1994	2.9	0.4	1.1	2002	5.4	0.4	−0.5
1995	3.2	0.3	1.9	2003	5.3	−0.1	2.5

日本経済のオークン係数 α と潜在成長率 β を推定せよ．

2章　空間のベクトル

2.1　ベクトルの長さと内積

ここでは，平面 $\mathbb{R}^2$ や空間 $\mathbb{R}^3$ の場合に，直観的な観点からベクトルの長さ，内積について解説する．

定義 2.1.1.　(1) $\boldsymbol{v} = [x_1, x_2, x_3]$, $\boldsymbol{w} = [y_1, y_2, y_3] \in \mathbb{R}^3$ とする．このとき，

$$\boldsymbol{v} \cdot \boldsymbol{w} = x_1 y_1 + x_2 y_2 + x_3 y_3$$

を $\boldsymbol{v}, \boldsymbol{w}$ の**内積**という．

(2) $\|\boldsymbol{v}\| = \sqrt{\boldsymbol{v} \cdot \boldsymbol{v}} = \sqrt{x_1^2 + x_2^2 + x_3^2}$ をベクトル $\boldsymbol{v}$ の**長さ**という．　◇

$\mathbb{R}^2 \ni [x_1, x_2] \to [x_1, x_2, 0] \in \mathbb{R}^3$ という対応により $\mathbb{R}^2$ を $\mathbb{R}^3$ の部分集合とみなす．これにより，内積や長さの概念を $\mathbb{R}^2$ の元にも適用することにする．

ピタゴラスの定理により，直観的には下の図のように通常の長さの概念と一致する．

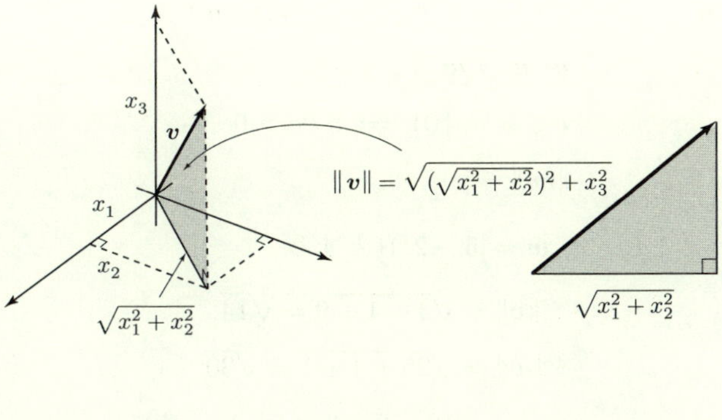

$\boldsymbol{v}, \boldsymbol{w} \neq \boldsymbol{0}$ なら，ベクトル $\boldsymbol{v}, \boldsymbol{w}$ の角度を $0 \leqq \theta \leqq \pi$ とすれば (次ページの図参照)，余弦定理により

$$\|\boldsymbol{v} - \boldsymbol{w}\|^2 = \|\boldsymbol{v}\|^2 + \|\boldsymbol{w}\|^2 - 2\|\boldsymbol{v}\|\|\boldsymbol{w}\| \cos\theta$$

となる．したがって，

$$
\begin{aligned}
2\|\boldsymbol{v}\|\|\boldsymbol{w}\|\cos\theta &= \|\boldsymbol{v}\|^2 + \|\boldsymbol{w}\|^2 - \|\boldsymbol{v}-\boldsymbol{w}\|^2 \\
&= 2(x_1y_1 + x_2y_2 + x_3y_3) = 2\boldsymbol{v}\cdot\boldsymbol{w}
\end{aligned}
$$

である．よって

$$\cos\theta = \frac{\boldsymbol{v}\cdot\boldsymbol{w}}{\|\boldsymbol{v}\|\|\boldsymbol{w}\|}$$

である．$-1 \leqq \cos\theta \leqq 1$ なので，

$$|\boldsymbol{v}\cdot\boldsymbol{w}| \leqq \|\boldsymbol{v}\|\|\boldsymbol{w}\|$$

である．また，$\boldsymbol{v}\cdot\boldsymbol{w} = 0$ なら，$\boldsymbol{v},\boldsymbol{w}$ は直交する．

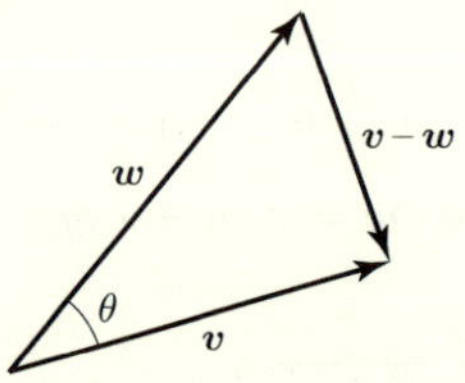

内積 $(*,*)$ が次の性質をもつことは計算によってわかる．以下 $\boldsymbol{v},\boldsymbol{v}',\boldsymbol{w},\boldsymbol{w}' \in \mathbb{R}^3$, $r \in \mathbb{R}$ である．

$$
\begin{aligned}
&(\boldsymbol{v}+\boldsymbol{v}')\cdot\boldsymbol{w} = \boldsymbol{v}\cdot\boldsymbol{w} + \boldsymbol{v}'\cdot\boldsymbol{w}, \\
&\boldsymbol{v}\cdot(\boldsymbol{w}+\boldsymbol{w}') = \boldsymbol{v}\cdot\boldsymbol{w} + \boldsymbol{v}\cdot\boldsymbol{w}', \\
&(r\boldsymbol{v})\cdot\boldsymbol{w} = \boldsymbol{v}\cdot(r\boldsymbol{w}) = r(\boldsymbol{v}\cdot\boldsymbol{w}), \\
&\boldsymbol{v}\cdot\boldsymbol{w} = \boldsymbol{w}\cdot\boldsymbol{v}, \\
&\boldsymbol{v} \in \mathbb{R}^3 \setminus \{\boldsymbol{0}\} \Longrightarrow \boldsymbol{v}\cdot\boldsymbol{v} > 0, \\
&\|r\boldsymbol{v}\| = |r|\,\|\boldsymbol{v}\|.
\end{aligned}
\tag{2.1.2}
$$

例 2.1.3. $\boldsymbol{v} = [2,1,-3]$, $\boldsymbol{w} = [5,-2,1]$ とする．

$$
\begin{aligned}
\|\boldsymbol{v}\| &= \sqrt{4+1+9} = \sqrt{14}, \\
\|\boldsymbol{w}\| &= \sqrt{25+4+1} = \sqrt{30}, \\
\boldsymbol{v}\cdot\boldsymbol{w} &= 10-2-3 = 5
\end{aligned}
$$

である．だから $\boldsymbol{v},\boldsymbol{w}$ の角度を θ とするとき，

$$\cos\theta = \frac{5}{\sqrt{14\cdot 30}} = \frac{5}{2\sqrt{105}}$$

である．Maple や科学電卓などで $\theta = 1.324333695$ と近似値を求めることもできる． ◇

内積を使って**直交射影**の概念について解説する．$\mathbf{0} \neq \boldsymbol{v}_1, \boldsymbol{v}_2 \in \mathbb{R}^3$ が与えられていてその角度は θ とする．このとき，下の図のように $\boldsymbol{v}_2$ から $\boldsymbol{v}_1$ 上へ垂線を引くと $\boldsymbol{v}_1$ と平行なベクトルができる．

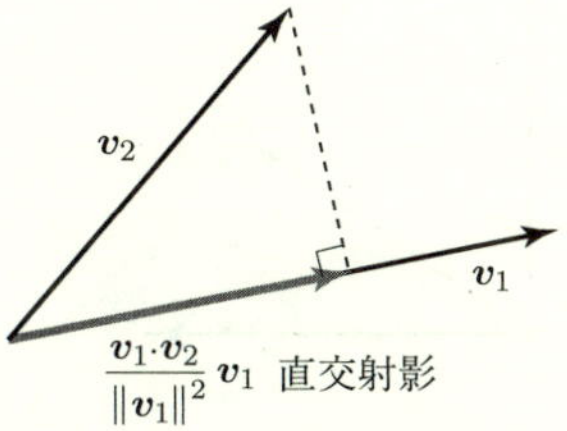

これを $\boldsymbol{v}_2$ の $\boldsymbol{v}_1$ 上への**直交射影**，あるいは**正射影**という．$\dfrac{1}{\|\boldsymbol{v}_1\|}\boldsymbol{v}_1$ は $\boldsymbol{v}_1$ と方向が同じで長さが 1 のベクトルである．$\boldsymbol{v}_2$ の $\boldsymbol{v}_1$ 上への**直交射影**は $\dfrac{1}{\|\boldsymbol{v}_1\|}\boldsymbol{v}_1$ の $\|\boldsymbol{v}_2\| \cos\theta$ 倍なので，

$$\frac{\|\boldsymbol{v}_2\| \cos\theta}{\|\boldsymbol{v}_1\|}\boldsymbol{v}_1 = \frac{\boldsymbol{v}_1 \cdot \boldsymbol{v}_2}{\|\boldsymbol{v}_1\|^2}\boldsymbol{v}_1$$

である．よって次の命題を得る．

命題 2.1.4. $\mathbf{0} \neq \boldsymbol{v}_1, \boldsymbol{v}_2 \in \mathbb{R}^3$ なら，$\boldsymbol{v}_2$ の $\boldsymbol{v}_1$ への直交射影は $\dfrac{\boldsymbol{v}_1 \cdot \boldsymbol{v}_2}{\|\boldsymbol{v}_1\|^2}\boldsymbol{v}_1$ である．

例 2.1.5. $\boldsymbol{v}_1 = [1,2,3]$，$\boldsymbol{v}_2 = [-3,2,-2]$ とする．

$$\|\boldsymbol{v}_1\| = \sqrt{1+4+9} = \sqrt{14}, \qquad \|\boldsymbol{v}_2\| = \sqrt{9+4+4} = \sqrt{17},$$
$$\boldsymbol{v}_1 \cdot \boldsymbol{v}_2 = -3+4-6 = -5$$

なので，$\boldsymbol{v}_2$ の $\boldsymbol{v}_1$ への直交射影は $-\frac{5}{14}\boldsymbol{v}_1$ である． ◇

2.2 ベクトルの外積

2 つのベクトルが与えられたとき，それらに直交するベクトルを見つけることができると便利である．それを実現するのが，以下定義する外積である．

定義 2.2.1. $\boldsymbol{v} = [x_1, x_2, x_3]$, $\boldsymbol{w} = [y_1, y_2, y_3] \in \mathbb{R}^3$ に対し

$$\boldsymbol{v} \times \boldsymbol{w} = \begin{pmatrix} x_2y_3 - x_3y_2 \\ x_3y_1 - x_1y_3 \\ x_1y_2 - x_2y_1 \end{pmatrix}$$

と定義し，$\boldsymbol{v}, \boldsymbol{w}$ の**外積**という． ◇

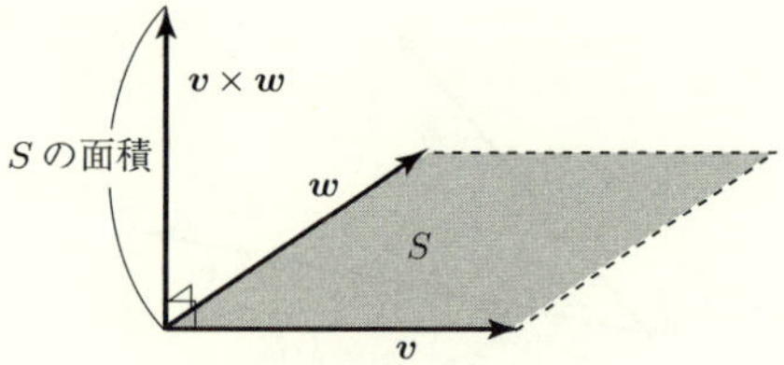

$\boldsymbol{v}_1, \boldsymbol{v}_2 \in \mathbb{R}^3$ なら，$P = \{a_1\boldsymbol{v}_1 + a_2\boldsymbol{v}_2 \mid 0 \leqq a_1, a_2 \leqq 1\}$ を $\boldsymbol{v}_1, \boldsymbol{v}_2$ **の定める平行四辺形**という．外積は次の性質をもつ．

命題 2.2.2. 上の状況で次が成り立つ．
(1) $\boldsymbol{v} \times \boldsymbol{w}$ は $\boldsymbol{v}, \boldsymbol{w}$ に直交する．
(2) $\|\boldsymbol{v} \times \boldsymbol{w}\|$ は $\boldsymbol{v}, \boldsymbol{w}$ の定める平行四辺形の面積である．

証明. (1) $\boldsymbol{v} \cdot (\boldsymbol{v} \times \boldsymbol{w})$ は定義より

$$x_1(x_2y_3 - x_3y_2) + x_2(x_3y_1 - x_1y_3) + x_3(x_1y_2 - x_2y_1) = 0$$

となる．$\boldsymbol{w} \cdot (\boldsymbol{v} \times \boldsymbol{w}) = 0$ も同様である．

(2) 上の図のように θ を $\boldsymbol{v}, \boldsymbol{w}$ の角度とすると，$\boldsymbol{v}, \boldsymbol{w}$ の定める平行四辺形の面積は $\|\boldsymbol{v}\|\|\boldsymbol{w}\| \sin\theta$ である．

$$\begin{aligned} \|\boldsymbol{v}\|^2\|\boldsymbol{w}\|^2 \sin^2\theta &= \|\boldsymbol{v}\|^2\|\boldsymbol{w}\|^2(1 - \cos^2\theta) \\ &= \|\boldsymbol{v}\|^2\|\boldsymbol{w}\|^2 - \|\boldsymbol{v}\|^2\|\boldsymbol{w}\|^2\cos^2\theta = \|\boldsymbol{v}\|^2\|\boldsymbol{w}\|^2 - (\boldsymbol{v} \cdot \boldsymbol{w})^2 \\ &= (x_1^2 + x_2^2 + x_3^2)(y_1^2 + y_2^2 + y_3^2) - (x_1y_1 + x_2y_2 + x_3y_3)^2 \end{aligned}$$

である．これを展開したものと $\|\boldsymbol{v} \times \boldsymbol{w}\|^2$ が等しいことは，直接計算で確かめることができる． □

特に，$\boldsymbol{v}_1 = [a_{11}, a_{21}, 0]$, $\boldsymbol{v}_2 = [a_{12}, a_{22}, 0]$ のとき，つまり $\boldsymbol{v}_1$, $\boldsymbol{v}_2$ が平面ベクトルのときには，$\boldsymbol{v}_1 \times \boldsymbol{v}_2 = [0, 0, a_{11}a_{22} - a_{12}a_{21}]$ となる．$\boldsymbol{v}_1, \boldsymbol{v}_2$ を $\mathbb{R}^2$ のベクトル $[a_{11}, a_{21}], [a_{12}, a_{22}]$ と同一視し，

$$\det(\boldsymbol{v}_1, \boldsymbol{v}_2) = a_{11}a_{22} - a_{12}a_{21}$$

とおくと，平面で $\boldsymbol{v}_1$，$\boldsymbol{v}_2$ で定まる平行四辺形の面積は $|\det(\boldsymbol{v}_1, \boldsymbol{v}_2)|$ である．これを以下のように命題の形にまとめておく．なお，3 章で解説するが，$\det(\boldsymbol{v}_1, \boldsymbol{v}_2)$ は 2×2 行列 $(\boldsymbol{v}_1 \ \ \boldsymbol{v}_2)$ の『**行列式**』とよばれるものである．

命題 2.2.3. 平面ベクトル $\boldsymbol{v}_1, \boldsymbol{v}_2$ で定まる平行四辺形の面積は $|\det(\boldsymbol{v}_1, \boldsymbol{v}_2)|$ である．

$A = (\boldsymbol{v}_1 \ \ \boldsymbol{v}_2)$ のとき，$\det A = \det(\boldsymbol{v}_1, \boldsymbol{v}_2)$ とおく．

例 2.2.4. $\boldsymbol{v} = [-3, -4, 1]$，$\boldsymbol{w} = [2, 5, -1]$ とすると，$\boldsymbol{v} \times \boldsymbol{w} = [-1, -1, -7]$ なので，$\boldsymbol{v}, \boldsymbol{w}$ の定める平行四辺形の面積は $\sqrt{1+1+49} = \sqrt{51}$ である．　◇

さて，外積の概念を使って空間の平行六面体の体積を計算することができる．ベクトル $\boldsymbol{v}_1, \boldsymbol{v}_2, \boldsymbol{v}_3 \in \mathbb{R}^3$ に対し

$$P = \{t_1\boldsymbol{v}_1 + t_2\boldsymbol{v}_2 + t_3\boldsymbol{v}_3 \mid 0 \leqq t_1, t_2, t_3 \leqq 1\}$$

を考え，これを $\boldsymbol{v}_1, \boldsymbol{v}_2, \boldsymbol{v}_3$ **によって定まる平行六面体**という (下左図)．

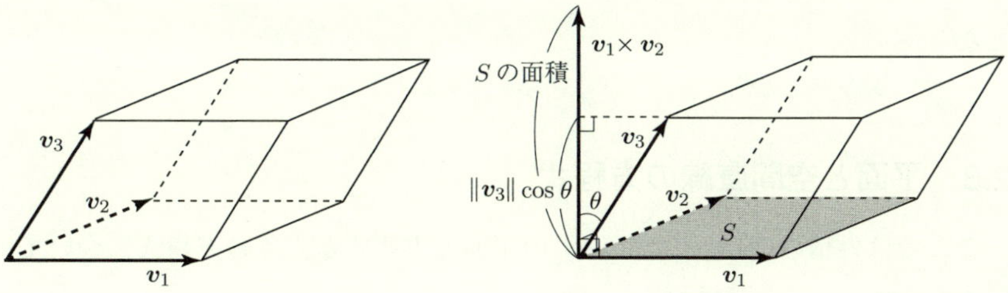

$\boldsymbol{v}_1, \boldsymbol{v}_2$ の定める平行四辺形を S とすると，$\boldsymbol{v}_1 \times \boldsymbol{v}_2$ はその長さが S の面積であり，S と直交するベクトルである．$\boldsymbol{v}_1 \times \boldsymbol{v}_2$ と $\boldsymbol{v}_3$ の角度を θ とする．P の体積が S の面積かける『高さ』ということを認めると，$\big|\|\boldsymbol{v}_3\| \cos\theta\big|$ が『高さ』なので，P の体積は $\|\boldsymbol{v}_1 \times \boldsymbol{v}_2\| \|\boldsymbol{v}_3\| |\cos\theta|$ である．これは $|(\boldsymbol{v}_1 \times \boldsymbol{v}_2) \cdot \boldsymbol{v}_3|$ である (上右図)．

$$\begin{pmatrix} \boldsymbol{v}_1 & \boldsymbol{v}_2 & \boldsymbol{v}_3 \end{pmatrix} = \begin{pmatrix} a_{11} & a_{12} & a_{13} \\ a_{21} & a_{22} & a_{23} \\ a_{31} & a_{32} & a_{33} \end{pmatrix}$$

とすると

$$\begin{aligned}(\boldsymbol{v}_1 \times \boldsymbol{v}_2) \cdot \boldsymbol{v}_3 = (a_{21}a_{32} - a_{31}a_{22})a_{13} + (a_{31}a_{12} - a_{11}a_{32})a_{23} \\ + (a_{11}a_{22} - a_{21}a_{12})a_{33}\end{aligned}$$

$$= a_{11}a_{22}a_{33} + a_{12}a_{23}a_{31} + a_{13}a_{21}a_{32}$$
$$- a_{11}a_{23}a_{32} - a_{12}a_{21}a_{33} - a_{13}a_{22}a_{31}$$

となる．これも 3 章で解説する『行列式』である．上の式を $\det(\boldsymbol{v}_1, \boldsymbol{v}_2, \boldsymbol{v}_3)$ とおくと，次の命題を得る．

命題 2.2.5. $\boldsymbol{v}_1, \boldsymbol{v}_2, \boldsymbol{v}_3$ で定まる平行六面体の体積は $|\det(\boldsymbol{v}_1, \boldsymbol{v}_2, \boldsymbol{v}_3)|$ である．

$A = (\boldsymbol{v}_1 \ \ \boldsymbol{v}_2 \ \ \boldsymbol{v}_3)$ のとき，$\det A = \det(\boldsymbol{v}_1, \boldsymbol{v}_2, \boldsymbol{v}_3)$ とおく．

上の議論はナイーブな議論であり，一般次元の平行体の体積についての厳密な議論は 4.9 節で行う．

例 2.2.6. $\boldsymbol{v}_1 = [2, 1, 1]$, $\boldsymbol{v}_2 = [3, -1, 0]$, $\boldsymbol{v}_3 = [2, 5, 3]$ とすると，$\boldsymbol{v}_1, \boldsymbol{v}_2, \boldsymbol{v}_3$ で定まる平行六面体の体積は

$$\left|\det\begin{pmatrix} 2 & 3 & 2 \\ 1 & -1 & 5 \\ 1 & 0 & 3 \end{pmatrix}\right| = |-6 + 15 + 0 - 0 - 9 - (-2)| = 2$$

となる． ◇

2.3 平面と空間直線の方程式

ここでは外積の応用として，$\mathbb{R}^3$ の平面の方程式と直線の方程式について解説する．

平面はその上の 1 点 $\boldsymbol{x}_0$ とそれに直交するベクトル $\boldsymbol{l}$ によって定まる．平面上の一般の点を $\boldsymbol{x}$ とすれば，平面の方程式は $(\boldsymbol{x} - \boldsymbol{x}_0) \cdot \boldsymbol{l} = 0$ となる．

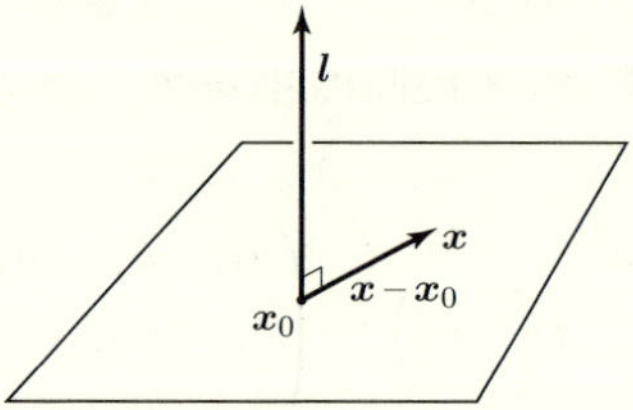

例えば一直線上にない 3 点 P, Q, R が与えられれば，その 3 点を通る平面に直交するベクトルは $Q - P, R - P$ と直交する．だから $(Q - P) \times (R - P)$ を求めればよい．これを以下のように命題の形にまとめておく．

命題 2.3.1. $\mathbb{R}^3$ の 3 点 P, Q, R を通る平面の方程式は $\boldsymbol{l} = (Q-P)\times(R-P)$ とするとき,

$$(\boldsymbol{x} - P) \cdot \boldsymbol{l} = 0$$

である.

例 2.3.2. $P = [1, 2, 1],\ Q = [0, 2, -1],\ R = [2, 0, 1]$ とすると

$$Q - P = [-1, 0, -2], \qquad R - P = [1, -2, 0]$$

なので,

$$(Q-P)\times(R-P) = \begin{pmatrix} -4 \\ -2 \\ 2 \end{pmatrix} = -2\begin{pmatrix} 2 \\ 1 \\ -1 \end{pmatrix}$$

である. よって P, Q, R を通る平面の方程式は

$$[x_1 - 1, x_2 - 2, x_3 - 1] \cdot [2, 1, -1] = 2x_1 + x_2 - x_3 - 3 = 0$$

である. ◇

命題 2.3.1 の平面の方程式を明示的に書けば,

$$ax_1 + bx_2 + cx_3 = d \tag{2.3.3}$$

と表せる. ここで $a, b, c, d \in \mathbb{R}$ は定数で, $a, b, c \in \mathbb{R}$ はすべては 0 でない. $[a, b, c]$ は命題 2.3.1 の $\boldsymbol{l}$ のスカラー倍なので, ベクトル $[a, b, c]$ はこの平面と直交する.

次に空間の直線について解説する. $\mathbb{R}^3$ の直線はその上の 1 点 $[c_1, c_2, c_3]$ とそれに平行なベクトル $\boldsymbol{l} = [l_1, l_2, l_3]$ によって定まる. この状況で直線上の任意の点は

$$[x_1, x_2, x_3] = [c_1, c_2, c_3] + t[l_1, l_2, l_3] \qquad (t \in \mathbb{R})$$

と表すことができる. これは

$$\frac{x_1 - c_1}{l_1} = \frac{x_2 - c_2}{l_2} = \frac{x_3 - c_3}{l_3} \tag{2.3.4}$$

と書くこともできる. ただし, $l_1 = 0$ などのときは, $x_1 = c_1$ などとなる.

平行でない 2 つの平面の共通集合である直線を考える. その方程式を

$$\begin{cases} a_1x_1 + a_2x_2 + a_3x_3 = d, \\ b_1x_1 + b_2x_2 + b_3x_3 = e \end{cases} \tag{2.3.5}$$

とする．これを (2.3.4) の形に表す．上の 2 つの平面は，それぞれベクトル $\boldsymbol{a} = [a_1, a_2, a_3]$，$\boldsymbol{b} = [b_1, b_2, b_3]$ と直交する．だから，上の 2 つの平面の共通集合である直線は $\boldsymbol{l} = [l_1, l_2, l_3] = [a_1, a_2, a_3] \times [b_1, b_2, b_3]$ と平行である (下の図参照)．したがって，上の方程式を満たす点を 1 つ求めれば，(2.3.4) の形に表すことができる．これをまとめて次の命題を得る．

命題 2.3.6. (2.3.5) で与えられた直線に対し，$\boldsymbol{l} = [a_1, a_2, a_3] \times [b_1, b_2, b_3]$ とおく．(2.3.5) 上の 1 点を求め $[c_1, c_2, c_3]$ とすると，(2.3.5) は (2.3.4) の形の方程式で表すことができる．

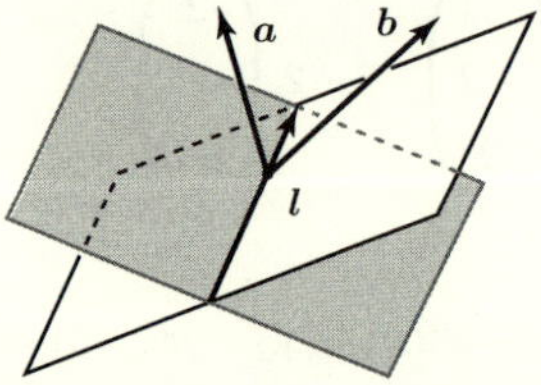

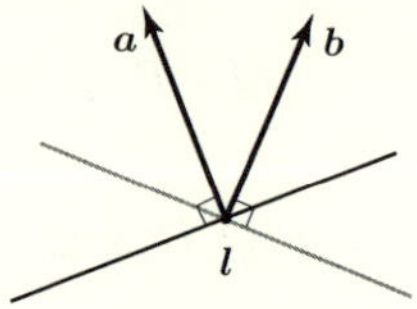

横から見た図

例 2.3.7. 2 つの平面

(2.3.8) $$2x_1 - 3x_2 + x_3 = 3, \quad x_1 - 2x_2 + 2x_3 = 1$$

の共通集合である直線の (2.3.4) の形の方程式を求める．

$$\begin{pmatrix} 2 \\ -3 \\ 1 \end{pmatrix} \times \begin{pmatrix} 1 \\ -2 \\ 2 \end{pmatrix} = \begin{pmatrix} -4 \\ -3 \\ -1 \end{pmatrix}$$

である．

$$\left(\begin{array}{ccc|c} 2 & -3 & 1 & 3 \\ 1 & -2 & 2 & 1 \end{array}\right) \xrightarrow{R_1 \leftrightarrow R_2} \begin{pmatrix} 1 & -2 & 2 & 1 \\ 2 & -3 & 1 & 3 \end{pmatrix}$$

$$\xrightarrow{R_2 \to R_2 - 2R_1} \begin{pmatrix} 1 & -2 & 2 & 1 \\ 0 & 1 & -3 & 1 \end{pmatrix} \xrightarrow{R_1 \to R_1 + 2R_2} \left(\begin{array}{ccc|c} 1 & 0 & -4 & 3 \\ 0 & 1 & -3 & 1 \end{array}\right)$$

なので，$x_3 = 0$ とすれば $x_1 = 3$，$x_2 = 1$ である．よって $[3, 1, 0]$ はこの直線上の点である．したがって，

(2.3.9) $$\frac{x_1 - 3}{4} = \frac{x_2 - 1}{3} = x_3$$

が直線の方程式である．もちろん (2.3.8) も直線の方程式だが，(2.3.9) の形のほうが，直線と平行なベクトルを与えているので，直線をよりよく記述している．

◇

2 章の演習問題

[A]

2.1. $\boldsymbol{v}, \boldsymbol{w} \in \mathbb{R}^3$ が以下の (a), (b), (c) であるとする．

(a) $\boldsymbol{v} = [2, 1, 1],\ \boldsymbol{w} = [5, -1, 2]$.

(b) $\boldsymbol{v} = [-3, 7, 2],\ \boldsymbol{w} = [4, 5, 4]$.

(c) $\boldsymbol{v} = [241, 345, 623],\ \boldsymbol{w} = [34, 24, 12]$.

各々の場合について以下の問いに答えよ．ただし，(c) については Maple を用いて近似値を求めよ．なお，その際少数点 3 位以下を四捨五入せよ．

(1) $\boldsymbol{v}, \boldsymbol{w}$ の長さを求めよ．

(2) $\boldsymbol{v}, \boldsymbol{w}$ の角度を θ とするとき $\cos\theta$ を求めよ．

(3) $\boldsymbol{v}, \boldsymbol{w}$ で定まる平行四辺形の面積を求めよ．

(4) $\boldsymbol{v}$ の $\boldsymbol{w}$ への直交射影を求めよ．

2.2. $\boldsymbol{v}_1, \boldsymbol{v}_2, \boldsymbol{v}_3$ が以下の (a), (b), (c) であるとする．

(a) $\boldsymbol{v}_1 = [1, 2, 3],\ \boldsymbol{v}_2 = [4, 5, 6],\ \boldsymbol{v}_3 = [7, 8, 9]$.

(b) $\boldsymbol{v}_1 = [2, 1, 1],\ \boldsymbol{v}_2 = [-2, 3, 2],\ \boldsymbol{v}_3 = [3, 4, 1]$.

(c) $\boldsymbol{v}_1 = [2, 5, 3],\ \boldsymbol{v}_2 = [7, 5, -3],\ \boldsymbol{v}_3 = [-2, 3, 6]$.

各々の場合について $\boldsymbol{v}_1, \boldsymbol{v}_2, \boldsymbol{v}_3$ で定まる平行六面体の体積を求めよ．

2.3. この問題では平面 $S: ax + by + cz = d$ と点 $P(\alpha, \beta, \gamma)$ との距離を求める．

(1) $[\alpha, \beta, \gamma] + t[a, b, c]\,(t \in \mathbb{R})$ という形の点が S 上にあるような t を求めよ．

(2) P と S の距離が

$$\frac{|a\alpha + b\beta + c\gamma - d|}{\sqrt{a^2 + b^2 + c^2}}$$

であることを証明せよ．

2.4. $P, Q, R \in \mathbb{R}^3$ が以下の (a), (b), (c) であるとする．

(a) $P = [2, 4, 3],\ Q = [-3, 0, 2],\ R = [5, 2, 6]$.

(b) $P = [5, 2, -3],\ Q = [2, 7, 0],\ R = [4, 6, 3]$.

(c) $P = [0, 2, -1],\ Q = [1, 5, 3],\ R = [-2, 1, -3]$.

各々の場合について以下の問いに答えよ．

(1) P, Q, R を通る平面の方程式を求めよ．

(2) 点 $[1, 2, 1]$ から (1) で求めた平面への距離を求めよ．

2.5. 以下の (a), (b), (c) で定められる $\mathbb{R}^3$ の直線の方程式を (2.3.4) の形に表せ．

(a) $x + 3y - z = 5,\ x + 2y + 2z = 3$.

(b) $-3x + 2y + 6z = 1,\ y - 5z = 2$.

(c) $2x + y + z = -2,\ x + 2y - 5z = 6$.

3章　行列式

3.1　行列式を考える理由

$\boldsymbol{v}_1, \ldots, \boldsymbol{v}_n \in \mathbb{R}^n$ とするとき，これらのベクトルの定める**平行体**を

$$P(\boldsymbol{v}_1, \ldots, \boldsymbol{v}_n) = \{a_1\boldsymbol{v}_1 + \cdots + a_n\boldsymbol{v}_n \mid 0 \leqq a_1, \ldots, a_n \leqq 1\} \tag{3.1.1}$$

と定義する．

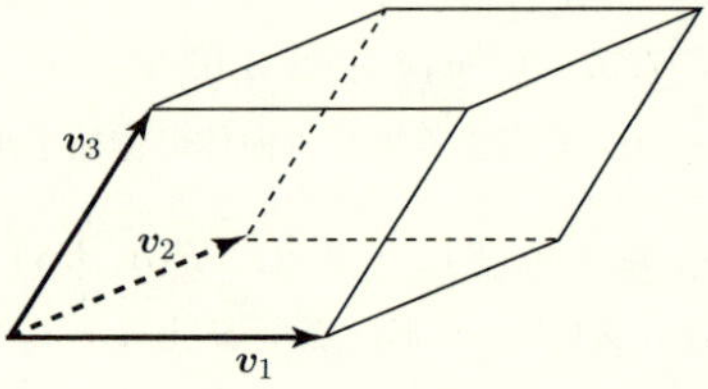

この『体積』を $\boldsymbol{v}_1, \ldots, \boldsymbol{v}_n$ の成分を使って計算する方法はあるだろうか?　これが行列式を考える理由の一つである．しかし体積は常に非負の数であり，このことが必ずしも都合がよくない場合があることを $n = 2$ の場合に説明する．下の図のように，ベクトル $\boldsymbol{v}_1, \boldsymbol{v}_2$ は直交し，$\boldsymbol{v}_3 = -\boldsymbol{v}_2$ である場合を考える．

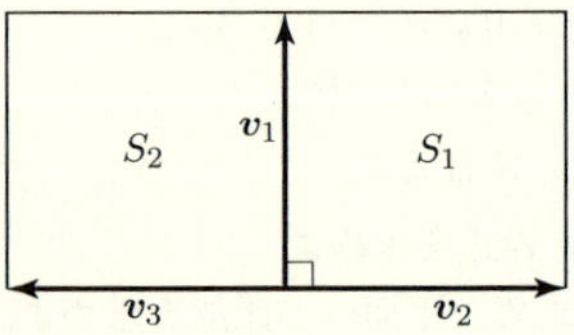

$n = 2$ の場合，$\boldsymbol{v}_1, \boldsymbol{v}_2$ が定める平行体 $P(\boldsymbol{v}_1, \boldsymbol{v}_2)$ は，$\boldsymbol{v}_1, \boldsymbol{v}_2$ で定まる平行四辺形のことであり，その『体積』とは面積のことである．$D(\boldsymbol{v}_1, \boldsymbol{v}_2)$ をその面積としよう．どちらかのベクトルが $\mathbf{0}$ のときは $P(\boldsymbol{v}_1, \boldsymbol{v}_2)$ は線分なので，面積は 0 と考えるのが自然である．これを認めると，$D(\boldsymbol{v}_1, \mathbf{0}) = 0$, $\boldsymbol{v}_2 + \boldsymbol{v}_3 = \mathbf{0}$ なので，$D(\boldsymbol{v}_1, \boldsymbol{v}_2 + \boldsymbol{v}_3) = 0$ であるべきである．

計算のためには

$$D(\boldsymbol{v}_1, \boldsymbol{v}_2 + \boldsymbol{v}_3) = D(\boldsymbol{v}_1, \boldsymbol{v}_2) + D(\boldsymbol{v}_1, \boldsymbol{v}_3)$$

という性質が成り立っていると都合がよい．しかし，左辺は 0 なので，

$$D(\boldsymbol{v}_1, \boldsymbol{v}_2) = -D(\boldsymbol{v}_1, \boldsymbol{v}_3)$$

となる．これが成り立つためには，$D(\boldsymbol{v}_1, \boldsymbol{v}_2)$ という関数として，負の値も許さざるをえなくなる．そこで**負の値をとってもよいが，絶対値をとると平行体の体積を与えるような関数を考えたい**．それが行列式というものである．

上の例で $\boldsymbol{v}_1, \boldsymbol{v}_2$ の長さが等しい場合，S_1 を回転させると，S_2 に重なる．

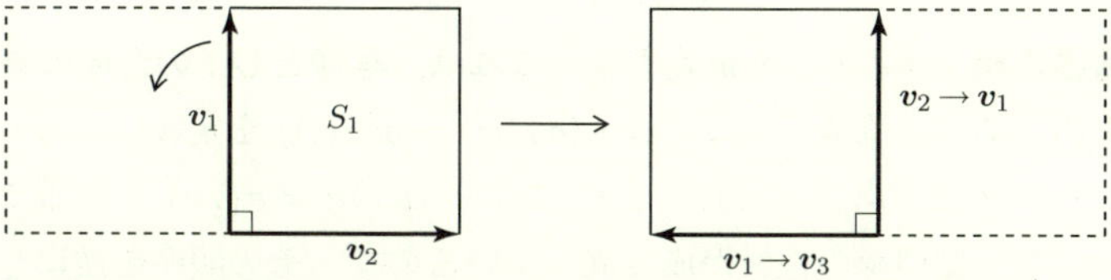

面積が回転で不変なら

$$D(\boldsymbol{v}_3, \boldsymbol{v}_1) = D(\boldsymbol{v}_1, \boldsymbol{v}_2) = -D(\boldsymbol{v}_1, \boldsymbol{v}_3)$$

である．このように,『行列式』という都合のよい関数があるとしたら，ベクトルを交換したとき，符号が変わるというようなものでなければならない．だから，行列式というものを定義をしようとすると，どうしても番号を入れ換えるようなものを考える必要がある．それは置換というものだが，その置換の定義から始めることにする．

3.2　置　　換

定義 3.2.1. $X_n = \{1, 2, \ldots, n\}$ とするとき，X_n から X_n への全単射写像 $\sigma : X \to X$ のことを n 次の**置換**という．n 次の置換全体の集合のことを $\mathfrak{S}_n$ (ドイツ文字の S) で表す．また，$1, 2, \ldots, n$ の行き先を書いて，

$$\sigma = \begin{pmatrix} 1 & 2 & \cdots & n \\ \sigma(1) & \sigma(2) & \cdots & \sigma(n) \end{pmatrix}$$

とも書く． ◇

例 3.2.2.
$$\sigma = \begin{pmatrix} 1 & 2 & 3 & 4 \\ 4 & 3 & 2 & 1 \end{pmatrix}$$
は 4 次の置換で
$$\begin{aligned} 1 &\to 4 \\ 2 &\to 3 \\ 3 &\to 2 \\ 4 &\to 1 \end{aligned}$$
となっているものである. ◇

$\sigma \in \mathfrak{S}_n$ なら, σ の逆写像 $\sigma^{-1} : X_n \to X_n$ も全単射なので置換である. $(\sigma^{-1})^{-1} = \sigma$ は明らかである. $\sigma, \tau \in \mathfrak{S}_n$ であるとき,
$$(\sigma\tau)(i) = \tau(\sigma(i))$$
として**置換の積** $\sigma\tau \in \mathfrak{S}_n$ を定義する. これは, **写像としての合成の順序を逆にしたもの**である. 流儀によっては, $(\sigma\tau)(i) = \sigma(\tau(i))$ を定義にする人もいるので, 注意が必要である. $\sigma, \tau, \nu \in \mathfrak{S}_n$ なら, $(\sigma\tau)\nu = \sigma(\tau\nu)$ であることは写像の合成に対して同様の性質が成り立っているので, その順序を逆にした置換の積に対しても成り立つ. したがって, 複数の置換の積 $\sigma_1 \cdots \sigma_m$ はその順序によらない.

例えば
$$\sigma = \begin{pmatrix} 1 & 2 & 3 & 4 \\ 4 & 3 & 2 & 1 \end{pmatrix}, \qquad \tau = \begin{pmatrix} 1 & 2 & 3 & 4 \\ 2 & 3 & 1 & 4 \end{pmatrix}$$
なら,
$$\sigma\tau : \begin{matrix} 1 \to 4 \to 4 \\ 2 \to 3 \to 1 \\ 3 \to 2 \to 3 \\ 4 \to 1 \to 2 \end{matrix}, \qquad \tau^{-1} : \begin{matrix} 2 \to 1 \\ 3 \to 2 \\ 1 \to 3 \\ 4 \to 4 \end{matrix}$$
となるので,
$$\sigma\tau = \begin{pmatrix} 1 & 2 & 3 & 4 \\ 4 & 1 & 3 & 2 \end{pmatrix}, \qquad \tau^{-1} = \begin{pmatrix} 1 & 2 & 3 & 4 \\ 3 & 1 & 2 & 4 \end{pmatrix}$$
である.

$1 \leqq i < j \leqq n$ のとき, $l \neq i, j$ なら $\sigma(l) = l$ で $\sigma(i) = j$, $\sigma(j) = i$ であるとき, σ は置換である. このような置換を i, j の**互換**といい $(i\,j)$ と書く.

定義 3.2.3. (1) $\sigma \in \mathfrak{S}_n$ に対し, $1 \leqq i < j \leqq n$ で $\sigma(i) > \sigma(j)$ である対 (i, j) を**逆転する対**という.

$$l(\sigma) = \#\{(i,j) \mid 1 \leqq i < j \leqq n,\ \sigma(i) > \sigma(j)\}$$

とおき，σ の**長さ**という．$l(\sigma)$ は逆転する対の数である．

(2) $\mathrm{sgn}(\sigma) = (-1)^{l(\sigma)}$ と定義し，これを σ の**符号**とよぶ．

(3) $\mathrm{sgn}(\sigma) = 1$ なら，σ を**偶置換**，$\mathrm{sgn}(\sigma) = -1$ なら，σ を**奇置換**という．◇

例 3.2.4.
$$\sigma = (2\,5) = \begin{pmatrix} 1 & 2 & 3 & 4 & 5 \\ 1 & 5 & 3 & 4 & 2 \end{pmatrix}$$
とする．逆転する対は $(2,3), (2,4), (2,5), (3,5), (4,5)$ なので，長さは $l(\sigma) = 5$ である．よって $\mathrm{sgn}(\sigma) = -1$ であり，σ は奇置換である．逆転する対を求めるには，下のような図を描くとわかりやすい．

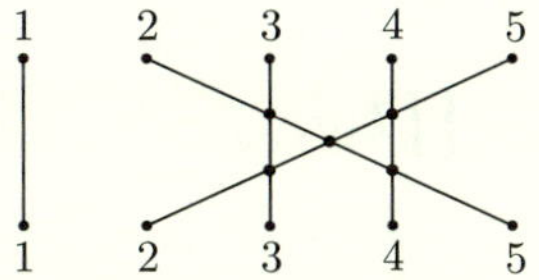

この図で線が交差するのが逆転する対である．なお，この σ は互換だが，逆転する対は $(2,5)$ だけではないことに注意せよ．◇

定義 3.2.5. (1) 変数 $x = (x_1, \ldots, x_n)$ に対し $\Delta(x) = \prod_{i<j}(x_i - x_j)$ とおき，これを x の**差積**という．

(2) $\sigma \in \mathfrak{S}_n$ に対し $\sigma(x) = (x_{\sigma(1)}, \ldots, x_{\sigma(n)})$ と定義する．◇

例 3.2.6. 例えば $n = 2, 3$ なら，$\Delta(x)$ はそれぞれ

$$(x_1 - x_2), \quad (x_1 - x_2)(x_1 - x_3)(x_2 - x_3)$$

である．

また $\sigma = \begin{pmatrix} 1 & 2 & 3 & 4 \\ 4 & 1 & 2 & 3 \end{pmatrix}$ なら，$\sigma((x_1, x_2, x_3, x_4)) = (x_4, x_1, x_2, x_3)$ である．◇

命題 3.2.7. $x = (x_1, \ldots, x_n)$, $\sigma \in \mathfrak{S}_n$ に対し，$\Delta(\sigma(x)) = \mathrm{sgn}(\sigma)\Delta(x)$ である．

証明. Y_n を $X_n = \{1, \ldots, n\}$ から 2 個選ぶ組合せの全体とする．つまり，$Y_n = \{(i,j) \mid 1 \leqq i \neq j \leqq n\}$ である．ここで (i,j) と (j,i) は同じ元であるとみなす．だから $\#Y_n = {}_n\mathrm{C}_2$ である．$\sigma \in \mathfrak{S}_n$ なら，$(i,j) \in Y_n$ に対し $\sigma((i,j)) =$

$(\sigma(i), \sigma(j))$ とおく．σ は単射だから，$i \neq j$ なら $\sigma(i) \neq \sigma(j)$ である．よって σ は写像 (これも σ と書く) $\sigma : Y_n \to Y_n$ を引き起こす．σ は単射なので，$(i, j) \neq (i', j')$ なら $\sigma((i,j)) \neq \sigma((i', j'))$ である．Y_n は有限集合で $\sigma : Y_n \to Y_n$ は単射なので，σ は全単射である．したがって，$Y_n = \{(\sigma(i), \sigma(j)) \mid 1 \leqq i \neq j \leqq n\}$ である．

$\Delta(x)$ は Y_n の元 (i, j) 対して，$i < j$ なら $x_i - x_j$，$i > j$ なら $x_j - x_i$ を選び，かけ合わせたものである．

$$L(\sigma, i, j, x) = \begin{cases} x_{\sigma(i)} - x_{\sigma(j)}, & \sigma(i) < \sigma(j), \\ x_{\sigma(j)} - x_{\sigma(i)}, & \sigma(i) > \sigma(j) \end{cases}$$

とおくと，$\sigma : Y_n \to Y_n$ が全単射なので，

$$\Delta(x) = \prod_{i<j} L(\sigma, i, j, x)$$

である．

$\Delta(\sigma(x))$ を $\Delta(x)$ と比べる．

$$\Delta(\sigma(x)) = \prod_{i<j} (x_{\sigma(i)} - x_{\sigma(j)})$$

である．$x_{\sigma(i)} - x_{\sigma(j)}$ と $L(\sigma, i, j, x)$ の符号が異なるのは $i < j$, $\sigma(i) > \sigma(j)$ のとき，つまり (i, j) が逆転する対のときである．したがって，

$$\Delta(\sigma(x)) = (-1)^{l(\sigma)} \Delta(x) = \mathrm{sgn}(\sigma) \Delta(x)$$

となる． □

具体的な σ について考えると上の証明を理解しやすい．

例えば $\sigma = \begin{pmatrix} 1 & 2 & 3 \\ 2 & 3 & 1 \end{pmatrix}$ なら，逆転する対は $(1,3), (2,3)$ である．よって

$$\begin{aligned} \Delta(\sigma(x)) &= \Delta((x_2, x_3, x_1)) = (x_2 - x_3)\underline{\underline{(x_2 - x_1)(x_3 - x_1)}} \\ &= (-1)^2 (x_2 - x_3)(x_1 - x_2)(x_1 - x_3) = \Delta(x) \end{aligned}$$

となる．ここで符号が変わったのは $x_2 - x_1, x_3 - x_1$ だが，これは $(1,3) \to (2,1)$, $(2,3) \to (3,1)$ からきている．

命題 3.2.8. $\sigma, \tau \in \mathfrak{S}_n$ なら，$(\sigma\tau)(x) = \sigma(\tau(x))$.

証明. $(\sigma\tau)(x) = (x_{(\sigma\tau)(1)}, \ldots, x_{(\sigma\tau)(n)}) = (x_{\tau(\sigma(1))}, \ldots, x_{\tau(\sigma(n))})$
である．$y = (y_1, \ldots, y_n) = (x_{\tau(1)}, \ldots, x_{\tau(n)})$ とおけば，$y_{\sigma(1)} = x_{\tau(\sigma(1))}, \cdots$ **(ここは注意)** なので，

$$(\sigma\tau)(x) = (y_{\sigma(1)}, \ldots, y_{\sigma(n)}) = \sigma(y) = \sigma(\tau(x))$$

となる． □

命題 3.2.9. $\sigma, \tau \in \mathfrak{S}_n$ なら，$\mathrm{sgn}(\sigma\tau) = \mathrm{sgn}(\sigma)\mathrm{sgn}(\tau)$.

証明.
$$\begin{aligned}\mathrm{sgn}(\sigma\tau)\Delta(x) &= \Delta((\sigma\tau)(x)) = \Delta(\sigma(\tau(x))) \\ &= \mathrm{sgn}(\sigma)\Delta(\tau(x)) = \mathrm{sgn}(\sigma)\mathrm{sgn}(\tau)\Delta(x)\end{aligned}$$

なので，$\mathrm{sgn}(\sigma\tau) = \mathrm{sgn}(\sigma)\mathrm{sgn}(\tau)$ となる． □

次の命題は後で行列式の性質を証明する際に必要になる．

命題 3.2.10. (1) $\sigma = (i\,j)$ が互換なら，$\mathrm{sgn}(\sigma) = -1$ である．
(2) $\mathfrak{S}_n$ の任意の元は $n-1$ 個以下の互換の積で書ける．

証明. (1) $i < j$ なら，逆転する対は $(i, i+1), \ldots, (i, j)$, $(i+1, j), \ldots, (j-1, j)$ の $2(j-i)-1$ 個なので，$l((i\,j))$ は奇数である．$i > j$ でも同様である．

(2) n についての帰納法を使う．$\sigma(n) = i$ なら，$\tau = (i\,n)$ とおくと $(\sigma\tau)(n) = n$ である．よって $\sigma\tau$ を $\mathfrak{S}_{n-1}$ の元とみなせる．帰納法により $\sigma\tau$ は $n-2$ 個以下の互換の積なので，σ は $n-1$ 個以下の互換の積である†． □

3.3 行列式の定義

以上の準備のもとに，行列式を次のように定義する．

定義 3.3.1. $A = (a_{ij})$ を $n \times n$ 行列とするとき，

$$\det A = \sum_{\sigma \in \mathfrak{S}_n} \mathrm{sgn}(\sigma) a_{1\sigma(1)} a_{2\sigma(2)} \cdots a_{n\sigma(n)}$$

とおき，これを A の**行列式**という． ◇

† この証明を使って，ランダムな置換を生成することができる．これはコンピュータゲームで，ゲームを初期化する場合に使うなどの応用がある．

例 3.3.2. $n=2$ のとき，置換は

$$\sigma_1 = \begin{pmatrix} 1 & 2 \\ 1 & 2 \end{pmatrix}, \qquad \sigma_2 = \begin{pmatrix} 1 & 2 \\ 2 & 1 \end{pmatrix}$$

だけである．$\mathrm{sgn}(\sigma_1)=1$ は明らかである．σ_2 で順序が逆転する対は $(1,2)$ なので，$\mathrm{sgn}(\sigma_2)=-1$ である．よって

$$\det A = a_{11}a_{22} - a_{12}a_{21}$$

となる．図を描くと以下のようになる．

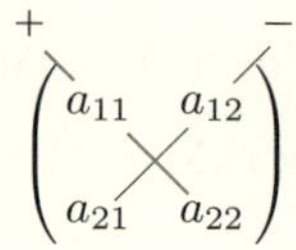

例えば

$$\det \begin{pmatrix} 1 & 2 \\ 3 & 4 \end{pmatrix} = 4-6=-2$$

である． ◇

例 3.3.3. $n=3$ のとき，置換は

$$\sigma_1 = \begin{pmatrix} 1 & 2 & 3 \\ 1 & 2 & 3 \end{pmatrix}, \quad \sigma_2 = \begin{pmatrix} 1 & 2 & 3 \\ 1 & 3 & 2 \end{pmatrix}, \quad \sigma_3 = \begin{pmatrix} 1 & 2 & 3 \\ 2 & 1 & 3 \end{pmatrix},$$

$$\sigma_4 = \begin{pmatrix} 1 & 2 & 3 \\ 2 & 3 & 1 \end{pmatrix}, \quad \sigma_5 = \begin{pmatrix} 1 & 2 & 3 \\ 3 & 1 & 2 \end{pmatrix}, \quad \sigma_6 = \begin{pmatrix} 1 & 2 & 3 \\ 3 & 2 & 1 \end{pmatrix}$$

の 6 個である．

これらの長さを決定すると以下のようになる．

	逆転する対		逆転する対
$l(\sigma_1)=0$	なし	$l(\sigma_2)=1$	$(2,3)$
$l(\sigma_3)=1$	$(1,2)$	$l(\sigma_4)=2$	$(1,3),(2,3)$
$l(\sigma_5)=2$	$(1,2),(1,3)$	$l(\sigma_6)=3$	$(1,2),(1,3),(2,3)$

したがって，

$$\begin{aligned}\det A = {} & a_{11}a_{22}a_{33} + a_{12}a_{23}a_{31} + a_{13}a_{21}a_{32} \\ & - a_{11}a_{23}a_{32} - a_{12}a_{21}a_{33} - a_{13}a_{22}a_{31}\end{aligned}$$

となる．図を描くと以下のようになる．

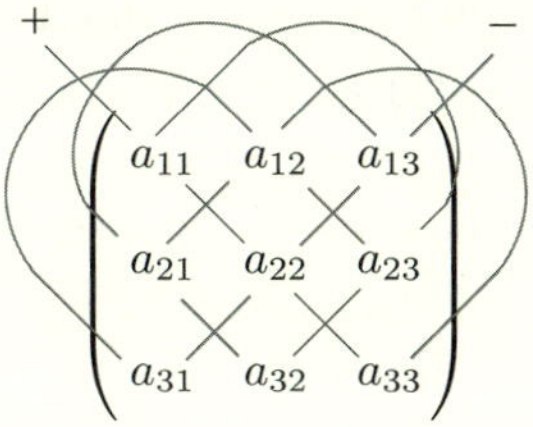

例えば

$$\det\begin{pmatrix}1 & 2 & 1\\ 2 & -1 & 3\\ -4 & 3 & 2\end{pmatrix} = -2-24+6-9-8-4=-41$$

である． ◇

このように，定義そのものを使うのが有効なのは $n=2,3$ の場合くらいで，$n \geqq 4$ なら，行や列の変形を使うのが効率的である．そのような計算の方法については 3.6 節で解説する．

3.4 行列式の性質

$\tau \in \mathfrak{S}_n$ とするとき，P_τ を $(i,\tau(i))$-成分が 1 であり $(i=1,\ldots,n)$，他の成分が 0 であるような行列とする．このような行列を**置換行列**という．例えば

$$\tau = \begin{pmatrix}1 & 2 & 3\\ 2 & 3 & 1\end{pmatrix} \quad\Longrightarrow\quad P_\tau = \begin{pmatrix}0 & 1 & 0\\ 0 & 0 & 1\\ 1 & 0 & 0\end{pmatrix}$$

である．

補題 3.4.1. $A=(a_{ij})=(\boldsymbol{v}_1 \ \cdots \ \boldsymbol{v}_n)$ なら，$AP_\tau = (\boldsymbol{v}_{\tau^{-1}(1)} \ \cdots \ \boldsymbol{v}_{\tau^{-1}(n)})$ である．したがって，AP_τ の (i,j)-成分は $a_{i\tau^{-1}(j)}$ である．

証明. P_τ の (i,j)-成分を p_{ij} とするとき，$p_{ij} \neq 0$ となるのは $j=\tau(i)$ のときのみである．これは $i=\tau^{-1}(j)$ ともいい換えられる．したがって，$P_\tau = (\mathbb{e}_{\tau^{-1}(1)} \ \cdots \ \mathbb{e}_{\tau^{-1}(n)})$ である．AP_τ の第 j 列は A と P_τ の第 j 列の積なので，$A\mathbb{e}_{\tau^{-1}(j)} = \boldsymbol{v}_{\tau^{-1}(j)}$ である． □

$\boldsymbol{v}_1,\ldots,\boldsymbol{v}_n$ を A の列ベクトルとすると，$\det A$ が都合のよい性質を満たし，また，その性質を満たす $\boldsymbol{v}_1,\ldots,\boldsymbol{v}_n$ の関数は 1 つしかないことを示す．**以下，**

$\boldsymbol{v}_1, \ldots, \boldsymbol{v}_n$ が $\boldsymbol{A}$ の列ベクトルであるとき，$\mathbf{det}A$ の代わりに $\mathbf{det}(\boldsymbol{v}_1, \ldots, \boldsymbol{v}_n)$ (コンマ付きで) とも書くことにする．まず次の補題から始める．

補題 3.4.2. (1) A に $\mathbf{0}$ の行または列があれば，$\det A = 0$ である．

(2) A の列ベクトルがすべて $\mathbb{e}_1, \ldots, \mathbb{e}_n$ のどれかであるとき，一致する 2 つの列があれば，$\det A = 0$ である．

証明. (1) $\det A$ の定義の中の $a_{1\sigma(1)} \cdots a_{n\sigma(n)}$ にはどの行からの成分も入っている．だから $\mathbf{0}$ の行があれば，$a_{1\sigma(1)} \cdots a_{n\sigma(n)} = 0$ となる．列の場合も同様である．

(2) A の列ベクトルは $\mathbb{e}_{i_1}, \ldots, \mathbb{e}_{i_n}$ であるとする．もし $i_t = i_s$ $(t \neq s)$ なら，$1 \leqq j \leqq n$ で $j \notin \{i_1, \ldots, i_n\}$ となるものがある．すると A の 第 j 行は $\mathbf{0}$ なので，(1) より $\det A = 0$ となる． □

次の定理は行列式の主要な性質をまとめている．

定理 3.4.3 (行列式の性質). 以下，A, B は n 次正方行列，$\boldsymbol{v}_1, \ldots, \boldsymbol{v}_n, \boldsymbol{v}'_i \in \mathbb{R}^n$, $r \in \mathbb{R}$ とする

(1) $\det(\boldsymbol{v}_1, \ldots, \boldsymbol{v}_n)$ は各 $\boldsymbol{v}_i$ について線形である．つまり，任意の $1 \leqq i \leqq n$ に対し

$$\begin{aligned}&\det(\boldsymbol{v}_1, \ldots, \boldsymbol{v}_{i-1}, \boldsymbol{v}_i + \boldsymbol{v}'_i, \boldsymbol{v}_{i+1}, \ldots, \boldsymbol{v}_n)\\&\qquad = \det(\boldsymbol{v}_1, \ldots, \boldsymbol{v}_i, \ldots, \boldsymbol{v}_n) + \det(\boldsymbol{v}_1, \ldots, \boldsymbol{v}'_i, \ldots, \boldsymbol{v}_n),\\&\det(\boldsymbol{v}_1, \ldots, r\boldsymbol{v}_i, \ldots, \boldsymbol{v}_n) = r\det(\boldsymbol{v}_1, \ldots, \boldsymbol{v}_i, \ldots, \boldsymbol{v}_n)\end{aligned}$$

が成り立つ．

(2) $\det I_n = 1$.

(3) $\tau \in \mathfrak{S}_n$ なら，$\det(\boldsymbol{v}_{\tau(1)}, \ldots, \boldsymbol{v}_{\tau(n)}) = \mathrm{sgn}(\tau)\det(\boldsymbol{v}_1, \ldots, \boldsymbol{v}_n)$.

(4) A の第 i 列と第 j 列 $(i \neq j)$ が等しければ $\det A = 0$ である．

(5) $\det(AB) = \det A \det B$.

(6) $\det A = \det {}^tA$.

証明. $\{1, \ldots, n\}$ の恒等写像を e とおくと，$\mathrm{sgn}(e) = 1$ である．$\tau^{-1}\tau = e$ なので，$\mathrm{sgn}(\tau)\mathrm{sgn}(\tau^{-1}) = 1$ である．$\mathrm{sgn}(\tau) = \pm 1$ なので，$\mathrm{sgn}(\tau) = \mathrm{sgn}(\tau^{-1})$ となる．

$\det A$ の定義の各項 $a_{1\sigma(1)}a_{2\sigma(2)} \cdots a_{n\sigma(n)}$ には各列の成分がちょうど 1 回現れるので，(1) が成り立つ．$A = I_n$ なら，A の第 i 行で 0 でないのは a_{ii} のみ

である．だから $a_{1\sigma(1)}a_{2\sigma(2)}\cdots a_{n\sigma(n)}$ が 0 でないのは $\sigma(1)=1,\ldots,\sigma(n)=n$ のときだけである．$a_{11}=\cdots=a_{nn}=1$ で $\mathrm{sgn}(e)=1$ なので，$\det I_n=1$．これで (2) が示せた．

(3) と，(5) で $B=P_\tau$ の場合を示す．行列式の定義と補題 3.4.1 より

$$\begin{aligned}\det(AP_\tau) &= \sum_{\sigma\in\mathfrak{S}_n}\mathrm{sgn}(\sigma)a_{1\tau^{-1}(\sigma(1))}\cdots a_{n\tau^{-1}(\sigma(n))}\\ &= \sum_{\sigma\in\mathfrak{S}_n}\mathrm{sgn}(\sigma)a_{1(\sigma\tau^{-1})(1)}\cdots a_{n(\sigma\tau^{-1})(n)}\\ &= \sum_{\sigma\in\mathfrak{S}_n}\mathrm{sgn}(\sigma\tau)a_{1\sigma(1)}\cdots a_{n\sigma(n)}\\ &= \mathrm{sgn}(\tau)\sum_{\sigma\in\mathfrak{S}_n}\mathrm{sgn}(\sigma)a_{1\sigma(1)}\cdots a_{n\sigma(n)}\\ &= \mathrm{sgn}(\tau)\det A\end{aligned}$$

となる．なお，2 番目から 3 番目の式への変形では，σ を $\sigma\tau$ で置き換えた．$\nu\in\mathfrak{S}_n$ なら，$\sigma=\nu\tau^{-1}$ とすれば $\sigma\tau=\nu$ なので，σ が $\mathfrak{S}_n$ のすべての元を動くとき，$\sigma\tau$ も $\mathfrak{S}_n$ のすべての元を動くことに注意する．

上の等式を特に $A=I_n$ の場合に適用すると，$\det P_\tau=\mathrm{sgn}(\tau)\det I_n=\mathrm{sgn}(\tau)$ となる．したがって，

$$\det(\boldsymbol{v}_{\tau^{-1}(1)},\ldots,\boldsymbol{v}_{\tau^{-1}(n)})=\det(AP_\tau)=\mathrm{sgn}(\tau)\det A=\det A\det P_\tau$$

となり，(5) で $B=P_\tau$ の場合が示せた．τ を τ^{-1} で置き換えると，$\mathrm{sgn}(\tau)=\mathrm{sgn}(\tau^{-1})$ なので (3) が従う．特に τ が互換なら，命題 3.2.10(1) より $\det B=-\det A$ である．

A の第 i 列と第 j 列が等しければ，τ が i,j の互換のとき $AP_\tau=A$ となるので，(3) より $\det A=-\det A$．よって $\det A=0$ となり (4) が示せた．

$\det A$ の定義の $a_{1\sigma(1)}\cdots a_{n\sigma(n)}$ は，$\{\sigma(1),\ldots,\sigma(n)\}=\{1,\ldots,n\}$ であり，$i=\sigma^{-1}(\sigma(i))$ なので，並べ換えれば $a_{\sigma^{-1}(1)1}\cdots a_{\sigma^{-1}(n)n}$ である．例えば $n=2$ で $\sigma=(1\,2)$ なら，

$$a_{1\sigma(1)}a_{2\sigma(2)}=a_{12}a_{21}=a_{21}a_{12}=a_{\sigma^{-1}(1)1}a_{\sigma^{-1}(2)2}$$

である．

$\nu\in\mathfrak{S}_n$ なら，$\sigma=\nu^{-1}$ とすれば $\sigma^{-1}=\nu$ である．したがって，σ が $\mathfrak{S}_n$ のすべての元を動くとき，σ^{-1} も $\mathfrak{S}_n$ のすべての元を動く．$\mathrm{sgn}(\sigma)=\mathrm{sgn}(\sigma^{-1})$

なので，

$$
\begin{aligned}
\det A &= \sum_{\sigma\in\mathfrak{S}_n} \operatorname{sgn}(\sigma) a_{1\sigma(1)}\cdots a_{n\sigma(n)} = \sum_{\sigma\in\mathfrak{S}_n} \operatorname{sgn}(\sigma) a_{\sigma^{-1}(1)1}\cdots a_{\sigma^{-1}(n)n} \\
&= \sum_{\sigma\in\mathfrak{S}_n} \operatorname{sgn}(\sigma^{-1}) a_{\sigma^{-1}(1)1}\cdots a_{\sigma^{-1}(n)n} = \sum_{\sigma\in\mathfrak{S}_n} \operatorname{sgn}(\sigma) a_{\sigma(1)1}\cdots a_{\sigma(n)n} \\
&= \det {}^t\!A
\end{aligned}
$$

である．よって (6) が成り立つ．

次に (5) の一般の場合を考察する．$B = (b_{ij}) = (\boldsymbol{b}_1 \ \cdots \ \boldsymbol{b}_n)$ とする．$\boldsymbol{b}_j = \sum_i b_{ij}\mathbb{e}_i$, $AB = (A\boldsymbol{b}_1 \ \cdots \ A\boldsymbol{b}_n)$ なので，

$$
\begin{aligned}
\det(AB) &= \det(A\boldsymbol{b}_1, \ldots, A\boldsymbol{b}_n) \\
&= \sum_{i_1,\ldots,i_n=1}^{n} b_{i_1 1}\cdots b_{i_n n} \det(A\mathbb{e}_{i_1}, \ldots, A\mathbb{e}_{i_n}).
\end{aligned}
$$

(4) より $i_1, \ldots, i_n$ が異なる項だけ考えればよい．よって $(\mathbb{e}_{i_1} \ \cdots \ \mathbb{e}_{i_n})$ が置換行列 $P_\tau = (\mathbb{e}_{\tau^{-1}(1)} \ \cdots \ \mathbb{e}_{\tau^{-1}(n)})$ であるものだけ考えればよい．したがって，上の式はすでに証明した $B = P_\tau$ の場合により

$$
\begin{aligned}
&\sum_{\tau\in\mathfrak{S}_n} b_{\tau^{-1}(1)1}\cdots b_{\tau^{-1}(n)n} \det(AP_\tau) \\
&\qquad = \det A \sum_{\tau\in\mathfrak{S}_n} \operatorname{sgn}(\tau) b_{\tau^{-1}(1)1}\cdots b_{\tau^{-1}(n)n}
\end{aligned}
$$

と等しい．(6) の証明と同様に，$b_{\tau^{-1}(1)1}\cdots b_{\tau^{-1}(n)n} = b_{1\tau(1)}\cdots b_{n\tau(n)}$ が並べ換えることによって示される．よって上の式は

$$
\det A \sum_{\tau\in\mathfrak{S}_n} \operatorname{sgn}(\tau) b_{1\tau(1)}\cdots b_{n\tau(n)} = \det A \det B
$$

と等しくなり，(5) の証明が完了する． □

注 3.4.4. 定理 3.4.3(6) により，定理 3.4.3 の性質 (1), (3), (4) は行に関しても成り立つ．特に，等しい行があれば行列式は 0 になり，2 つの行を交換すれば行列式は符号を変える． ◇

次の定理は，行列式の満たす性質を満たす関数は 1 つしかないということを主張している．

定理 3.4.5. $\boldsymbol{v}_1, \ldots, \boldsymbol{v}_n \in \mathbb{R}^n$ の関数 $D(\boldsymbol{v}_1, \ldots, \boldsymbol{v}_n)$ が定理 3.4.3 の条件 (1)–(4) を満たすとする．このとき，

$$D(\boldsymbol{v}_1, \ldots, \boldsymbol{v}_n) = \det(\boldsymbol{v}_1, \ldots, \boldsymbol{v}_n)$$

である．

証明. 定理 3.4.3(1) を使い $\boldsymbol{v}_i$ の成分に関して $D(\boldsymbol{v}_1, \ldots, \boldsymbol{v}_n)$ を展開すると，$\det(\boldsymbol{v}_1, \ldots, \boldsymbol{v}_n)$ も同じ形の展開をもつので，各 $\boldsymbol{v}_i$ が $\mathbb{e}_1, \ldots, \mathbb{e}_n$ のどれかになる場合に $D(\boldsymbol{v}_1, \ldots, \boldsymbol{v}_n) = \det(\boldsymbol{v}_1, \ldots, \boldsymbol{v}_n)$ であることを示せばよい．

(4) により，$\boldsymbol{v}_1, \ldots, \boldsymbol{v}_n$ はすべて異なるとしてよい．したがって，置換行列 P_τ のみを考えればよい．その場合は (2), (3) より，

$$D(\boldsymbol{v}_1, \ldots, \boldsymbol{v}_n) = \operatorname{sgn}(\tau) D(\mathbb{e}_1, \ldots, \mathbb{e}_n) = \operatorname{sgn}(\tau) = \det(\boldsymbol{v}_1, \ldots, \boldsymbol{v}_n)$$

となる． □

3.5 余因子展開とクラメルの公式

$A = (a_{ij})$ を n 次正方行列とする．$1 \leqq i, j \leqq n$ のとき，A から第 i 行と第 j 列を除いた行列を (i, j)-成分の**余因子**といい A_{ij} と書く．$\det A_{ij}$，あるいは $(-1)^{i+j} \det A_{ij}$ のことを余因子とよぶ流儀もあるので，注意が必要である．

例 3.5.1. 例えば

$$A = \begin{pmatrix} 2 & 7 & 5 \\ 7 & 5 & 1 \\ 0 & 8 & 3 \end{pmatrix}$$

なら，

$$\begin{pmatrix} \cancel{2} & \cancel{7} & \cancel{5} \\ 7 & \cancel{5} & 1 \\ 0 & \cancel{8} & 3 \end{pmatrix} \to A_{12} = \begin{pmatrix} 7 & 1 \\ 0 & 3 \end{pmatrix}, \qquad \begin{pmatrix} 2 & \cancel{7} & 5 \\ \cancel{7} & \cancel{5} & \cancel{1} \\ 0 & \cancel{8} & 3 \end{pmatrix} \to A_{22} = \begin{pmatrix} 2 & 5 \\ 0 & 3 \end{pmatrix}$$

である． ◇

次の定理の公式を**余因子展開**という．

定理 3.5.2. $A=(a_{ij})$ を n 次正方行列とするとき，次の等式が成り立つ．

(1) **(第 i 行に関する余因子展開)** $\det A=\sum_{j=1}^{n}(-1)^{i+j}a_{ij}\det A_{ij}$.

(2) **(第 j 列に関する余因子展開)** $\det A=\sum_{i=1}^{n}(-1)^{i+j}a_{ij}\det A_{ij}$.

証明. $\det A=\det {}^tA$ なので，(1) だけ証明すればよい．

まず次の命題を証明する．

命題 3.5.3. A の (i,j)-成分 a_{ij} が第 i 行の 0 でない唯一の成分なら，

$$\det A=(-1)^{i+j}a_{ij}\det A_{ij}$$

である．A の (i,j)-成分 a_{ij} が第 j 列の 0 でない唯一の成分の場合でも同様である．

証明. 第 i 行と第 $i+1$ 行を交換し，第 $i+1$ 行と第 $i+2$ 行を交換し，ということを繰り返し，第 $n-1$ 行と第 n 行を交換したら，第 j 列と第 $j+1$ 列を交換し，ということを繰り返し，第 $n-1$ 列と第 n 列を交換する．すると，次のような行列ができる．

$$C=(c_{kl})=\begin{pmatrix}A_{ij} & * \\ 0 & a_{ij}\end{pmatrix}.$$

行や列を交換した回数は

$$n-i-1+n-j-1=2(n-1-i-j)+i+j$$

なので，行列式は $(-1)^{i+j}$ 倍される．C の第 n 行で 0 でないのは $c_{nn}=a_{ij}$ だけなので，行列式の定義の各項の

$$\operatorname{sgn}(\sigma)c_{1\sigma(1)}\cdots c_{n\sigma(n)}$$

では $\sigma(n)=n$ である置換だけを考えればよい．それは $\mathfrak{S}_{n-1}$ の元を考えるのと同じことである．その場合，$\mathfrak{S}_n$ の元としての $\operatorname{sgn}(\sigma)$ と，$\mathfrak{S}_{n-1}$ の元としての $\operatorname{sgn}(\sigma)$ は等しい．$\sigma(n)=n$ なので，$k\leqq n-1$ なら $\sigma(k)\leqq n-1$ であり，結局最後の因子である a_{ij} 以外は C の最初の $(n-1)\times(n-1)$ の部分の行列式と一致する．よって

$$\det A=(-1)^{i+j}\det C=(-1)^{i+j}a_{ij}\det A_{ij}$$

である. □

この命題の証明をもう少し説明するために例を考える. 上の命題の証明では, 例えば

$$\begin{pmatrix}1&2&3\\4&0&0\\5&6&7\end{pmatrix} \xrightarrow{R_2\leftrightarrow R_3} \begin{pmatrix}1&2&3\\5&6&7\\4&0&0\end{pmatrix}$$
$$\xrightarrow{C_1\leftrightarrow C_2} \begin{pmatrix}2&1&3\\6&5&7\\0&4&0\end{pmatrix} \xrightarrow{C_2\leftrightarrow C_3} \begin{pmatrix}2&3&1\\6&7&5\\0&0&4\end{pmatrix}$$

という変形 ($C_1 \leftrightarrow C_2$ は第 1 列と第 2 列の交換等) をしている. このとき, 第 3 行と第 3 列を除いたものが $(2,1)$-成分の余因子になっている. $(3-2)+(3-1)=2(3-2-1)+(2+1)=$ 偶数 $+2+1$ 回行や列を交換したので, 行列式の符号は $(-1)^{2+1}$ だけ変わる. 最後の行列を $C=(c_{ij})$ とするなら, $c_{3\sigma(3)}\neq 0$ であるのは $\sigma(3)=3$ のときのみなので, $\det C$ の定義において, σ は $\mathfrak{S}_2$ の元だけ考えればよい. $c_{33}=4$ なので,

$$\det\begin{pmatrix}1&2&3\\4&0&0\\5&6&7\end{pmatrix} = (-1)^{2+1}\det\begin{pmatrix}2&3&1\\6&7&5\\0&0&4\end{pmatrix} = (-1)^{2+1}\cdot 4\det\begin{pmatrix}2&3\\6&7\end{pmatrix}$$

となり, 4 は $(2,1)$-成分で, $\begin{pmatrix}2&3\\6&7\end{pmatrix}$ はその余因子である. これが命題 3.5.3 の証明の内容である.

定理 3.5.2 の証明を続ける.

B_{ij} を $k\neq i$ なら (k,l)-成分が a_{kl}, 第 i 行で 0 でないのは (i,j)-成分だけで, (i,j)-成分は a_{ij} である行列だとする. A の第 i 行は

$$a_{i1}{}^t\mathbb{e}_1+\cdots+a_{in}{}^t\mathbb{e}_n$$

なので,

$$\det A=\sum_{j=1}^{n}\det B_{ij}.$$

命題 3.5.3 より $\det B_{ij}=(-1)^{i+j}a_{ij}\det A_{ij}$ なので,

$$\det A=\sum_{j=1}^{n}(-1)^{i+j}a_{ij}\det A_{ij}$$

である. □

定理 3.5.2 における符号 $(-1)^{i+j}$ だが，対角成分が $+$ でそこから上下左右 1 つずつ動くごとに符号が変わる．だから，例えば 4×4 行列なら，

$$\begin{pmatrix} + & - & + & - \\ - & + & - & + \\ + & - & + & - \\ - & + & - & + \end{pmatrix}$$

となる．

例 3.5.4. 次の行列式の第 1 行に関する余因子展開を考えると，

$$\begin{aligned}
&\det \begin{pmatrix} \boxed{2 \quad 1 \quad 5} \\ -3 \quad 2 \quad 1 \\ 1 \quad -2 \quad -3 \end{pmatrix} \\
&= 2\det\begin{pmatrix} 2 & 1 \\ -2 & -3 \end{pmatrix} - \det\begin{pmatrix} -3 & 1 \\ 1 & -3 \end{pmatrix} + 5\det\begin{pmatrix} -3 & 2 \\ 1 & -2 \end{pmatrix} \\
&= 2(-6+2) - (9-1) + 5(6-2) = 4
\end{aligned}$$

である． ◇

系 3.5.5. A が上三角行列または下三角行列なら，$\det A$ は A の対角成分の積である．

証明. 上三角の場合，第 1 列に関して余因子展開をして，次に第 2 列に関して，と続けていけばよい．下三角の場合も同様である． □

例 3.5.6.

$$\det\begin{pmatrix} 3 & \pi & \sqrt{37} \\ 0 & -2 & 10000 \\ 0 & 0 & 5 \end{pmatrix} = 3 \cdot (-2) \cdot 5 = -30.$$

◇

系 3.5.7. A は n 次正方行列とする．B を (i,j)-成分が $(-1)^{i+j}\det A_{ji}$ (A_{ij} でなく A_{ji} であることに注意) である行列とすると，

$$AB = BA = (\det A)I_n$$

となる．この B のことを A の**随伴行列**という．

証明. AB の (i,k)-成分は

$$\sum_{j=1}^{n}(-1)^{j+k}a_{ij}\det A_{kj}$$

となるが，これは A の第 k 行を第 i 行で置き換えた行列の，第 k 行に関する余因子展開である．だから $k\neq i$ なら，第 i 行と第 k 行が同じなので 0 である．$k=i$ なら，この行列は A と一致するので，$\det A$ になる．だから $AB=(\det A)I_n$ である．BA についても同様である．□

系 3.5.8. A が正則であることと，条件 $\det A\neq 0$ は同値である．

証明. A が正則なら $AA^{-1}=I_n$ なので，$\det A\det A^{-1}=1$ より $\det A\neq 0$ である．もし $\det A\neq 0$ なら，B を系 3.5.7 の B とすると $(\det A)^{-1}B=A^{-1}$ である．□

あまり実質的ではないが，$A\boldsymbol{x}=\boldsymbol{b}$ の解を与える公式もある．次の公式はクラメル (Cramer) の公式という．

定理 3.5.9 (クラメルの公式). $A=(\boldsymbol{v}_1\ \ \cdots\ \ \boldsymbol{v}_n)$ を正則な n 次正方行列，$\boldsymbol{b}$ を n 次元ベクトルとする．このとき，方程式 $A\boldsymbol{x}=\boldsymbol{b}$ の解は $\boldsymbol{x}=[x_1,\ldots,x_n]$ とすると，

$$x_i=\frac{\det(\overbrace{\boldsymbol{v}_1,\ldots,\boldsymbol{v}_{i-1},\boldsymbol{b}}^{i},\boldsymbol{v}_{i+1},\ldots,\boldsymbol{v}_n)}{\det A}$$

で与えられる．

証明. A が正則なので，$\boldsymbol{x}=A^{-1}\boldsymbol{b}$ となり，解が存在し，一意的であることはわかっている．$\boldsymbol{b}=A\boldsymbol{x}=x_1\boldsymbol{v}_1+\cdots+x_n\boldsymbol{v}_n$ なので，

$$\begin{aligned}
&\det(\boldsymbol{v}_1,\ldots,\boldsymbol{v}_{i-1},\ldots,\boldsymbol{b},\ldots,\boldsymbol{v}_{i+1},\ldots,\boldsymbol{v}_n)\\
&\quad=\det(\boldsymbol{v}_1,\ldots,\boldsymbol{v}_{i-1},x_1\boldsymbol{v}_1+\cdots+x_n\boldsymbol{v}_n,\boldsymbol{v}_{i+1},\ldots,\boldsymbol{v}_n)\\
&\quad=\sum_{j=1}^{n}\det(\boldsymbol{v}_1,\ldots,\boldsymbol{v}_{i-1},x_j\boldsymbol{v}_j,\boldsymbol{v}_{i+1},\ldots,\boldsymbol{v}_n)\\
&\quad=\det(\boldsymbol{v}_1,\ldots,\boldsymbol{v}_{i-1},x_i\boldsymbol{v}_i,\boldsymbol{v}_{i+1},\ldots,\boldsymbol{v}_n)\\
&\quad=x_i\det A
\end{aligned}$$

となる．$\det A \neq 0$ なので定理を得る． □

3.6 行列式の計算

$\mathfrak{S}_n$ は $\{1,\ldots,n\}$ の順列を考えるのと同じなので，$n!$ 個の元よりなる．これは n が大きくなるにつれ，急激に大きくなる．だから上のような行列式の定義は，その性質を証明するのには都合がよいが，実際に計算するのには都合がよくない．実際の計算には行や列の変形が有効である．

命題 3.6.1. (1) 1 つの行または列の定数倍を他の行または列に加えても行列式は変わらない．

(2) 2 つの行または列を交換すると，行列式の符号が変わる．

(3) 正方行列 A の 1 つの行または列を c 倍した行列を B とすると，$\det B = c\det A$ である．

証明. B を，A の第 j 列に第 i 列の c 倍を足して得られた行列とすると，定理 3.4.3(4) より

$$\det B = \det A + c\det(\overbrace{\boldsymbol{v}_1,\ldots,\boldsymbol{v}_i,\ldots,\boldsymbol{v}_i}^{j},\ldots,\boldsymbol{v}_n) = \det A$$

となる．$\det A = \det {}^tA$ なので，これらの性質は列の代わりに行を考えても成り立つ．これで (1) が示せた．(2), (3) も同様である． □

命題 3.6.1 の変形は行に関するものは定義 1.7.4 で定義した行に関する基本変形だが，列に関するものも基本変形とよぶことにする．行の場合と同じく $C_i \to C_i + cC_j$ というような表記をするものとする．上の命題と定理 3.5.2 を使った行列の計算方法を以下まとめる．

行列式の計算方法

$A = (a_{ij})$ とする．

(1) 適当な成分 a_{ij} を選び，それを含む行または列のスカラー倍を，他の行または列に足すことにより，a_{ij} がその行または列で 0 でない唯一の成分であるように変形する．

(2) A_{ij} を (i,j)-成分の余因子とすると，$\det A = (-1)^{i+j}a_{ij}\det A_{ij}$ である．A の代わりに A_{ij} を考え (1) を適用し，これを繰り返す．

次の例で，上にまとめた方法を使った行列式の計算を実行する．

例 3.6.2. 行の基本変形と定理 3.5.2 を組み合わせて

$$A = \begin{pmatrix} 3 & 6 & -6 & 3 \\ 102 & 204 & -197 & 98 \\ 101 & 203 & -199 & 101 \\ 102 & 204 & -201 & 99 \end{pmatrix}$$

のとき A の行列式を計算する．まず第 1 行を 3 で割り，第 1 行の 100 倍を第 $2, 3, 4$ 行から引くと

$$\det A = 3 \det \begin{pmatrix} 1 & 2 & -2 & 1 \\ 2 & 4 & 3 & -2 \\ 1 & 3 & 1 & 1 \\ 2 & 4 & -1 & -1 \end{pmatrix}$$

となる．なお，第 1 行を 3 で割ると，**A の第 1 行はその割った行列の第 1 行の 3 倍になるので，** $\det A = 3{*}{*}{*}$ となる．$\det A = \frac{1}{3}{*}{*}{*}$ とはならないことに注意する．上の計算を続けると

$$\begin{aligned} \det A &= 3 \det \begin{pmatrix} 1 & 2 & -2 & 1 \\ 0 & 0 & 7 & -4 \\ 0 & 1 & 3 & 0 \\ 0 & 0 & 3 & -3 \end{pmatrix} \\ &= 3 \det \begin{pmatrix} 0 & 7 & -4 \\ 1 & 3 & 0 \\ 0 & 3 & -3 \end{pmatrix} \\ &= -3 \det \begin{pmatrix} 7 & -4 \\ 3 & -3 \end{pmatrix} = -3(-21+12) = 27 \end{aligned}$$

となる．　◇

例 3.6.3. 多項式に成分をもつ特殊な行列の場合に，行列式を上の方法で計算してみる．

$$A = \begin{pmatrix} 1 & 1 & 1 \\ x & y & z \\ x^2 & y^2 & z^2 \end{pmatrix}$$

とする．このとき，

$$\det A = \det\begin{pmatrix} 1 & 0 & 0 \\ x & y-x & z-x \\ x^2 & y^2-x^2 & z^2-x^2 \end{pmatrix}$$

$$= \det\begin{pmatrix} y-x & z-x \\ y^2-x^2 & z^2-x^2 \end{pmatrix}$$

$$= (y-x)(z-x)\det\begin{pmatrix} 1 & 1 \\ y+x & z+x \end{pmatrix} = (y-x)(z-x)(z-y)$$

$$= -(x-y)(y-z)(y-z)$$

となる．このような行列式はヴァンデルモンド (**Vandermonde**) の行列式とよばれている． ◇

さて $\boldsymbol{v}_1, \ldots, \boldsymbol{v}_n \in \mathbb{R}^n$, $A = (\boldsymbol{v}_1 \ \cdots \ \boldsymbol{v}_n)$ とする．(3.1.1) で $\boldsymbol{v}_1, \ldots, \boldsymbol{v}_n$ により定まる平行体を定義した．行列式は $|\det A|$ が (3.1.1) の体積になるように定義するつもりだった．この目的は達成されているだろうか?　答えは Yes である．これは定理の形で書いておく．証明は，1 次独立性の概念を必要とするので，4.9 節で行う．

定理 3.6.4. (3.1.1) で定まる平行体の体積は $|\det(\boldsymbol{v}_1, \ldots, \boldsymbol{v}_n)|$ である．

3 章の演習問題

[A]

3.1.

$$\sigma_1 = \begin{pmatrix} 1 & 2 & 3 & 4 & 5 \\ 3 & 5 & 2 & 1 & 4 \end{pmatrix}, \quad \sigma_2 = \begin{pmatrix} 1 & 2 & 3 & 4 & 5 \\ 2 & 5 & 4 & 3 & 1 \end{pmatrix},$$
$$\sigma_3 = \begin{pmatrix} 1 & 2 & 3 & 4 & 5 \\ 5 & 4 & 1 & 3 & 2 \end{pmatrix}, \quad \sigma_4 = \begin{pmatrix} 1 & 2 & 3 & 4 & 5 \\ 2 & 4 & 3 & 5 & 1 \end{pmatrix}$$

とおく.

(1) $\mathrm{sgn}(\sigma_1), \ldots, \mathrm{sgn}(\sigma_4)$ を求めよ.

(2) $\sigma_1^{-1}, \ldots, \sigma_4^{-1}$ を求めよ.

(3) $\sigma_1\sigma_2^{-1}$, $\sigma_2\sigma_3^{-1}\sigma_4$ を求めよ.

3.2. 行列式の定義を使って以下の行列式を求めよ.

(1) $\det\begin{pmatrix} 4 & 7 \\ 9 & 5 \end{pmatrix}$ (2) $\det\begin{pmatrix} -3 & 2 \\ 11 & 3 \end{pmatrix}$ (3) $\det\begin{pmatrix} -6 & 2 \\ -5 & 3 \end{pmatrix}$

(4) $\det\begin{pmatrix} 4 & 2 & -5 \\ 2 & 1 & 3 \\ 1 & 5 & 2 \end{pmatrix}$ (5) $\det\begin{pmatrix} 2 & 0 & -3 \\ 1 & 3 & 7 \\ -5 & 6 & 8 \end{pmatrix}$

3.3. 次の行列式を求めよ. ただし, (6) には Maple を使用せよ.

(1) $\det\begin{pmatrix} 1 & 2 & 0 & 1 \\ 1000 & 2000 & 1 & 1002 \\ 2000 & 3999 & 2 & 2005 \\ -3000 & -5999 & 0 & -3001 \end{pmatrix}$ (2) $\det\begin{pmatrix} 0 & 1 & 1 & 0 \\ 0 & 0 & 3 & 2 \\ -2 & 2 & 1 & 0 \\ 1 & 0 & 0 & 3 \end{pmatrix}$

(3) $\det\begin{pmatrix} 2 & 1 & 1 & 0 \\ 1 & 2 & 3 & 2 \\ -2 & 2 & 5 & 4 \\ 3 & 5 & -2 & 3 \end{pmatrix}$ (4) $\det\begin{pmatrix} 1 & 3 & 1 & -2 \\ 5 & 2 & 7 & 3 \\ -2 & 2 & 1 & 0 \\ 3 & 10 & -2 & 5 \end{pmatrix}$

(5) $\det\begin{pmatrix} 1 & 0 & 0 \\ 48 & 2 & 0 \\ 29 & 38 & 1 \end{pmatrix}\begin{pmatrix} 2 & 56 & 91 \\ 0 & -1 & \frac{1}{2} \\ 0 & 0 & 3 \end{pmatrix}$

(6) $\det\begin{pmatrix} 1 & -2 & 5 & -2 & 3 & 2 \\ 2 & 3 & 1 & 4 & 5 & -2 \\ 5 & 4 & 5 & 3 & 2 & 1 \\ 2 & -4 & 3 & 7 & 2 & 3 \\ 3 & 10 & -2 & 5 & 7 & 3 \\ 5 & 2 & 1 & 0 & -7 & 3 \end{pmatrix}$

3.4. $\det\begin{pmatrix} a & b & c \\ d & e & f \\ g & h & i \end{pmatrix} = 3$ であるとき，次の行列式を求めよ．

(1) $\det\begin{pmatrix} g+2a & h+2b & i+2c \\ a & b & c \\ d & e & f \end{pmatrix}$ (2) $\det\begin{pmatrix} 2d-3g & 2f-3i & 2e-3h \\ a & c & b \\ 2g & 2i & 2h \end{pmatrix}$

3.5. $\det\begin{pmatrix} 1 & 1 & 1 \\ x & y & z \\ x^3 & y^3 & z^3 \end{pmatrix}$ を求め，因数分解せよ．

3.6 (ファフィアン (Pfaffian)). $\det\begin{pmatrix} 0 & a & b & c \\ -a & 0 & d & e \\ -b & -d & 0 & f \\ -c & -e & -f & 0 \end{pmatrix}$ を求め，因数分解せよ．

3.7. $A = \begin{pmatrix} & 1 & & \\ & & \ddots & \\ & & & 1 \\ -a_n & -a_{n-1} & \cdots & -a_1 \end{pmatrix}$ とおく．v を変数とするとき，$\det(vI_n - A)$ を求めよ．

3.8 (終結式). $\alpha_1, \alpha_2, \beta_1, \beta_2 \in \mathbb{R}$ とする．$a_1 = -(\alpha_1 + \alpha_2)$，$a_2 = \alpha_1\alpha_2$，$b_1 = -(\beta_1 + \beta_2)$，$b_2 = \beta_1\beta_2$ とするとき，

$$F(a,b) = \begin{pmatrix} 1 & a_1 & a_2 & 0 \\ 0 & 1 & a_1 & a_2 \\ 1 & b_1 & b_2 & 0 \\ 0 & 1 & b_1 & b_2 \end{pmatrix}$$

とおく．$R(a,b) = \det F(a,b)$ を求め，$\alpha_1, \ldots, \beta_2$ の多項式として因数分解せよ．

3.9 (判別式). $\alpha_1, \alpha_2, \alpha_3 \in \mathbb{R}$ とする．$a_1 = -(\alpha_1 + \alpha_2 + \alpha_3)$，$a_2 = \alpha_1\alpha_2 + \alpha_1\alpha_3 + \alpha_2\alpha_3$，$a_3 = -\alpha_1\alpha_2\alpha_3$ とするとき，

$$F(a) = \begin{pmatrix} 1 & a_1 & a_2 & a_3 & 0 \\ 0 & 1 & a_1 & a_2 & a_3 \\ 3 & 2a_1 & a_2 & 0 & 0 \\ 0 & 3 & 2a_1 & a_2 & 0 \\ 0 & 0 & 3 & 2a_1 & a_2 \end{pmatrix}$$

とおく．$R(a) = \det F(a)$ を求め，$\alpha_1, \alpha_2, \alpha_3$ の多項式として因数分解せよ．

3.10. $A_1 = \begin{pmatrix} 0 & 0 & -1 \\ 0 & -1 & a_1 \\ -1 & a_1 & -a_1^2 + a_2 \end{pmatrix}$，$A_2 = \begin{pmatrix} 0 & 1 & -a_1 \\ 1 & -a_1 & a_1^2 - a_2 \\ -a_1 & a_1^2 - a_2 & -a_1^3 + 2a_1a_2 - a_3 \end{pmatrix}$

とおく．ただし，$a_1, a_2, a_3 \in \mathbb{R}$ である．v_1, v_2 を変数とするとき，$\det(v_1A_1 + v_2A_2)$ を求めよ．

3.11. $\alpha_1, \alpha_2, \alpha_3 \in \mathbb{R}$ とするとき，$\det \begin{pmatrix} 1 & 1 & 1 \\ \alpha_2+\alpha_3 & \alpha_1+\alpha_3 & \alpha_1+\alpha_2 \\ \alpha_2\alpha_3 & \alpha_1\alpha_3 & \alpha_1\alpha_2 \end{pmatrix}$ を求め，因数分解せよ．

[B]

3.12. P_σ を $\sigma \in \mathfrak{S}_n$ に対応する置換行列とする．$\sigma, \tau \in \mathfrak{S}_n$ なら，$P_{\sigma\tau} = P_\sigma P_\tau$ であることを証明せよ．

3.13. $t(i)$ を $i, i+1$ の互換，$\sigma \in \mathfrak{S}_n$ とする．

(1) $l(t(i)) = 1$ であることを証明せよ．

(2) $\sigma(i) \geqq i+k$ なら，$i<j$, $\sigma(i) > \sigma(j)$ となる j が少なくとも k 個あることを証明せよ．

(3) $\sigma(j) \leqq j-k$ なら，$i<j$, $\sigma(i) > \sigma(j)$ となる i が少なくとも k 個あることを証明せよ．

(4) $l(\sigma) = 1$ なら，$1 \leqq i \leqq n-1$ があり，$\sigma = t(i)$ となることを証明せよ．

3.14. $\sigma \in \mathfrak{S}_n$ に対し $I_\sigma = \{(i,j) \mid i<j,\ \sigma(i) > \sigma(j)\}$ とおく．(i,j) に対し $\sigma((i,j)) = (\sigma(i), \sigma(j))$ とするとき，次の (1)–(3) を証明せよ．

(1) $\sigma = \tau\nu$ なら，$I_\sigma \subset I_\tau \cup \tau^{-1}(I_\nu)$, $I_\tau \cap \tau^{-1}(I_\nu) = \emptyset$ である．よって $l(\sigma) \leqq l(\tau) + l(\nu)$ である．

(2) $l(\sigma) = l(\tau) + l(\nu)$ であることと，$I_\sigma = I_\tau \cup \tau^{-1}(I_\nu)$ であることは同値である．

(3) $l(\sigma) > 1$ とする．i を $\sigma(i) > i$ となる最小の $1 \leqq i \leqq n-1$ とする．$\nu = t(\sigma(i)-1)$, $\tau = \sigma\nu^{-1}$ とおくとき，$l(\sigma) = l(\tau) + 1$ である．

3.15. A, B はそれぞれ n, m 次正方行列，C は $n \times m$ 行列とする．行列 X は次の形をしているとする．

$$X = \left(\begin{array}{c|c} A & C \\ \hline 0 & B \end{array}\right).$$

このとき，$\det X = \det A \det B$ であることを，行列式の定義を使って証明せよ．

4章　ベクトル空間

行列に対して定まるいくつかの対象がベクトル空間というものになるが，それらの考察が，1 次独立性や次元といった概念を定義するのに必要なので，いくぶん抽象的な概念である，ベクトル空間や線形写像を定義する必要がある．また，後で解説する固有値や固有ベクトルの概念では，実数に成分をもつ行列を考える場合でも，それを複素数に成分をもつ行列とみなすことが必要になるので，複素数の場合も含めて解説をする必要がある．だからここで，実数または複素数上のベクトル空間の概念を解説することにする．とはいっても一般の読者にとっては，列ベクトルの空間やその部分空間などが主な対象である．ただし，将来 微分方程式を学ぶ可能性もあるので，関数の空間についても最小限解説することにする．数学専攻の読者は 5 章で一般の体上のベクトル空間を学ぶことになるだろうが，ここでの議論はほとんどそのまま一般の体上のベクトル空間にも成り立つことに注意されたい．

4.1　ベクトル空間の定義

この章では $K=\mathbb{R}$ または $K=\mathbb{C}$ とする．**$\boldsymbol{K}$ 上のベクトル空間 $\boldsymbol{V}$ とは大ざっぱにいえば,『和』の概念と，$\boldsymbol{K}$ の元による『スカラー倍』の概念が定義されていて，都合のよい (ある意味ではあたりまえに思える) 性質を満たすものである．** 和というのは，V の 2 つの元に対し V の元を定めるもので，スカラー倍とは，K の元と V の元に対し V の元を定めるものである．それは集合の言葉では，

$$\phi : V\times V\to V,\qquad \psi : K\times V\to V$$

という 2 つの写像が与えられているということになる．だから上のような写像 ϕ,ψ が与えられているような状況を仮定し，便宜上，$\phi(\boldsymbol{v},\boldsymbol{w})$, $\psi(r,\boldsymbol{v})$ の代わりに $\boldsymbol{v}+\boldsymbol{w}$, $r\cdot\boldsymbol{v}$ と書き，これらを**『演算』**とよぶことにする．

定義 4.1.1. K 上の**ベクトル空間**とは，2 つの演算 $+$ と $\cdot$ をもつ空でない集合 V で次の性質を満たすものである．以下，$\boldsymbol{v}, \boldsymbol{v}_1, \boldsymbol{v}_2, \boldsymbol{v}_3$ は V の任意の元を，r, s は K の任意の元を表す．

(1) 零ベクトルとよばれる V の元 $\boldsymbol{0}$ があり，すべての $\boldsymbol{v} \in V$ に対し $\boldsymbol{v}+\boldsymbol{0} = \boldsymbol{0}+\boldsymbol{v} = \boldsymbol{v}$ となる．

(2) 任意の $\boldsymbol{v} \in V$ に対し $\boldsymbol{w} \in V$ が存在し，$\boldsymbol{v}+\boldsymbol{w} = \boldsymbol{w}+\boldsymbol{v} = \boldsymbol{0}$ となる．この $\boldsymbol{w}$ を $\boldsymbol{w} = -\boldsymbol{v}$ と書く．

(3) $(\boldsymbol{v}_1+\boldsymbol{v}_2)+\boldsymbol{v}_3 = \boldsymbol{v}_1+(\boldsymbol{v}_2+\boldsymbol{v}_3)$.

(4) $\boldsymbol{v}_1+\boldsymbol{v}_2 = \boldsymbol{v}_2+\boldsymbol{v}_1$.

(5) $r\cdot(s\cdot\boldsymbol{v}) = (rs)\cdot\boldsymbol{v}$.

(6) $(r+s)\cdot\boldsymbol{v} = r\cdot\boldsymbol{v}+s\cdot\boldsymbol{v}$.

(7) $r\cdot(\boldsymbol{v}_1+\boldsymbol{v}_2) = r\cdot\boldsymbol{v}_1+r\cdot\boldsymbol{v}_2$.

(8) $1\cdot\boldsymbol{v} = \boldsymbol{v}$. ◇

(1)–(4) は V が $+$ によって，『可換群』とよばれるものであることを意味している．なお，群については 5 章で解説するが，一般の読者には必要ない概念だろう．(5)–(7) は K の元によるスカラー倍が，K の演算や V の和と整合性があるということを定式化しているだけである．(8) は自然な仮定である．

以降，スカラー倍は必要がなければ，単に $r\boldsymbol{v}$ というように $\cdot$ を使わずに書くことにする．ベクトル空間の例を考える前に，次のやさしい命題を証明しておく．

命題 4.1.2. V がベクトル空間なら，任意の $\boldsymbol{v} \in V$ に対し，$0\boldsymbol{v} = \boldsymbol{0}$, $(-1)\boldsymbol{v} = -\boldsymbol{v}$ である．

証明. $0\boldsymbol{v} = (0+0)\boldsymbol{v} = 0\boldsymbol{v}+0\boldsymbol{v}$ なので，両辺から $0\boldsymbol{v}$ を引いて $0\boldsymbol{v} = \boldsymbol{0}$ となる．

$$\boldsymbol{v}+(-1)\boldsymbol{v} = 1\boldsymbol{v}+(-1)\boldsymbol{v} = (1+(-1))\boldsymbol{v} = 0\boldsymbol{v} = \boldsymbol{0}$$

なので，$(-1)\boldsymbol{v}$ が定義 4.1.1(2) における $\boldsymbol{w}$ の役割を果たす．したがって，$(-1)\boldsymbol{v} = -\boldsymbol{v}$ である． □

以降 $\boldsymbol{v}+(-3)\boldsymbol{w}$ 等のことを $\boldsymbol{v}-3\boldsymbol{w}$ などと書くことにする．

例 4.1.3. $V = \mathrm{M}(m,n)_K$ を K に成分をもつ $m\times n$ 行列の集合とする．$K = \mathbb{C}$ の場合も和，スカラー倍，積は実数の場合と全く同じように定義する．定義 4.1.1(1)–(8) が満たされることは容易に示され，V は K 上のベクトル空間になる．$\mathrm{M}(1,n)_K$, $\mathrm{M}(m,1)_K$ の元をそれぞれ行ベクトル，列ベクトルということは

$\mathbb{R}$ の場合と同様である．また，$\mathrm{M}(m,1)_K$ を K^m と書く．$A=(a_{ij})\in \mathrm{M}(m,n)_{\mathbb{C}}$ に対して $\overline{A}=(\overline{a}_{ij})$ とおき，A の**複素共役**，あるいは単に**共役**という．例えば

$$(1-2\sqrt{-1})\begin{pmatrix}2\\1+\sqrt{-1}\end{pmatrix}=\begin{pmatrix}2-4\sqrt{-1}\\3-\sqrt{-1}\end{pmatrix},$$

$$\overline{{}^t\begin{pmatrix}1 & 1\\2+3\sqrt{-1} & \sqrt{-1}\end{pmatrix}}=\begin{pmatrix}1 & 2-3\sqrt{-1}\\1 & -\sqrt{-1}\end{pmatrix}$$

などが成り立つ．K^n はベクトル空間の一番基本的な例である． ◇

例 4.1.4. $V=C^\infty(\mathbb{R})$ を 1 変数 x の実数値関数 f で，何回でも微分可能なものの集合とする．$f,g\in V$, $r\in\mathbb{R}$ なら，$(f+g)(x)=f(x)+g(x), (rf)(x)=rf(x)$ と定義する．容易に確かめられるように，V は $\mathbb{R}$ 上のベクトル空間である． ◇

上の例はベクトル空間としては非常に大きいものだが，このようなベクトル空間も $\mathbb{R}^2$ などとの類似性を考えて，平面で表すこともある．その際注意しなければいけないことは，(あたりまえのようだが) 考えている対象は関数であるということである．関数というのは例えば $f(x)=x^2$ というようなもので，これのグラフを書けば，下のようになる．

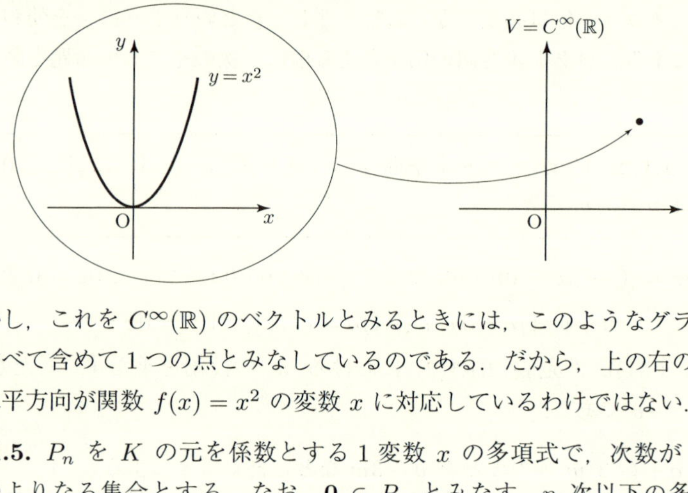

しかし，これを $C^\infty(\mathbb{R})$ のベクトルとみるときには，このようなグラフの情報もすべて含めて 1 つの点とみなしているのである．だから，上の右の図で平面の水平方向が関数 $f(x)=x^2$ の変数 x に対応しているわけではない．

例 4.1.5. P_n を K の元を係数とする 1 変数 x の多項式で，次数が n 以下のものよりなる集合とする．なお，$\mathbf{0}\in P_n$ とみなす．n 次以下の多項式は $f(x)=a_0+\cdots+a_nx^n$ と書ける．多項式の和とスカラー倍を係数ごとに定義すれば，P_n は K 上のベクトル空間になる． ◇

注 4.1.6. K^n や一般のベクトル空間のベクトルには，$\boldsymbol{v}$ のような太文字を用い

てきた．けれども行列の空間や多項式，関数の空間のベクトルには，太文字ではなく，通常の文字 $A_1, A_2, p_1, p_1(x), f$ などを用いることにする．ただし，零ベクトルだけはどのベクトル空間でも $\mathbf{0}$ と書くことにする． ◇

定義 4.1.7. V を K 上のベクトル空間とする．空でない部分集合 W が**部分空間**であるとは，W が V の演算によってベクトル空間になることである． ◇

命題 4.1.8. V を K 上のベクトル空間，$W \subset V$ を部分集合とする．W が部分空間であることと，次の (1)–(3) が成り立つことは同値である．

(1) $\mathbf{0} \in W$.

(2) $\boldsymbol{x}, \boldsymbol{y} \in W$ なら $\boldsymbol{x} + \boldsymbol{y} \in W$ (つまり，W は和で閉じている).

(3) $r \in K$, $\boldsymbol{x} \in W$ なら $r\boldsymbol{x} \in W$ (つまり，W はスカラー倍で閉じている).

証明. W が部分空間なら，W の和，スカラー倍は V の和，スカラー倍である．だから少なくとも，それらは定義が成立していなければならない．よって (1)–(3) が成り立っているのはあたりまえである．

逆に (1)–(3) が成り立つとする．(1) より W は空集合ではない．(2), (3) より，V の和とスカラー倍は少なくとも W に演算を定義する．V に対してはベクトル空間であるための条件 (1)–(8) が成り立っているのだから，その部分集合である W にも成り立っている． □

部分空間の例は線形写像を定義した後，線形写像の例と一緒に 4.3 節で解説する．

4.2 線形写像の定義と核，像

定義 4.2.1. V, W を K 上のベクトル空間とする．写像 $T : V \to W$ が次の性質を満たすとき，**線形写像**という．

(1) 任意の $\boldsymbol{x}, \boldsymbol{y} \in V$ に対し $T(\boldsymbol{x} + \boldsymbol{y}) = T(\boldsymbol{x}) + T(\boldsymbol{y})$.

(2) 任意の $r \in K$ と $\boldsymbol{x} \in V$ に対し $T(r\boldsymbol{x}) = rT(\boldsymbol{x})$. ◇

線形写像を理解するために次の問題を考えてみよう．

問題 4.2.2. $T : K^3 \to K^2$ が線形写像で，$T([1,0,0]) = [2,3]$, $T([0,1,0]) = [-3,1]$ という性質を満たすとする．$T([3,2,0])$ は何か?

解答. 答えは簡単で，

$$T([3,2,0]) = T(3[1,0,0]+2[0,1,0]) = 3T([1,0,0])+2T([0,1,0])$$
$$= 3[2,3]+2[-3,1] = [0,11]$$

となる．**要するに，和やスカラー倍を保つというのが線形性なのである．** □

A を $m \times n$ 行列とするとき，$T_A : K^n \to K^m$ を

$$T_A(\boldsymbol{x}) = A\boldsymbol{x} \tag{4.2.3}$$

と定義する．

命題 4.2.4. T_A は線形写像である．また $T : K^n \to K^m$ が線形写像なら，$A = (T(\mathbb{e}_1) \ \cdots \ T(\mathbb{e}_n))$ とすると，$T = T_A$ である．$T = T_A$ となる A はこれだけである．

証明. $\boldsymbol{x}, \boldsymbol{y} \in K^n$, $r \in K$ なら，

$$T_A(\boldsymbol{x}+\boldsymbol{y}) = A(\boldsymbol{x}+\boldsymbol{y}) = A\boldsymbol{x}+A\boldsymbol{y} = T_A(\boldsymbol{x})+T_A(\boldsymbol{y}),$$
$$T_A(r\boldsymbol{x}) = A(r\boldsymbol{x}) = r(A\boldsymbol{x}) = rT_A(\boldsymbol{x})$$

なので，T_A は線形写像である．$T : K^n \to K^m$ を任意の線形写像とする．

$$A = \Big(T(\mathbb{e}_1) \quad \cdots \quad T(\mathbb{e}_n)\Big)$$

とおく．$\boldsymbol{x} = [x_1, \ldots, x_n]$ なら，$\boldsymbol{x} = x_1\mathbb{e}_1 + \cdots + x_n\mathbb{e}_n$ である．よって命題 1.7.3(2) より

$$T(\boldsymbol{x}) = x_1T(\mathbb{e}_1) + \cdots + x_nT(\mathbb{e}_n) = A\boldsymbol{x}$$

なので，$T = T_A$ である．$T = T_A$ なら，$T(\mathbb{e}_i) = A\mathbb{e}_i$ は A の第 i 列なので，A は T より定まる． □

定義 4.2.5. V, W は K 上のベクトル空間，$T : V \to W$ は線形写像とする．このとき，

$$\mathrm{Ker}(T) = \{\boldsymbol{x} \in V \mid T(\boldsymbol{x}) = \boldsymbol{0}\} \subset V,$$
$$\mathrm{Im}(T) = \{T(\boldsymbol{x}) \mid \boldsymbol{x} \in V\} \subset W$$

と定義する．$\mathrm{Ker}(T)$, $\mathrm{Im}(T)$ をそれぞれ T の**核**，**像**という． ◇

命題 4.2.6. 上の状況で次の性質が成り立つ．

(1) $T(\mathbf{0})=\mathbf{0}$ である．

(2) $\mathrm{Ker}(T)$, $\mathrm{Im}(T)$ はそれぞれ V, W の部分空間である．

証明. (1) $T(\mathbf{0})=T(\mathbf{0}+\mathbf{0})=T(\mathbf{0})+T(\mathbf{0})$ なので，両辺から $T(\mathbf{0})$ を引き $T(\mathbf{0})=\mathbf{0}$ となる．

(2) (1) より $\mathbf{0}\in\mathrm{Ker}(T)$．$\boldsymbol{x},\boldsymbol{y}\in\mathrm{Ker}(T)$ なら $T(\boldsymbol{x}+\boldsymbol{y})=T(\boldsymbol{x})+T(\boldsymbol{y})=\mathbf{0}+\mathbf{0}=\mathbf{0}$ なので，$\boldsymbol{x}+\boldsymbol{y}\in\mathrm{Ker}(T)$ である．$r\in K$ なら $T(r\boldsymbol{x})=rT(\boldsymbol{x})=r\mathbf{0}=\mathbf{0}$ なので，$r\boldsymbol{x}\in\mathrm{Ker}(T)$ である．よって $\mathrm{Ker}(T)$ は部分空間である．

$\mathbf{0}=T(\mathbf{0})$ なので，$\mathbf{0}\in\mathrm{Im}(T)$ である．$\boldsymbol{v},\boldsymbol{w}\in\mathrm{Im}(T)$ なら，$\boldsymbol{x},\boldsymbol{y}\in V$ があり，$\boldsymbol{v}=T(\boldsymbol{x})$, $\boldsymbol{w}=T(\boldsymbol{y})$ となる．$\boldsymbol{v}+\boldsymbol{w}=T(\boldsymbol{x})+T(\boldsymbol{y})=T(\boldsymbol{x}+\boldsymbol{y})$ なので，$\boldsymbol{v}+\boldsymbol{w}\in\mathrm{Im}(T)$ である．$r\in K$ なら $r\boldsymbol{v}=rT(\boldsymbol{x})=T(r\boldsymbol{x})$ なので，$r\boldsymbol{v}\in\mathrm{Im}(T)$ である．よって $\mathrm{Im}(T)$ は部分空間である．□

4.3　部分空間と線形写像の例

約束したように，ここで線形写像の例とともに部分空間の例を解説する．

例 4.3.1. 行列 A を

$$A=\begin{pmatrix}2&0&0&-3\\0&3&1&1\end{pmatrix}$$

とすると

$$T_A([x_1,x_2,x_3,x_4])=[2x_1-3x_4,3x_2+x_3+x_4] \tag{4.3.2}$$

であり，これは $V=K^4$ から $W=K^2$ への線形写像である．

$$\mathrm{Ker}(T_A)=\left\{[x_1,x_2,x_3,x_4]\in K^4\;\middle|\;\begin{matrix}2x_1-3x_4=0,\\3x_2+x_3+x_4=0\end{matrix}\right\}, \tag{4.3.3}$$

$$\begin{aligned}\mathrm{Im}(T_A)&=\{A\boldsymbol{x}\mid \boldsymbol{x}=[x_1,x_2,x_3,x_4]\in K^4\}\\&=\{[2x_1-3x_4,3x_2+x_3+x_4]\mid x_1,x_2,x_3,x_4\in K\}\end{aligned} \tag{4.3.4}$$

は，命題 4.2.6(2) より，部分空間である．**ここでポイントは，(4.3.2), (4.3.3), (4.3.4) で，定義式，パラメータ，あるいは定義する条件が斉次 1 次式，斉次 1 次方程式で与えられていることである．** このような方法でいくらでも線形写像や部分空間の例をつくることができる．◇

例 4.3.5. 部分空間でない例も考える．$V = K^2$, $W = \{[x, y] \in K^2 \mid y - x^2 = 0\} \subset V$ とする．$[1,1] \in W$ だが $2[1,1] = [2,2]$ で $2 - 2^2 = -2 \neq 0$ なので，$2[1,1] \notin W$ である．よって W は部分空間ではない． ◇

例 4.3.6. 関数の空間の場合も 1 つだけ考える．$V = C^\infty(\mathbb{R})$, $W = \{f \in V \mid f(0) = 0\} \subset V$ とする．V の零ベクトルは恒等的に 0 である関数である．$\mathbf{0}(0) = 0$ ($\mathbf{0}$ という関数の点 0 での値が 0 という意味) なので，$\mathbf{0} \in W$ である．くどいようだが，考えている対象は関数なので，$0 \in \mathbb{R}$ はここでの零ベクトルではない．$f, g \in W$, $r \in \mathbb{R}$ なら，$(f+g)(0) = f(0) + g(0) = 0 + 0 = 0$ なので，$f + g \in W$ である．また $(rf)(0) = r(f(0)) = r0 = 0$ なので，$rf \in W$ である．よって W は部分空間である． ◇

4.4 線形写像の続き

例が一段落したところで，線形写像に関する解説を続ける．

V, W が K 上のベクトル空間，$T, S : V \to W$ が線形写像で，$\boldsymbol{v} \in V$, $r \in K$ のとき

$$(T + S)(\boldsymbol{v}) = T(\boldsymbol{v}) + S(\boldsymbol{v}), \quad (rT)(\boldsymbol{v}) = r(T(\boldsymbol{v}))$$

と定義すると，$T + S$, rT は V から W への写像となる．この $T + S$, rT も線形写像となることは容易にわかる．これらを**線形写像の和とスカラー倍**という．

U も K 上のベクトル空間で，$T : V \to W$, $S : W \to U$ が線形写像なら，$S \circ T$ を写像としての合成とする．$S \circ T$ も V から U への線形写像になることは容易にわかる．同じ状況で，$T' : V \to W$, $S' : W \to U$ が線形写像で $r \in K$ なら，

$$(S + S') \circ T = S \circ T + S' \circ T, \quad (rS) \circ T = r(S \circ T),$$
$$S \circ (T + T') = S \circ T + S \circ T', \quad S \circ (rT) = r(S \circ T)$$

であることも容易にわかる．要するに，線形写像の合成も各々の線形写像に関して『線形』なのである．

命題 4.4.1. (1) T_A は行列 A に関して線形である．
(2) 行列 A, B の積 AB が定義できるなら，$T_{AB} = T_A \circ T_B$ である．

証明. (1) はほぼ明らかである．A, B がそれぞれ $l \times m$, $m \times n$ 行列で $\boldsymbol{x} \in K^n$ なら，(1.5.1) より $T_{AB}(\boldsymbol{x}) = (AB)\boldsymbol{x} = A(B\boldsymbol{x}) = T_A(T_B(\boldsymbol{x}))$ である．よって

(2) を得る． □

この (2) の性質は 1.4 節の最後の考察を一般化したものである．

定義 4.4.2. V, W を K 上のベクトル空間とする．線形写像 $T : V \to W$, $S : W \to V$ があり，互いに逆写像になっているとき，V, W は K 上のベクトル空間として**同型**であるという．このとき，$V \cong W$ と書く． ◇

同型というのは重要な概念である．2 つのベクトル空間が同型なら，基本的には線形性に関することなら区別できない．だから一見抽象的なベクトル空間でも，列ベクトルの空間のような比較的わかりやすいものとの同型を証明して調べるというようなことができるのである．それについては 7 章で解説する．

命題 4.4.3. $T : V \to W$ を線形写像とする．このとき，次の 3 つの条件は同値である．

(1) T は同型である．

(2) T は全単射である．

(3) $\mathrm{Im}(T) = W$, $\mathrm{Ker}(T) = \{\mathbf{0}\}$ である．

証明. (1) $\Longrightarrow$ (2) は明らかである．(2) を仮定すると，T は全射なので $\mathrm{Im}(T) = W$ である．$T(\boldsymbol{v}) = \mathbf{0}$ なら，$T(\mathbf{0}) = \mathbf{0}$ で T は単射なので $\boldsymbol{v} = \mathbf{0}$ である．よって (3) を得る．

(3) $\Longrightarrow$ (2) を示す．T は明らかに全射である．$T(\boldsymbol{v}) = T(\boldsymbol{v}')$ とする．$T(\boldsymbol{v} - \boldsymbol{v}') = \mathbf{0}$ なので，$\boldsymbol{v} - \boldsymbol{v}' \in \mathrm{Ker}(T) = \{\mathbf{0}\}$ である．したがって，$\boldsymbol{v} = \boldsymbol{v}'$ となり，T は単射である．

(2) $\Longrightarrow$ (1) を示す．集合の写像としての T の逆写像 S が存在する．$S(\boldsymbol{w}) = \boldsymbol{v}$, $S(\boldsymbol{w}') = \boldsymbol{v}'$ とすると $T(\boldsymbol{v}) = \boldsymbol{w}$, $T(\boldsymbol{v}') = \boldsymbol{w}'$ である．よって $T(\boldsymbol{v} + \boldsymbol{v}') = T(\boldsymbol{v}) + T(\boldsymbol{v}') = \boldsymbol{w} + \boldsymbol{w}'$ である．これは，$S(\boldsymbol{w} + \boldsymbol{w}') = \boldsymbol{v} + \boldsymbol{v}' = S(\boldsymbol{w}) + S(\boldsymbol{w}')$ であることを意味する．スカラー倍についても同様なので，S は線形写像である． □

4.5　1 次独立性，基底，次元

ベクトル空間がどれくらい大きいか，どのように表したらよいだろう？　例えば平面，空間なら，次ページの図のようにそれぞれ 2 つの方向，3 つの方向が存在する．このように，**最大いくつの方向がベクトル空間の中にあるかを示す量が次元である．** ただし，それらの方向は『独立』でなければならない．それを定式化したのが1次独立性の概念である．以下，1次独立性と基底，次元の概念について解説する．

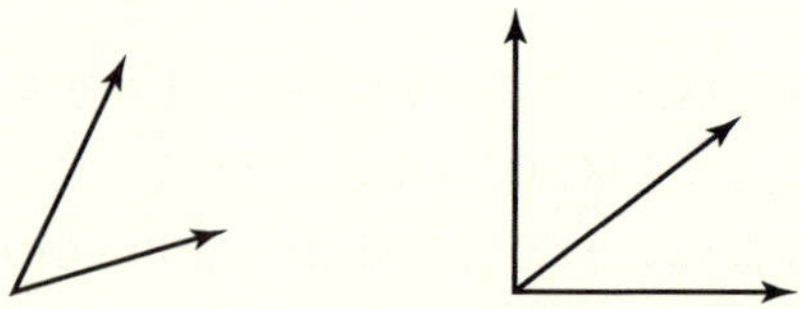

定義 4.5.1. V を K 上のベクトル空間，$S = \{\boldsymbol{v}_1, \ldots, \boldsymbol{v}_m\} \subset V$ とする．

(1) S が**1次従属**，あるいは**線形従属**であるとは，すべては0でないスカラー $a_1, \ldots, a_m \in K$ があって

$$a_1\boldsymbol{v}_1 + \cdots + a_m\boldsymbol{v}_m = \boldsymbol{0}$$

が成り立つことである．S が1次従属でないとき，S は**1次独立**，あるいは**線形独立**であるという．$\emptyset$ は1次独立であるとみなす．

(2) $a_1\boldsymbol{v}_1 + \cdots + a_m\boldsymbol{v}_m$ という形のベクトルは S の**1次結合**，あるいは**線形結合**であるという．$\boldsymbol{0}$ は $\emptyset$ の1次結合であるとみなす． ◇

定義4.5.1の(1)の式は，$\boldsymbol{v}_1, \ldots, \boldsymbol{v}_m$ の間の**線形関係**とみなすことができるが，$\boldsymbol{v}_1, \ldots, \boldsymbol{v}_m$ がどんなベクトルであっても，少なくとも

$$0\boldsymbol{v}_1 + \cdots + 0\boldsymbol{v}_m = \boldsymbol{0}$$

という関係は満たす．この関係のことを**自明な線形関係**という．1次独立性というのは結局，**『自明な線形関係以外の線形関係がない』**といい換えることができる．

定義4.5.1の(1)の式で $a_i \neq 0$ なら，$\boldsymbol{v}_i = -a_i^{-1}\sum_{j\neq i} a_j\boldsymbol{v}_j$ なので，$\boldsymbol{v}_i$ は他のベクトルの1次結合である．逆に $\boldsymbol{v}_i = \sum_{j\neq i} b_j\boldsymbol{v}_j$ $(b_j \in \mathbb{R})$ なら，$b_i = -1$ として $\sum_j b_j\boldsymbol{v}_j = \boldsymbol{0}$ となるので，自明でない線形関係がある．したがって，次の命題を得る．

命題 4.5.2. $\{\boldsymbol{v}_1, \ldots, \boldsymbol{v}_m\}$ が1次従属であることと，$\boldsymbol{v}_1, \ldots, \boldsymbol{v}_m$ の中のどれかが他のベクトルの1次結合になることは同値である．

例 4.5.3. $\boldsymbol{v}_1 = [1, 0]$, $\boldsymbol{v}_2 = [2, 0] \in K^2$ とすると，$\boldsymbol{v}_2 = 2\boldsymbol{v}_1$ であり，したがって，$2\boldsymbol{v}_1 - \boldsymbol{v}_2 = \boldsymbol{0}$ である．よって $\{\boldsymbol{v}_1, \boldsymbol{v}_2\}$ は 1 次従属であり，$\boldsymbol{v}_2$ は $\{\boldsymbol{v}_1\}$ の 1 次結合である．◇

例 4.5.4. $\boldsymbol{v}_1 = [1, 2, 3]$, $\boldsymbol{v}_2 = [2, 3, 4]$, $\boldsymbol{v}_3 = \boldsymbol{0} \in K^3$ とすると，$0\boldsymbol{v}_1 + 0\boldsymbol{v}_2 + 1\boldsymbol{v}_3 = \boldsymbol{0}$ なので $\{\boldsymbol{v}_1, \boldsymbol{v}_2, \boldsymbol{v}_3\}$ は 1 次従属であり，$\boldsymbol{v}_3 = 0\boldsymbol{v}_1 + 0\boldsymbol{v}_2$ なので $\boldsymbol{v}_3$ は $\{\boldsymbol{v}_1, \boldsymbol{v}_2\}$ の 1 次結合である．$a, b \in K$ なら $a\boldsymbol{v}_1 + b\boldsymbol{v}_3 = [a, 2a, 3a]$ だが，これは $\boldsymbol{v}_2$ にはなりえないので，$\boldsymbol{v}_2$ は $\{\boldsymbol{v}_1, \boldsymbol{v}_3\}$ の 1 次結合ではない．◇

例 4.5.5. $\boldsymbol{v}_1 = \mathbb{e}_1, \boldsymbol{v}_2 = \mathbb{e}_2, \boldsymbol{v}_3 = \mathbb{e}_3 \in K^3$ とする．$a_1, a_2, a_3 \in K$ なら，$a_1\boldsymbol{v}_1 + a_2\boldsymbol{v}_2 + a_3\boldsymbol{v}_3 = [a_1, a_2, a_3]$．だから，これが $\boldsymbol{0}$ なら $a_1 = a_2 = a_3 = 0$ である．よって $\{\boldsymbol{v}_1, \boldsymbol{v}_2, \boldsymbol{v}_3\}$ は 1 次独立である．また a_1, a_2, a_3 は任意なので，K^3 の任意の元は $\{\boldsymbol{v}_1, \boldsymbol{v}_2, \boldsymbol{v}_3\}$ の 1 次結合であることがわかる．◇

$V = K^n$, $S = \{\boldsymbol{v}_1, \ldots, \boldsymbol{v}_m\}$, $A = (\boldsymbol{v}_1 \ \cdots \ \boldsymbol{v}_m)$, $\boldsymbol{x} = [x_1, \ldots, x_m] \in K^m$, $\boldsymbol{v} \in V$ とする．命題 1.7.3(2) より $x_1\boldsymbol{v}_1 + \cdots + x_m\boldsymbol{v}_m = A\boldsymbol{x}$ である．したがって，次の命題を得る．

命題 4.5.6. (1) S が 1 次独立であることと，$A\boldsymbol{x} = \boldsymbol{0}$ が自明でない解をもたないことは同値である．

(2) $\boldsymbol{v}$ が S の 1 次結合であることと，$\boldsymbol{v} = A\boldsymbol{x}$ が解をもつことは同値である．また，その解により $\boldsymbol{v} = x_1\boldsymbol{v}_1 + \cdots + x_m\boldsymbol{v}_m$ となる．

例 4.5.7. $V = K^3$, $\boldsymbol{v}_1, \ldots, \boldsymbol{v}_4 \in V$ を次のベクトルとする．

$$\boldsymbol{v}_1 = \begin{pmatrix} 1 \\ 2 \\ 3 \end{pmatrix}, \quad \boldsymbol{v}_2 = \begin{pmatrix} 2 \\ 5 \\ 5 \end{pmatrix}, \quad \boldsymbol{v}_3 = \begin{pmatrix} 3 \\ 5 \\ 11 \end{pmatrix}, \quad \boldsymbol{v}_4 = \begin{pmatrix} -10 \\ -5 \\ -52 \end{pmatrix}.$$

例えば $\{\boldsymbol{v}_1, \boldsymbol{v}_2, \boldsymbol{v}_3\}$ は 1 次独立だろうか? また $\boldsymbol{v}_4$ は $\{\boldsymbol{v}_1, \boldsymbol{v}_2, \boldsymbol{v}_3\}$ の 1 次結合だろうか?　$A = (\boldsymbol{v}_1 \ \cdots \ \boldsymbol{v}_4)$ とおき，A の rref を求める．以降，行変換の記述は省略する．

$$\left(\begin{array}{ccc|c} 1 & 2 & 3 & -10 \\ 2 & 5 & 5 & -5 \\ 3 & 5 & 11 & -52 \end{array}\right) \to \begin{pmatrix} 1 & 2 & 3 & -10 \\ 0 & 1 & -1 & 15 \\ 0 & -1 & 2 & -22 \end{pmatrix} \to \begin{pmatrix} 1 & 2 & 3 & -10 \\ 0 & 1 & -1 & 15 \\ 0 & 0 & 1 & -7 \end{pmatrix}$$

$$\to \begin{pmatrix} 1 & 2 & 0 & 11 \\ 0 & 1 & 0 & 8 \\ 0 & 0 & 1 & -7 \end{pmatrix} \to \left(\begin{array}{ccc|c} 1 & 0 & 0 & -5 \\ 0 & 1 & 0 & 8 \\ 0 & 0 & 1 & -7 \end{array}\right)$$

となり，最後の行列が rref である．命題 1.7.9 より $B = (\boldsymbol{v}_1 \ \ \boldsymbol{v}_2 \ \ \boldsymbol{v}_3)$ の rref は I_3 である．よって $\boldsymbol{x} = [x_1, x_2, x_3]$ なら，$B\boldsymbol{x} = \boldsymbol{0}$ は自明な解しかもたない．したがって，$\{\boldsymbol{v}_1, \boldsymbol{v}_2, \boldsymbol{v}_3\}$ は 1 次独立である．

$\boldsymbol{x} = [x_1, x_2, x_3]$ なら，$B\boldsymbol{x} = \boldsymbol{v}_4$ は $\boldsymbol{x} = [-5, 8, -7]$ を解にもつ．よって $\boldsymbol{v}_4 = -5\boldsymbol{v}_1 + 8\boldsymbol{v}_2 - 7\boldsymbol{v}_3$ と 1 次結合になる． ◇

命題 4.5.8. V がベクトル空間，$S \subset V$ が 1 次独立で，$S' \subset S$ なら，S' も 1 次独立である．

証明. $S' = \{\boldsymbol{v}_1, \ldots, \boldsymbol{v}_n\}$, $a_1, \ldots, a_n \in K$ で，

$$a_1\boldsymbol{v}_1 + \cdots + a_n\boldsymbol{v}_n = \boldsymbol{0}$$

とする．$S' \subset S$ なので，$\boldsymbol{v}_{n+1}, \ldots, \boldsymbol{v}_m \in S$ があり，$S = \{\boldsymbol{v}_1, \ldots, \boldsymbol{v}_m\}$ となる．上の関係式は

$$a_1\boldsymbol{v}_1 + \cdots + a_n\boldsymbol{v}_n + 0\boldsymbol{v}_{n+1} + \cdots + 0\boldsymbol{v}_m = \boldsymbol{0}$$

として，S の元の線形関係とみなすことができる．よって $a_1 = \cdots = a_n = 0$ である．このことは S' が 1 次独立であることを意味する． □

上の命題の対偶が次の系である．

系 4.5.9. V がベクトル空間，$S \subset V$ が 1 次従属で，$S \subset S' \subset V$ なら，S' も 1 次従属である．

V を K 上のベクトル空間，$S \subset V$ を部分集合とする．

$$\langle S \rangle = \{a_1\boldsymbol{v}_1 + \cdots + a_m\boldsymbol{v}_m \mid a_1, \ldots, a_m \in K,\ \boldsymbol{v}_1, \ldots, \boldsymbol{v}_m \in S\} \tag{4.5.10}$$

とおく．便宜上 $\langle \emptyset \rangle = \{\boldsymbol{0}\}$ とおく．上の定義をいい換えると，$\langle S \rangle$ は S に含まれる有限個のベクトルの 1 次結合であるような元全体の集合である．S 自身は無限集合であってもかまわないし，上の m も単に有限個ということを示しただけで，一定であるわけではない．ただし，S が有限集合なら $m = \#S$ とできる．また，$\langle \{\boldsymbol{v}_1, \ldots, \boldsymbol{v}_m\} \rangle$ の代わりに $\langle \boldsymbol{v}_1, \ldots, \boldsymbol{v}_m \rangle$ とも書くことにする．

命題 4.5.11. $\langle S \rangle$ は V の部分空間である．

証明. $\{\mathbf{0}\}$ は部分空間なので，$S \neq \emptyset$ と仮定する．$\boldsymbol{v} \in S$ なら，$\mathbf{0} = 0\boldsymbol{v} \in \langle S \rangle$ である．

$$\boldsymbol{v}_1, \ldots, \boldsymbol{v}_m, \boldsymbol{w}_1, \ldots, \boldsymbol{w}_l \in S, \qquad a_1, \ldots, a_m, b_1, \ldots, b_l \in K$$

なら，

$$(a_1\boldsymbol{v}_1 + \cdots + a_m\boldsymbol{v}_m) + (b_1\boldsymbol{w}_1 + \cdots + b_l\boldsymbol{w}_l)$$

も S の有限個の元の 1 次結合なので，$\langle S \rangle$ に属する．また $r \in K$ なら，

$$r(a_1\boldsymbol{v}_1 + \cdots + a_m\boldsymbol{v}_m) = (ra_1)\boldsymbol{v}_1 + \cdots + (ra_m)\boldsymbol{v}_m$$

も S の有限個の元の 1 次結合なので，$\langle S \rangle$ に属する．

よって $\langle S \rangle$ は V の部分空間である． □

定義 4.5.12. 上の状況で $W = \langle S \rangle$ のことを，S によって**張られた部分空間**とよぶ．また S は W を張る，あるいは生成するという．S のことを W の生成集合ともいう． ◇

命題 4.5.13. $\boldsymbol{v}_1, \ldots, \boldsymbol{v}_m \in K^n$, $A = (\boldsymbol{v}_1 \ \cdots \ \boldsymbol{v}_m)$ なら，$\langle \boldsymbol{v}_1, \ldots, \boldsymbol{v}_m \rangle = \mathrm{Im}(T_A)$ である．

証明. 命題 1.7.3(2) より

$$\begin{aligned}\langle \boldsymbol{v}_1, \ldots, \boldsymbol{v}_m \rangle &= \{x_1\boldsymbol{v}_1 + \cdots + x_m\boldsymbol{v}_m \mid x_1, \ldots, x_m \in K\} \\ &= \{A\boldsymbol{x} \mid \boldsymbol{x} \in K^m\} = \mathrm{Im}(T_A).\end{aligned}$$

□

例 4.5.14. $\boldsymbol{v}_1 = [1, 2, 3]$, $\boldsymbol{v}_2 = [2, 0, -1]$ とする．

$$\begin{aligned}\langle \boldsymbol{v}_1, \boldsymbol{v}_2 \rangle &= \{a_1\boldsymbol{v}_1 + a_2\boldsymbol{v}_2 \mid a_1, a_2 \in K\} \\ &= \{[a_1 + 2a_2, 2a_1, 3a_1 - a_2] \mid a_1, a_2 \in K\}.\end{aligned}$$

(例 4.3.1 と基本的に同じだが．) ◇

上の概念に関連して次の定義をする．

定義 4.5.15. V はベクトル空間，$S_1, S_2 \subset V$ を部分集合とするとき，

$$S_1 + S_2 = \{\boldsymbol{x} + \boldsymbol{y} \mid \boldsymbol{x} \in S_1, \ \boldsymbol{y} \in S_2\}$$

と定義する． ◇

命題 4.5.16. 定義 4.5.15 の状況で，S_1, S_2 が部分空間なら，$S_1 + S_2$ も部分空間である．

証明. $\mathbf{0} \in S_1, S_2$ なので，$\mathbf{0}+\mathbf{0} = \mathbf{0} \in S_1 + S_2$ である．$\boldsymbol{x}_1, \boldsymbol{x}_2 \in S_1$，$\boldsymbol{y}_1, \boldsymbol{y}_2 \in S_2$ なら，

$$(\boldsymbol{x}_1 + \boldsymbol{y}_1) + (\boldsymbol{x}_2 + \boldsymbol{y}_2) = (\boldsymbol{x}_1 + \boldsymbol{x}_2) + (\boldsymbol{y}_1 + \boldsymbol{y}_2) \in S_1 + S_2$$

である．スカラー倍も同様である． □

命題 4.5.17. 定義 4.5.15 の状況で $S_2 \subset \langle S_1 \rangle$ なら，$\langle S_1 \cup S_2 \rangle = \langle S_1 \rangle$ である．

証明. $\boldsymbol{w}_1, \ldots, \boldsymbol{w}_l \in S_2$ なら，有限個の $\boldsymbol{u}_{jk} \in S_1$ と $b_{jk} \in K$ があり，$\boldsymbol{w}_j = \sum_k b_{jk} \boldsymbol{u}_{jk}$ となる．もし $\boldsymbol{v}_1, \ldots, \boldsymbol{v}_m \in S_1$，$a_1, \ldots, a_{m+l} \in K$ なら，

$$\begin{aligned} &a_1 \boldsymbol{v}_1 + \cdots + a_m \boldsymbol{v}_m + a_{m+1} \sum_k b_{1k} \boldsymbol{u}_{1k} + \cdots + a_{m+l} \sum_k b_{lk} \boldsymbol{u}_{lk} \\ &\quad = a_1 \boldsymbol{v}_1 + \cdots + a_m \boldsymbol{v}_m + \sum_k (a_{m+1} b_{1k}) \boldsymbol{u}_{1k} + \cdots + \sum_k (a_{m+l} b_{lk}) \boldsymbol{u}_{lk} \end{aligned}$$

も S_1 の有限個の元の 1 次結合なので，$\langle S_1 \cup S_2 \rangle \subset \langle S_1 \rangle$ である．逆の包含関係は明らかなので，命題を得る． □

この命題は要するに，**『1 次結合の 1 次結合は 1 次結合である』**ということを主張している．また命題 4.5.16 の言葉で表すと，

$$\langle S_1 \rangle + \langle S_2 \rangle = \langle S_1 \rangle$$

ということもできる．

定義 4.5.18. V を K 上のベクトル空間とする．$S = \{\boldsymbol{v}_1, \ldots, \boldsymbol{v}_n\}$ を V の有限部分集合とするとき，

(1) S は 1 次独立であり，

(2) S は V を張る，

なら，S を V の**基底**という．もしこの意味で V が基底をもてば，V は**有限次元のベクトル空間**という．そうでなければ，V は**無限次元のベクトル空間**といい $\dim_K V = \infty$ と書く．便宜上 $\emptyset$ を $V = \{\mathbf{0}\}$ の基底とみなす． ◇

命題 4.5.19. K 上のベクトル空間 V が基底 $S_1 = \{\boldsymbol{w}_1, \dots, \boldsymbol{w}_m\}$ をもち，$S_2 = \{\boldsymbol{v}_1, \dots, \boldsymbol{v}_n\} \subset V$, $n > m$ とすると，S_2 は 1 次従属である．

証明. $\boldsymbol{v}_i = \sum_{j=1}^m a_{ij}\boldsymbol{w}_j$ $(a_{ij} \in K)$, $A = (a_{ij})$ とする．${}^tA$ は $m \times n$ 行列で $n > m$ なので，定理 1.7.13(2) の最後の部分より $\boldsymbol{x} = [x_1, \dots, x_n] \neq \boldsymbol{0}$ があり，${}^tA\boldsymbol{x} = \boldsymbol{0}$ である．

$$x_1\boldsymbol{v}_1 + \cdots + x_n\boldsymbol{v}_n = \sum_{i=1}^n \sum_{j=1}^m x_i a_{ij}\boldsymbol{w}_j = \sum_{j=1}^m \left(\sum_{i=1}^n a_{ij}x_i \right) \boldsymbol{w}_j$$

だが，

$$\left[\sum_i a_{i1}x_i, \dots, \sum_i a_{im}x_i \right] = {}^tA\boldsymbol{x} = \boldsymbol{0}$$

なので，$x_1\boldsymbol{v}_1 + \cdots + x_n\boldsymbol{v}_n = \boldsymbol{0}$ である．$\boldsymbol{x} \neq \boldsymbol{0}$ なので，S_2 は 1 次従属である． □

系 4.5.20. K 上のベクトル空間 V が 2 つの基底 $S_1 = \{\boldsymbol{v}_1, \dots, \boldsymbol{v}_n\}$, $S_2 = \{\boldsymbol{w}_1, \dots, \boldsymbol{w}_m\}$ をもてば，$n = m$ である．

証明. S_1 が基底であり，S_2 が 1 次独立なので，$m \leqq n$ である．S_1, S_2 の役割を入れ換えると $n \leqq m$ である．よって $n = m$ である． □

定義 4.5.21. 上の系により，もし V が基底をもてば，その基底に属する元の数は V にのみよる．それを V の K 上の**次元**とよび，$\dim_K V$ と書く．もし K が明らかなら $\dim V$ とも書く．便宜上 $\dim_K \{\boldsymbol{0}\} = 0$ であると定義する． ◇

$\emptyset$ を $\{\boldsymbol{0}\}$ の基底とみなしているが，$\emptyset$ の位数は 0 なので，これは上の $\dim_K \{\boldsymbol{0}\} = 0$ という定義とつじつまがあっている．

例 4.5.22. $V = K^n$, $S = \{\mathbb{e}_1, \dots, \mathbb{e}_n\}$ とする．

$$[x_1, \dots, x_n] = x_1\mathbb{e}_1 + \cdots + x_n\mathbb{e}_n$$

なので，S は V を張る．このベクトルが $\boldsymbol{0}$ なら，$x_1 = \cdots = x_n = 0$ もわかる．よって S は V の基底であり，$\dim_K V = n$ である．この S を K^n の**標準基底**という． ◇

例 4.5.23. $V = \mathrm{M}(m,n)_K$ とする．E_{ij} を (i,j)-成分が 1 で，他の成分が 0 であるような行列とする．$S = \{E_{ij} \mid i = 1,\ldots,m, j = 1,\ldots,n\}$ とおく．$A = (a_{ij})$ なら $A = \sum_{i=1}^{m}\sum_{j=1}^{n} a_{ij}E_{ij}$ なので，S は V を張る．また，この等式から S は 1 次独立でもある．よって S は V の基底である．だから $\dim_K V = mn$ である．この S を $\mathrm{M}(m,n)_K$ の**標準基底**という．例えば $m = n = 2$ のときは

$$E_{11} = \begin{pmatrix} 1 & 0 \\ 0 & 0 \end{pmatrix}, \quad E_{12} = \begin{pmatrix} 0 & 1 \\ 0 & 0 \end{pmatrix}, \quad E_{21} = \begin{pmatrix} 0 & 0 \\ 1 & 0 \end{pmatrix}, \quad E_{22} = \begin{pmatrix} 0 & 0 \\ 0 & 1 \end{pmatrix},$$

$$\begin{pmatrix} a & b \\ c & d \end{pmatrix} = aE_{11} + bE_{12} + cE_{21} + dE_{22}$$

となっている．◇

例 4.5.24. P_n を，K の元を係数とする 1 変数 x の多項式で，次数が n 以下のものよりなるベクトル空間とする (例 4.1.5 参照)．$S = \{1, x, \ldots, x^n\}$ とおくと，S が P_n の基底であることが容易にわかる．だから $\dim_K P_n = n+1$ である．この S を P_n の**標準基底**という．◇

K^n の n 個のベクトルに対しては，次の命題が基底であるための判定条件を与える．

> **命題 4.5.25.** $\boldsymbol{v}_1, \ldots, \boldsymbol{v}_n \in K^n$, $A = (\boldsymbol{v}_1 \ \cdots \ \boldsymbol{v}_n)$ とする．このとき，$S = \{\boldsymbol{v}_1, \ldots, \boldsymbol{v}_n\}$ が K^n の基底であることと，A が正則であることは同値である．

証明. S が K^n の基底であるとする．もし A が正則でなければ，命題 1.9.12 により，方程式 $A\boldsymbol{x} = \boldsymbol{0}$ に $\boldsymbol{0}$ でない解 $\boldsymbol{x} = [x_1, \ldots, x_n] \in K^n$ がある．

$$A\boldsymbol{x} = x_1\boldsymbol{v}_1 + \cdots + x_n\boldsymbol{v}_n \tag{4.5.26}$$

なので，これは S が 1 次独立であることに反する．よって A は正則である．

逆に A が正則なら，$\boldsymbol{b} \in K^n$ に対して $\boldsymbol{x} = A^{-1}\boldsymbol{b}$ とすると，$A\boldsymbol{x} = \boldsymbol{b}$ なので，(4.5.26) より $\boldsymbol{b}$ は S の 1 次結合である．$\boldsymbol{b}$ は任意なので，S は K^n を張る．もし $x_1\boldsymbol{v}_1 + \cdots + x_n\boldsymbol{v}_n = \boldsymbol{0}$ なら，(4.5.26) より $A\boldsymbol{x} = \boldsymbol{0}$ となる．A は正則なので，$\boldsymbol{x} = \boldsymbol{0}$ となる．これは S が 1 次独立であることを示している．□

4.6 行列に関連した部分空間

1.7 節で行列の rref について解説したが，ピボットや rref の一意性については述べることができなかった．1 次独立性や基底の定義が終わったので，いまはこれについて述べることができる．

ある対象から，何かの量なり対象が，さまざまな選択肢に依存しない形で構成できるときに『**自然な**』構成，量，対象などという．何かの一意性を証明しようとする場合，その対象から自然に定まる対象をつくり，それを利用して証明するのは一般的な方法である．そこで，まずその『自然な対象』をつくるところから始める．

$A=(a_{ij})$ を K に成分をもつ $m\times n$ 行列とする．A の行を $\boldsymbol{a}_1,\ldots,\boldsymbol{a}_m$，列を $\boldsymbol{v}_1,\ldots,\boldsymbol{v}_n$ とする ((1.5.3) 参照)．$\mathrm{M}(1,n)_K$ は行ベクトルよりなるベクトル空間であることに注意する．

定義 4.6.1. 上の状況を考える．

(1) $N(A)=\{\boldsymbol{x}\in K^n \mid A\boldsymbol{x}=\boldsymbol{0}\}$ を A の**零空間**という．

(2) $C(A)=\langle \boldsymbol{v}_1,\ldots,\boldsymbol{v}_n\rangle\subset K^m$ を A の**列空間**という．

(3) $R(A)=\langle \boldsymbol{a}_1,\ldots,\boldsymbol{a}_m\rangle\subset \mathrm{M}(1,n)_K$ を A の**行空間**という．

(4) $r=\dim C(A)$ を A の**階数**といい，$\mathrm{rk}\,A$ と書く． ◇

$N(A), C(A), R(A), \mathrm{rk}\,A$ はどれも A によって自然に定まる対象である．これらは rref の一意性を証明するのに使う以外にも意味をもつ重要な対象である．(4) に関しては，後で $\mathrm{rk}\,A=\dim R(A)$ ともなることを証明する．

A に対して線形写像 $T_A: K^n\to K^m$ が定まるが，$\mathrm{Ker}(T_A), \mathrm{Im}(T_A)$ を A の言葉で解釈する．定義によると

$$\mathrm{Ker}(T_A)=\{\boldsymbol{x}\in K^n \mid A\boldsymbol{x}=\boldsymbol{0}\}$$

だが，これはまさしく $N(A)$ の定義である．だから，$\mathrm{Ker}(T_A)$ は A によって定まる斉次 1 次方程式の解の集合であるということもできる．$A\boldsymbol{0}=\boldsymbol{0}$ なので，斉次 1 次方程式は常に $\boldsymbol{x}=\boldsymbol{0}$ を解にもつ．この解のことを自明な解というのは前に述べた．

$\boldsymbol{x}=[x_1,\ldots,x_n]\in K^n$ なら，$A\boldsymbol{x}=x_1\boldsymbol{v}_1+\cdots+x_n\boldsymbol{v}_n$ である．定義より

$$\mathrm{Im}(T_A)=\{x_1\boldsymbol{v}_1+\cdots+x_n\boldsymbol{v}_n \mid x_1,\ldots,x_n\in K\}$$

となる．よって $\mathrm{Im}(T_A)=C(A)$ である．

定理 4.6.2 (行列に関連する部分空間の基本性質). $B = (\boldsymbol{w}_1 \ \cdots \ \boldsymbol{w}_n)$ を行列 $A = (\boldsymbol{v}_1 \ \cdots \ \boldsymbol{v}_n)$ の rref とする.

(1) A の列と B の列は同じ線形関係を満たす.

(2) $r = \dim C(A)$ は B のピボットの数と一致する. B のピボットが $j_1, \ldots, j_r$ 列に現れるなら, $\{\boldsymbol{v}_{j_1}, \ldots, \boldsymbol{v}_{j_r}\}$ が $C(A)$ の基底になる.

(3) $\dim R(A) = r$ であり, B の $\boldsymbol{0}$ でない行の集合は $R(A)$ の基底である.

(4) $\dim \mathrm{Ker}(T_A) = n - r$ である. さらに $\mathrm{Ker}(T_A)$ の基底として, 定理 1.7.13(2) の $\boldsymbol{s}_l$ ($l \notin \{j_1, \ldots, j_r\}$) がとれる.

(5) A の rref は A によって一意的に定まる.

証明. (1) A, B は行の基本変形で移り合うので, $A\boldsymbol{x} = \boldsymbol{0}$ と $B\boldsymbol{x} = \boldsymbol{0}$ は同値である. だから $x_1\boldsymbol{v}_1 + \cdots + x_n\boldsymbol{v}_n = \boldsymbol{0}$ と $x_1\boldsymbol{w}_1 + \cdots + x_n\boldsymbol{w}_n = \boldsymbol{0}$ は同値である. つまり, $\boldsymbol{v}_1, \ldots, \boldsymbol{v}_n$ の満たす線形関係と, $\boldsymbol{w}_1, \ldots, \boldsymbol{w}_n$ の満たす線形関係は同じである.

(2) もし $\boldsymbol{v}_{i_1}, \ldots, \boldsymbol{v}_{i_t}$ が 1 次独立なら, $\boldsymbol{w}_{i_1}, \ldots, \boldsymbol{w}_{i_t}$ も 1 次独立であるし, 逆も成り立つ. $j_1, \ldots, j_r$ 列が B のピボットを含む列だとすると,

$$\boldsymbol{w}_{j_1} = \mathbb{e}_1, \quad \cdots, \quad \boldsymbol{w}_{j_r} = \mathbb{e}_r$$

となるので, これらは 1 次独立である. 上の考察から $\boldsymbol{v}_{j_1}, \ldots, \boldsymbol{v}_{j_r}$ も 1 次独立になる. $j \notin \{j_1, \ldots, j_r\}$ なら, $\boldsymbol{w}_j$ のどの成分もその左にどれかのピボットがある. $\boldsymbol{w}_{j_1}, \ldots, \boldsymbol{w}_{j_s}$ $(1 \leqq s \leqq r)$ がそれらの列だとすると, $\boldsymbol{w}_j$ は $\boldsymbol{w}_{j_1}, \ldots, \boldsymbol{w}_{j_s}$ の 1 次結合になる. $\boldsymbol{w}_j = a_1\boldsymbol{w}_{j_1} + \cdots + a_s\boldsymbol{w}_{j_s}$ なら, $a_1\boldsymbol{w}_{j_1} + \cdots + a_s\boldsymbol{w}_{j_s} - \boldsymbol{w}_j = \boldsymbol{0}$ なので, $a_1\boldsymbol{v}_{j_1} + \cdots + a_s\boldsymbol{v}_{j_s} - \boldsymbol{v}_j = \boldsymbol{0}$. つまり, $\boldsymbol{v}_j = a_1\boldsymbol{v}_{j_1} + \cdots + a_s\boldsymbol{v}_{j_s}$ が成り立つ. よって $\boldsymbol{v}_j$ は $\boldsymbol{v}_{j_1}, \ldots, \boldsymbol{v}_{j_r}$ の 1 次結合である. したがって, 命題 4.5.17 より $\{\boldsymbol{v}_{j_1}, \ldots, \boldsymbol{v}_{j_r}\}$ は $C(A)$ の列空間を張り, 1 次独立なので, その基底になる.

(3) 行に関する基本変形をした後の行列の行は, 元々の行列の行の 1 次結合である. だから $R(B) \subset R(A)$ である. A も B から行に関する基本変形で得られるので, $R(A) \subset R(B)$ である. したがって, $R(B) = R(A)$ である. 定義より, B の行よりなる集合は $R(B)$ を張っている. B は rref なので, B の $\boldsymbol{0}$ でない行の数は r である. $\boldsymbol{p}_1, \ldots, \boldsymbol{p}_r$ をそれらの行とし, $a_1, \ldots, a_r \in K$, $a_1\boldsymbol{p}_1 + \cdots + a_r\boldsymbol{p}_r = \boldsymbol{0}$ とする. 第 j_t-成分が 0 でないのは $\boldsymbol{p}_t$ だけなので, $a_t = 0$ $(t = 1, \ldots, r)$ である. よって $\{\boldsymbol{p}_1, \ldots, \boldsymbol{p}_r\}$ は 1 次独立である. これで $\{\boldsymbol{p}_1, \ldots, \boldsymbol{p}_r\}$ が $R(A)$ の基底であることが示せた.

(4) 方程式 $A\boldsymbol{x} = \boldsymbol{0}$ は, 定理 1.7.13 の状況で $\boldsymbol{b} = \boldsymbol{0}$ に対応する. 定理 1.7.13(2)

の $\boldsymbol{s}_l$ $(l \notin \{j_1, \ldots, j_r\})$ が $N(A) = \{\boldsymbol{x} \in K^n \mid A\boldsymbol{x} = \boldsymbol{0}\}$ を張ることは定理 1.7.13 の証明で示されている．注 1.7.15 により $\{\boldsymbol{s}_l \mid l \in I\}$ は 1 次独立である．これで (4) が示せた．

(5) B' も A の rref とする．$C(A)$ は A によって定まるので，(2) より B' のピボットの数も r である．B' の最初の r 行を $\boldsymbol{q}_1, \ldots, \boldsymbol{q}_r$ とする．すると $\{\boldsymbol{p}_1, \ldots, \boldsymbol{p}_r\}$ と $\{\boldsymbol{q}_1, \ldots, \boldsymbol{q}_r\}$ は (3) より両方とも $R(A)$ の基底である．$a_1\boldsymbol{p}_1 + \cdots + a_r\boldsymbol{p}_r$ $(a_1, \ldots, a_r \in K)$ を考えると，このような元の成分で 0 でないものの中で一番左にあるのは第 j_1 成分である．したがって，

$$j_1 = \min\{j \mid [y_1, \ldots, y_n] \in R(A), y_j \neq 0\}$$

となる．右辺は A によって定まるので，B' の最初のピボットの位置も第 j_1 成分である．

$a_1\boldsymbol{p}_1 + \cdots + a_r\boldsymbol{p}_r$ という形の元で $a_1 \neq 0$ なら，第 j_1 成分は 0 でないが，$a_1 = 0$ なら，第 j_1 成分は 0 である．したがって，同様の考察で

$$j_2 = \min\{j \mid [y_1, \ldots, y_n] \in R(A), y_{j_1} = 0, y_j \neq 0\}$$

となる．この考察を続ければ，ピボットの現れる列 $j_1, \ldots, j_r$ は A によって定まることがわかる．したがって，ピボットの位置は B, B' で同じである．

$\{\boldsymbol{p}_1, \ldots, \boldsymbol{p}_r\}$ と $\{\boldsymbol{q}_1, \ldots, \boldsymbol{q}_r\}$ は両方とも $R(A)$ の基底なので，

$$\begin{pmatrix} \boldsymbol{q}_1 \\ \vdots \\ \boldsymbol{q}_r \end{pmatrix} = D \begin{pmatrix} \boldsymbol{p}_1 \\ \vdots \\ \boldsymbol{p}_r \end{pmatrix}$$

となる r 次正方行列 D がある．

右辺の第 j_l 列は $D\mathbb{e}_l$ で，左辺の第 j_l 列は $\mathbb{e}_l$ である．よって $D\mathbb{e}_l = \mathbb{e}_l$ が $l = 1, \ldots, r$ に対して成り立つ．したがって，$D = I_r$ となり，$\boldsymbol{q}_l = \boldsymbol{p}_l$ が $l = 1, \ldots, r$ に対して成り立つ．よって $B = B'$ となる． □

$\mathrm{Im}(T_A) = C(A)$ なので，次の重要な系を得る．

系 4.6.3 (次元公式). A が $m \times n$ 行列なら，

$$\dim \mathrm{Ker}(T_A) + \dim \mathrm{Im}(T_A) = n$$

である．

定理 4.6.2 を理解するために次の問題に答えてみよう.

問題 4.6.4. 行列 A を

$$A = \begin{pmatrix} \boldsymbol{v}_1 & \cdots & \boldsymbol{v}_6 \end{pmatrix} = \begin{pmatrix} 0 & 1 & 1 & 5 & 2 & 0 \\ 0 & -1 & 1 & 1 & 2 & 2 \\ 0 & -2 & 1 & -1 & 3 & 5 \end{pmatrix}$$

とする. このとき,

(1) $N(A)$ の基底を求めよ.

(2) $\{\boldsymbol{v}_1, \ldots, \boldsymbol{v}_6\}$ の部分集合で $C(A)$ の基底になるものを 1 つ求めよ.

(3) A の階数を求めよ.

(4) A の列を (2) で求めた基底の 1 次結合で表せ.

解答. (1) まず A の rref を求める. (行変換の記述は省略する.)

$$\begin{pmatrix} 0 & 1 & 1 & 5 & 2 & 0 \\ 0 & -1 & 1 & 1 & 2 & 2 \\ 0 & -2 & 1 & -1 & 3 & 5 \end{pmatrix} \to \begin{pmatrix} 0 & 1 & 1 & 5 & 2 & 0 \\ 0 & 0 & 2 & 6 & 4 & 2 \\ 0 & 0 & 3 & 9 & 7 & 5 \end{pmatrix}$$

$$\to \begin{pmatrix} 0 & 1 & 1 & 5 & 2 & 0 \\ 0 & 0 & 1 & 3 & 2 & 1 \\ 0 & 0 & 3 & 9 & 7 & 5 \end{pmatrix} \to \begin{pmatrix} 0 & 1 & 1 & 5 & 2 & 0 \\ 0 & 0 & 1 & 3 & 2 & 1 \\ 0 & 0 & 0 & 0 & 1 & 2 \end{pmatrix}$$

$$\to \begin{pmatrix} 0 & 1 & 1 & 5 & 0 & -4 \\ 0 & 0 & 1 & 3 & 0 & -3 \\ 0 & 0 & 0 & 0 & 1 & 2 \end{pmatrix} \to \begin{pmatrix} 0 & 1 & 0 & 2 & 0 & -1 \\ 0 & 0 & 1 & 3 & 0 & -3 \\ 0 & 0 & 0 & 0 & 1 & 2 \end{pmatrix}$$

となり, これが A の rref である. $\boldsymbol{x} = [x_1, \ldots, x_6] \in N(A)$ なら,

$$x_2 = -2x_4 + x_6, \quad x_3 = -3x_4 + 3x_6, \quad x_5 = -2x_6. \tag{4.6.5}$$

なお $A\boldsymbol{x} = \boldsymbol{0}$ は斉次方程式なので, $(\boldsymbol{A} \mid \boldsymbol{0})$ などと $\boldsymbol{0}$ 列を加えずに rref を求めた. (4.6.5) を $\boldsymbol{x}$ に代入すると

$$\boldsymbol{x} = \begin{pmatrix} x_1 \\ -2x_4 + x_6 \\ -3x_4 + 3x_6 \\ x_4 \\ -2x_6 \\ x_6 \end{pmatrix} = x_1 \begin{pmatrix} 1 \\ 0 \\ 0 \\ 0 \\ 0 \\ 0 \end{pmatrix} + x_4 \begin{pmatrix} 0 \\ -2 \\ -3 \\ 1 \\ 0 \\ 0 \end{pmatrix} + x_6 \begin{pmatrix} 0 \\ 1 \\ 3 \\ 0 \\ -2 \\ 1 \end{pmatrix}.$$

したがって，

$$s_1 = [1,0,0,0,0,0], \quad s_2 = [0,-2,-3,1,0,0], \quad s_3 = [0,1,3,0,-2,1]$$

とおくと，$\{s_1, s_2, s_3\}$ が $N(A)$ の基底である．

(2) ピボットの位置が第 2,3,5 列なので，$C(A)$ の基底として $\{v_2, v_3, v_5\}$ がとれる．

(3) $\dim C(A) = 3$ が階数である．

(4)

$$\begin{pmatrix} 2 \\ 3 \\ 0 \end{pmatrix} = 2\mathbb{e}_1 + 3\mathbb{e}_2, \qquad \begin{pmatrix} -1 \\ -3 \\ 2 \end{pmatrix} = -\mathbb{e}_1 - 3\mathbb{e}_2 + 2\mathbb{e}_3$$

なので，$v_1 = \mathbf{0}$, $v_4 = 2v_2 + 3v_3$, $v_6 = -v_2 - 3v_3 + 2v_5$ となる． □

系 4.6.6. A, B は $m \times n$ 行列，P, Q はそれぞれ m, n 次正則行列で，$A = PBQ$ とする．このとき，$\mathrm{rk}\,A = \mathrm{rk}\,B$ である．

証明. $A = PB$ の場合と $A = BQ$ の場合に示せばよい．$A = PB$ なら，A の行は B の行の 1 次結合である．よって $R(A) \subset R(B)$ である．$B = P^{-1}A$ なので，$R(B) \subset R(A)$ でもあり $R(A) = R(B)$ である．$\mathrm{rk}\,A = \dim R(A)$ なので，この場合には証明できた．$A = BQ$ の場合には $C(A)$ を考えれば同様に証明できる． □

4.7 部分空間の包含関係と次元

次に基底と部分空間の包含関係について考察する．V がベクトル空間で $W \subset V$ が部分空間なら，$\dim W \leqq \dim V$ であるべきである．ここではこのような直観的にはあたりまえと思えるような性質が，実際に成り立っていることを示す．

補題 4.7.1. V はベクトル空間，$S = \{v_1, \ldots, v_m\} \subset V$ を 1 次独立な部分集合とする．もし S が V を張らないなら，$v \in V \setminus S$ が存在して $S \cup \{v\}$ が 1 次独立である．

証明. もし S が V を張らないなら，$v \in V \setminus \langle S \rangle$ とする．明らかに $v \notin S$ である．$S \cup \{v\}$ が 1 次従属なら，すべては 0 でない $a_1, \ldots, a_m, b \in K$ があり $a_1 v_1 + \cdots + a_m v_m + bv = \mathbf{0}$ となる．もし $b = 0$ なら，S が 1 次独立であるこ

とに反する．よって $b \neq 0$ である．したがって，$\boldsymbol{v} = -b^{-1}(a_1\boldsymbol{v}_1 + \cdots + a_m\boldsymbol{v}_m)$ となり $\boldsymbol{v} \in \langle S \rangle$ である．これは矛盾なので，$S \cup \{\boldsymbol{v}\}$ は1次独立である． □

命題 4.7.2 (基底の存在). V は有限次元ベクトル空間，$S = \{\boldsymbol{v}_1, \ldots, \boldsymbol{v}_m\} \subset V$ を1次独立な部分集合とする．このとき，S を含む V の基底がある．

証明. $\dim V = n$ とする．S は1次独立なので，命題 4.5.19 より $m \leqq n$ である．$m < n$ なら，S は V を張らない．なぜなら，もし張れば S は V の基底になり，$n = m$ となるからである．S が V を張らないなら，S にある $\boldsymbol{v} \in V$ を付け加えて，$S \cup \{\boldsymbol{v}\}$ を1次独立にできる．S を $S \cup \{\boldsymbol{v}\}$ で取り換え，これを $n - m$ 回繰り返すと $m = n$ となり，S の元の個数はこれ以上増やすことはできないので，S は V を張る．よって S は V の基底になる． □

上の命題の証明では，$S \subset V$ という1次独立な部分集合で，『S を真に含む V の部分集合は1次従属になる』という性質をもったものを使った．このような S を**極大1次独立系**ということもある．

系 4.7.3. V は n 次元ベクトル空間とする．

(1) $W \subset V$ が部分空間なら，W は基底をもち，$\dim W \leqq n$ である．

(2) $W \subset V$ が部分空間で $W \neq V$ なら，$\dim W < n$ である．

証明. (1) $S \subset W$ を1次独立な部分集合とする．補題 4.7.1 より S が W を張らない限り，S の元の個数を増やすことができる．S は V でも1次独立である．$\dim V < \infty$ なので，有限回 S の元を増やすと，S は『すべての $\boldsymbol{v} \in W$ に対し $S \cup \{\boldsymbol{v}\}$ が1次従属である』という性質を満たす．補題 4.7.1 より S は W を張る．よって S は W の基底である．命題 4.5.19 より S の元の個数は n を越えないので，$\dim W \leqq n$ である．

(2) S として W の基底をとる．命題 4.7.2 より $S \subset S'$ で V の基底であるものがある．$S = S'$ なら S は W, V を張るので，$W = V$ となり矛盾である． □

命題 4.7.4. V は n 次元ベクトル空間とする．もし $S = \{\boldsymbol{v}_1, \ldots, \boldsymbol{v}_m\}$ が V を張れば，$m \geqq n$ であり，S の部分集合で V の基底になるものがある．

証明. S が1次独立でなければ，$\boldsymbol{x} = [x_1, \ldots, x_m] \in K^m \setminus \{\boldsymbol{0}\}$ で $x_1\boldsymbol{v}_1 + \cdots + x_m\boldsymbol{v}_m = \boldsymbol{0}$ となるものがある．議論は同じなので，$x_1 \neq 0$ とする．$\boldsymbol{v}_1 = -x_1^{-1}(x_2\boldsymbol{v}_2 + \cdots + x_m\boldsymbol{v}_m)$ なので，命題 4.5.17 より，$V = \langle \boldsymbol{v}_2, \ldots, \boldsymbol{v}_m \rangle$ であ

る．よって S を $\{\boldsymbol{v}_2, \dots, \boldsymbol{v}_m\}$ で取り換える．これは S が 1 次独立でない限り続けることができるが，S は有限集合なので，あるところで 1 次独立になる．そのときには S は V の基底である．最初の S から元を減らして V の基底になるので，$m \geqq n$ である． □

V は有限次元ベクトル空間，$W \subset V$ を部分空間とする．このとき，$\dim W < \infty$ なので，特に，上の命題が W に使え，次の系を得る．

系 4.7.5. V は有限次元ベクトル空間，$W \subset V$ は部分空間とする．もし $S \subset W$ が W を張れば，S の部分集合から W の基底をとれる．

命題 4.7.6. V は n 次元ベクトル空間，$S = \{\boldsymbol{v}_1, \dots, \boldsymbol{v}_n\} \subset V$ とする．このとき，次の 3 つの条件は同値である．

(1) S は 1 次独立である．

(2) S は V を張る．

(3) S は V の基底である．

証明. (1) を仮定する．S が V を張らないなら，$\boldsymbol{v} \notin S$ があり，$S \cup \{\boldsymbol{v}\}$ が 1 次独立である．すると $n + 1 = \#S + 1 \leqq n$ となり矛盾である．よって (2) を得る．

(2) を仮定する．もし S が 1 次独立でなければ，S を真に減らして V の基底にできる．すると $\dim V < n$ となり矛盾である．よって S は 1 次独立であり，(1) を得る．

これより (1) と (2) は同値であることがわかる．(1) と (2) を合わせたものが (3) なので，(1)–(3) はすべて同値である． □

この命題は次元とベクトルの数が等しいときにのみ成り立つ.

4.8 1 次独立性，次元，基底に関する真偽問題

ここで，少し真偽問題の例を考えてみよう．1 次独立性や基底の概念を本当に理解していれば，以下の主張が真であるか偽であるか即座に判定できるはずである．まず主張だけ最初に書くので，読者自身で考えてみられたい．

(1) $S \subset K^5$ は 1 次独立で $S \subset S'$ とする．このとき，S' は 1 次独立である．

(2) $S \subset K^5$ は 1 次独立で $S' \subset S$ とする．このとき，S' は K^5 の基底になることはない．

(3) $\boldsymbol{v}_1 = [1,1,1]$, $\boldsymbol{v}_2 = [2,2,2] \in K^3$ とする．このとき，$\boldsymbol{v}_1, \boldsymbol{v}_2$ を含む K^3 の任意の部分集合は 1 次従属である．

(4) $W \subset K^4$ が部分空間なら，W は 5 つのベクトルで張られることはない．

(5) $W \subset K^6$ が部分空間なら，W は 5 つのベクトルで張られることはない．

(6) K^6 は 5 つのベクトルで張られることはない．

(7) ベクトル空間 $\{\mathbf{0}\}$ は $S = \{\mathbf{0}\}$ を基底にもつ．

(8) $S \subset \mathrm{M}(2,3)_K$ が $\mathrm{M}(2,3)_K$ を張るなら，S は少なくとも 6 個の元を含む．

(9) $S = \{\boldsymbol{v}_1, \ldots, \boldsymbol{v}_6\} \subset K^7$ が次元 6 の部分空間を張るなら，S は 1 次独立である．

(10) 部分集合 $S = \{\boldsymbol{v}_1, \ldots, \boldsymbol{v}_6\} \subset K^7$ は K^7 の基底に拡張できる．

以下，これらについて解説しよう．

(1) 命題 4.5.8 と包含関係が逆であり，例えば $S = \{\mathbb{e}_1\}$, $S' = \{\mathbb{e}_1, 2\mathbb{e}_1\}$ なら，S' は 1 次独立ではない．

(2) $S = S'$ で $\#S = \#S' = 5$ なら，S' は基底なので，『基底にならない』というのは偽である．

(3) $\boldsymbol{v}_2 = 2\boldsymbol{v}_1$ とすでに 1 次従属なので，系 4.5.9 よりこれらを含む部分集合は 1 次従属である．よって真である．

(4) $W = \mathbb{R}^4$，$S = \{\mathbb{e}_1, \ldots, \mathbb{e}_4, \mathbb{e}_1 + \mathbb{e}_2\}$ は反例である．よって偽である．

(5) $\mathbb{R}^6$ の任意の 5 次元部分空間は 5 つの元で張られる．よって偽である．

(6) 命題 4.7.4 より，5 つの元で張られるベクトル空間の次元は 5 以下である．よって真である．

(7) $1 \cdot \mathbf{0} = \mathbf{0}$ なので，$\{\mathbf{0}\}$ は 1 次独立ではない．よって基底ではないので偽である．なお，$\dim\{\mathbf{0}\} = 0$ であり，$\emptyset$ が $\{\mathbf{0}\}$ の基底である．

(8) $\dim \mathrm{M}(2,3)_K = 6$ なので，命題 4.7.4 より，このベクトル空間を張る集合の位数は少なくとも 6 である．よって真である．

(9) 命題 4.7.6 より，S の位数がそれが張る部分空間の次元と一致する．よって真である．

(10) S が 1 次従属なら，S をどのように拡張しても 1 次従属なので，基底になることはない．よって偽である．

3 章で約束したように，定理 3.6.4 の証明を以下，4.9 節で実行する．4.9 節は，一般の読者には多分必要ではなく，主に数学専攻の読者用である．しかし，証明は少し長いけれども，大学初年度の微積分 (実数論) を知っていれば十分読めるので，興味のある読者は 4.9 節を見てみるのも悪くないだろう．

4.9 行列式と平行体の体積 ⋆

ここでは，$\mathbb{R}^n$ の n 個のベクトルより定まる平行体の体積が行列式の絶対値になることを証明する． だがこのことを考えるには，そもそも『体積とは何か』という問いを避けてとおることはできない．体積というものを厳密に定義し，その性質を証明することは一般にはやさしいことではなく，数学では『測度論』とよばれる分野に属することである．しかし，ここでは多面体のような直観的にわかりやすいものだけを扱うので，体積の定義を簡単に説明し，それが満たす性質は認めて議論を進めることにする．

まずいくつか定義をする． $a_1,\ldots,a_n,b\in\mathbb{R}$ (ただし $[a_1,\ldots,a_n]\neq\mathbf{0}$) なら，

$$L = L(a_1,\ldots,a_n,b) = \{[x_1,\ldots,x_n]\in\mathbb{R}^n \mid a_1x_1+\cdots+a_nx_n = b\},$$

$$H = H(a_1,\ldots,a_n,b) = \{[x_1,\ldots,x_n]\in\mathbb{R}^n \mid a_1x_1+\cdots+a_nx_n \leqq b\}$$

とおく．L,H をそれぞれ，$\mathbb{R}^n$ の**超平面**，**半平面**とよぶ．

$A=(\boldsymbol{v}_1 \ \cdots \ \boldsymbol{v}_n)\in \mathrm{M}(n,n)_{\mathbb{R}}$ が正則でないなら，${}^tA$ を考えることにより，$\mathbf{0}$ でない行ベクトル $\boldsymbol{a}=(a_1 \ \cdots \ a_n)$ があり，$\boldsymbol{a}A=\mathbf{0}$ となる．すると，$\langle \boldsymbol{v}_1,\ldots,\boldsymbol{v}_n\rangle$ は 超平面 $L(a_1,\ldots,a_n,0)$ に含まれる．

$\mathbb{R}^n$ の**多面体**とは，有限個の半平面の共通集合で，有界なもののことである．例えば $c_1,d_1,\ldots,c_n,d_n\in\mathbb{R}$ とするとき，

$$T=\{[x_1,\ldots,x_n]\in\mathbb{R}^n \mid \forall i \ \ c_i\leqq x_i\leqq d_i\} \tag{4.9.1}$$

は多面体だが，このような多面体を**直方体**とよぶことにする．

以降，X を $\mathbb{R}^n$ の有限個の多面体の和集合として表せる部分集合の集合とする． $S\in X$, $\boldsymbol{v}\in\mathbb{R}^n$ とするとき，

$$S+\boldsymbol{v}=\{\boldsymbol{w}+\boldsymbol{v}\mid \boldsymbol{w}\in S\}$$

と定義する．これはベクトル $\boldsymbol{v}$ による**平行移動**である．さて $S\in X$ に対して，その『体積』となる量を定義する．まず，(4.9.1) で定義される直方体に対して

$$V(T)=(d_1-c_1)\cdots(d_n-c_n) \tag{4.9.2}$$

と定義する．$S \in X$ とする．$S \subset \bigcup_{i=1}^{m} T_i$ となるような有限個の直方体 $T_1, \ldots, T_m$ のとり方を Γ とするとき，Γ を直方体による S の**有限被覆**という．

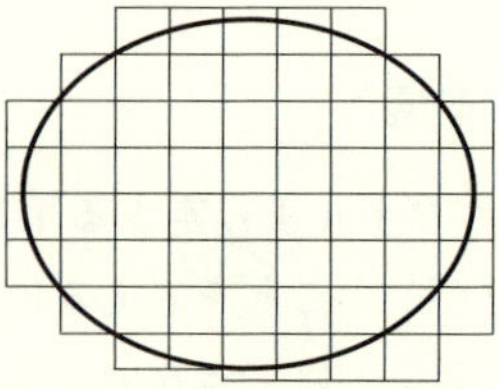

一般の S に対する有限被覆

Γ に対し

$$V(\Gamma) = \sum_{i=1}^{m} V(T_i)$$

とおく．直方体による S の有限被覆のすべての可能性を考え，

$$\mathrm{vol}(S) = \inf_{\Gamma} V(\Gamma) \tag{4.9.3}$$

と定義する．これを S の**体積**とよぶことにする．

なお，$Y \subset \mathbb{R}$ が空でない部分集合なら，

$$Z = \{z \in \mathbb{R} \mid \forall y \in Y \ \ z \leqq y\}$$

とおくと，Z が空集合でないなら，Z には最大数が存在することが知られている．Z が空集合なら $\inf Y = -\infty$，そうでなければ Z の最大数を $\inf Y$ とするのが $\inf Y$ (Y の下限) の定義である．例えば $Y = (0, 1]$ なら $\inf Y = 0$，$Y = \{-1, -2, \ldots\}$ なら $\inf Y = -\infty$ である．(この教科書では使わないが，上限 sup も同様に定義できる．)

注 4.9.4. 一般には任意の $S \subset \mathbb{R}^n$ に対し，可算個の (つまり，自然数を添字にもつ) 直方体 T_i $(i = 0, 1, 2, \ldots)$ で S を覆い，$\sum_{i=0}^{\infty} V(T_i)$ の下限を $\mathrm{vol}(S)$ と定義する．どのようなとりかたをしても $\sum_{i=0}^{\infty} V(T_i) = \infty$ となってしまう場合には $\mathrm{vol}(S) = \infty$ とし，そうでなければ (4.9.3) で定義される $\mathrm{vol}(S)$ は有限の値になる．ここでは証明しないが，$S \in X$ なら，(4.9.3) において，有限被覆のみをとっても，可算個の被覆をとっても，$\mathrm{vol}(S)$ の定義が同じになる．　◇

S が直方体の場合 (4.9.2) と (4.9.3) は一致するが，このことは厳密には証明が必要なことである．しかし，このことを含む $\mathrm{vol}(S)$ の性質は測度論で学ぶことなので，ここではその性質を述べるにとどめ，証明はしないことにする．

命題 4.9.5. (1) $I = [0,1] \times \cdots \times [0,1]$ なら，$\mathrm{vol}(I) = 1$ である．

(2) $S_1, \ldots, S_m \in X$ で，$i \neq j$ なら，$S_i \cap S_j$ は空集合であるか，超平面に含まれるとする．このとき，

$$\mathrm{vol}\left(\bigcup_{i=1}^{m} S_i\right) = \mathrm{vol}(S_1) + \cdots + \mathrm{vol}(S_m).$$

(3) $S_1, S_2 \in X$ で $S_1 \subset S_2$ なら，$\mathrm{vol}(S_1) \leqq \mathrm{vol}(S_2)$ である．

(4) $S \in X$, $\boldsymbol{v} \in \mathbb{R}^n$ なら，$\mathrm{vol}(S + \boldsymbol{v}) = \mathrm{vol}(S)$ である．

注 4.9.6. 上の (1)–(4) を満たす体積の概念を**ルベーグ (Lebesgue) 測度**という．ただし，一般にはどのような集合が対象となるか指定した上で，(2) を可算個の和集合の場合について定式化したものがルベーグ測度である．ルベーグ測度は一意的であることが知られている．上の命題で (2) 以外の証明はやさしい．

◇

$\boldsymbol{v}_1, \ldots, \boldsymbol{v}_n \in \mathbb{R}^n$, $A = (\boldsymbol{v}_1 \ \cdots \ \boldsymbol{v}_n)$ とする．このとき，

$$\mathrm{sign}(\boldsymbol{v}_1, \ldots, \boldsymbol{v}_n) = \begin{cases} 1, & \det A \geqq 0, \\ -1, & \det A < 0 \end{cases}$$

と定義する．

定義 4.9.7. $\boldsymbol{v}_1, \ldots, \boldsymbol{v}_n \in \mathbb{R}^n$ とする．

(1) (3.1.1) の $P(\boldsymbol{v}_1, \ldots, \boldsymbol{v}_n)$ を $\boldsymbol{v}_1, \ldots, \boldsymbol{v}_n$ より定まる**平行体**という．

(2) $M(\boldsymbol{v}_1, \ldots, \boldsymbol{v}_n) = \mathrm{vol}(P(\boldsymbol{v}_1, \ldots, \boldsymbol{v}_n))$. ($M$ は measure の M.)

(3) $D(\boldsymbol{v}_1, \ldots, \boldsymbol{v}_n) = \mathrm{sign}(\boldsymbol{v}_1, \ldots, \boldsymbol{v}_n) M(\boldsymbol{v}_1, \ldots, \boldsymbol{v}_n)$. ◇

以下，定理 4.9.8, 4.9.11 で，$D(\boldsymbol{v}_1, \ldots, \boldsymbol{v}_n)$ が定理 3.4.3 の条件 (1)–(4) を満たすことを証明する．

定理 4.9.8. (1) $D(\boldsymbol{v}_1, \ldots, \boldsymbol{v}_n)$ は $\boldsymbol{v}_1, \ldots, \boldsymbol{v}_n$ に関して線形である．つまり，任意の $1 \leqq i \leqq n$ に対し

(4.9.9) $$D(\boldsymbol{v}_1, \ldots, r\boldsymbol{v}_i, \ldots, \boldsymbol{v}_n) = rD(\boldsymbol{v}_1, \ldots, \boldsymbol{v}_n),$$

(4.9.10) $$D(\boldsymbol{v}_1, \ldots, \boldsymbol{v}_i + \boldsymbol{v}'_i, \ldots, \boldsymbol{v}_n) = D(\boldsymbol{v}_1, \ldots, \boldsymbol{v}_i, \ldots, \boldsymbol{v}_n) + D(\boldsymbol{v}_1, \ldots, \boldsymbol{v}'_i, \ldots, \boldsymbol{v}_n)$$

がすべての $\boldsymbol{v}_1, \ldots, \boldsymbol{v}_n, \boldsymbol{v}'_i \in \mathbb{R}^n$, $r \in \mathbb{R}$ に対し成り立つ．

(2) $\{\boldsymbol{v}_1, \ldots, \boldsymbol{v}_n\}$ が 1 次従属なら，$D(\boldsymbol{v}_1, \ldots, \boldsymbol{v}_n) = 0$ である．

証明. $\{\boldsymbol{v}_1,\dots,\boldsymbol{v}_n\}$ が1次従属なら，$P(\boldsymbol{v}_1,\dots,\boldsymbol{v}_n)$ は超平面に含まれるので(超平面の定義の後のコメント参照)，(2) が従う．もし $\{\boldsymbol{v}_1,\dots,\boldsymbol{v}_n\}$ が1次従属なら，(4.9.9) の両辺は 0 である．また，$\{\boldsymbol{v}_1,\dots,\boldsymbol{v}_{i-1},\boldsymbol{v}_{i+1},\dots,\boldsymbol{v}_n\}$ が1次従属なら，(4.9.10) の両辺は 0 である．$\{\boldsymbol{v}_1,\dots,\boldsymbol{v}_{i-1},\boldsymbol{v}_{i+1},\dots,\boldsymbol{v}_n\}$ が1次独立のとき，もし $\boldsymbol{v}_i,\boldsymbol{v}_i'$ が両方とも $\{\boldsymbol{v}_1,\dots,\boldsymbol{v}_{i-1},\boldsymbol{v}_{i+1},\dots,\boldsymbol{v}_n\}$ の1次結合なら，(4.9.10) の両辺は 0 である．したがって，必要なら $\boldsymbol{v}_i,\boldsymbol{v}_i'$ を交換して，(4.9.9)，(4.9.10) の証明において $\{\boldsymbol{v}_1,\dots,\boldsymbol{v}_n\}$ が1次独立と仮定することができる．

(1) の証明だが，議論は同様なので，$i=1$ の場合のみ証明する．$r=0$ のときは (4.9.9) は明らかである．$P(\boldsymbol{v}_1,\dots,\boldsymbol{v}_n)=P(-\boldsymbol{v}_1,\dots,\boldsymbol{v}_n)+\boldsymbol{v}_1$ なので，

$$M(\boldsymbol{v}_1,\dots,\boldsymbol{v}_n)=M(-\boldsymbol{v}_1,\dots,\boldsymbol{v}_n)$$

である．

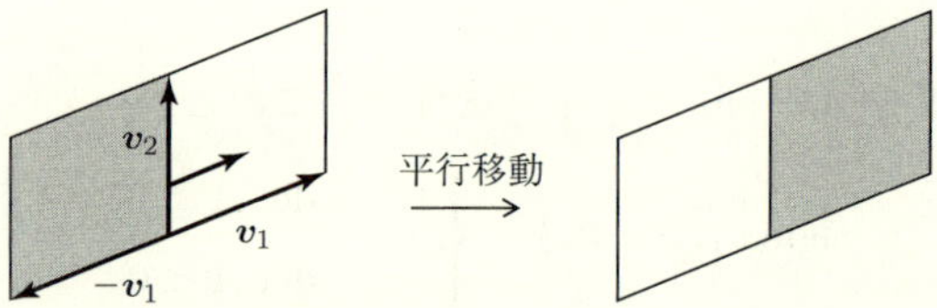

$$\det(-\boldsymbol{v}_1,\dots,\boldsymbol{v}_n)=-\det(\boldsymbol{v}_1,\dots,\boldsymbol{v}_n)$$
$$\Longrightarrow D(-\boldsymbol{v}_1,\dots,\boldsymbol{v}_n)=-D(\boldsymbol{v}_1,\dots,\boldsymbol{v}_n)$$

なので，(4.9.9) の $r>0$ の場合が証明できればよい．

(4.9.9) の $r>0$ の場合を考えるが，証明する順序としては，r が (i) 正の整数の場合，(ii) 正の有理数の場合，(iii) 正の実数の場合，の順序で証明する．

(i) r が正の整数の場合

$$\begin{aligned}
S_1 &= \{a_1\boldsymbol{v}_1+\cdots+a_n\boldsymbol{v}_n \mid 0\leqq a_1,\dots,a_n\leqq 1\},\\
&\ \vdots\\
S_r &= \{a_1\boldsymbol{v}_1+\cdots+a_n\boldsymbol{v}_n \mid r-1\leqq a_1\leqq r,\ 0\leqq a_2,\dots,a_n\leqq 1\}
\end{aligned}$$

とすると，$P(r\boldsymbol{v}_1,\dots,\boldsymbol{v}_n)$ は $S_1,\dots,S_r$ の和であり，$i\neq j$ なら $S_i\cap S_j$ は空集合であるか，超平面に含まれる．

したがって，

$$M(r\boldsymbol{v}_1,\dots,\boldsymbol{v}_n)=\mathrm{vol}(S_1)+\cdots+\mathrm{vol}(S_r)$$

である．$S_i = S_1 + (i-1)\boldsymbol{v}_1$ なので，S_i は S_1 から平行移動により得られる．

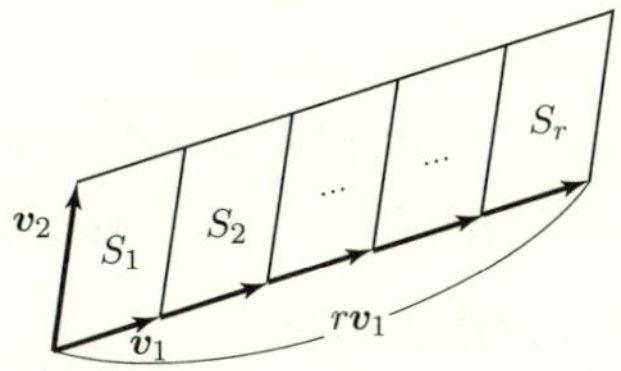

したがって，$M(r\boldsymbol{v}_1,\ldots,\boldsymbol{v}_n) = rM(\boldsymbol{v}_1,\ldots,\boldsymbol{v}_n)$ である．$\mathrm{sign}(r\boldsymbol{v}_1,\ldots,\boldsymbol{v}_n) = \mathrm{sign}(\boldsymbol{v}_1,\ldots,\boldsymbol{v}_n)$ なので，$D(r\boldsymbol{v}_1,\ldots,\boldsymbol{v}_n) = rD(\boldsymbol{v}_1,\ldots,\boldsymbol{v}_n)$ が成り立つ．

(ii) r が正の有理数の場合

a が正の整数なら，(i) を $D(a\cdot\frac{1}{a}\boldsymbol{v}_1,\ldots,\boldsymbol{v}_n)$ に適用すると

$$D(\boldsymbol{v}_1,\ldots,\boldsymbol{v}_n) = D(a\cdot\tfrac{1}{a}\boldsymbol{v}_1,\ldots,\boldsymbol{v}_n) = aD(\tfrac{1}{a}\boldsymbol{v}_1,\ldots,\boldsymbol{v}_n)$$

である．よって $D(\frac{1}{a}\boldsymbol{v}_1,\ldots,\boldsymbol{v}_n) = \frac{1}{a}D(\boldsymbol{v}_1,\ldots,\boldsymbol{v}_n)$ である．b も正の整数なら，

$$D(\tfrac{b}{a}\boldsymbol{v}_1,\ldots,\boldsymbol{v}_n) = bD(\tfrac{1}{a}\boldsymbol{v}_1,\ldots,\boldsymbol{v}_n) = \tfrac{b}{a}D(\boldsymbol{v}_1,\ldots,\boldsymbol{v}_n)$$

となり，$r = \frac{b}{a}$ が正の有理数の場合の証明が完了した．

(iii) r が正の実数の場合

$\epsilon > 0$ を十分小さい実数とする．$r-\epsilon < a < r < b < r+\epsilon$ であるような有理数 a,b をとる．

$$P(a\boldsymbol{v}_1,\ldots,\boldsymbol{v}_n) \subset P(r\boldsymbol{v}_1,\ldots,\boldsymbol{v}_n) \subset P(b\boldsymbol{v}_1,\ldots,\boldsymbol{v}_n)$$

なので，

$$M(a\boldsymbol{v}_1,\ldots,\boldsymbol{v}_n) \leqq M(r\boldsymbol{v}_1,\ldots,\boldsymbol{v}_n) \leqq M(b\boldsymbol{v}_1,\ldots,\boldsymbol{v}_n)$$

である．(ii) より，$\mathrm{sign}(\boldsymbol{v}_1,\ldots,\boldsymbol{v}_n) > 0$ なら，

$$\begin{aligned}0 &< (r-\epsilon)D(\boldsymbol{v}_1,\ldots,\boldsymbol{v}_n) \leqq aD(\boldsymbol{v}_1,\ldots,\boldsymbol{v}_n) = D(a\boldsymbol{v}_1,\ldots,\boldsymbol{v}_n)\\ &\leqq D(r\boldsymbol{v}_1,\ldots,\boldsymbol{v}_n) \leqq D(b\boldsymbol{v}_1,\ldots,\boldsymbol{v}_n) = bD(\boldsymbol{v}_1,\ldots,\boldsymbol{v}_n)\\ &\leqq (r+\epsilon)D(\boldsymbol{v}_1,\ldots,\boldsymbol{v}_n)\end{aligned}$$

である．よって

$$|D(r\boldsymbol{v}_1,\ldots,\boldsymbol{v}_n) - rD(\boldsymbol{v}_1,\ldots,\boldsymbol{v}_n)| \leqq \epsilon|D(\boldsymbol{v}_1,\ldots,\boldsymbol{v}_n)|$$

である．ϵ はいくらでも 0 に近くとれるので $D(r\boldsymbol{v}_1, \ldots, \boldsymbol{v}_n) = rD(\boldsymbol{v}_1, \ldots, \boldsymbol{v}_n)$ である．$\mathrm{sign}(\boldsymbol{v}_1, \ldots, \boldsymbol{v}_n) < 0$ の場合も同様である．

次に (4.9.10) を証明する．議論は同様なので，$i = 1$ の場合のみ証明する．(a) $\boldsymbol{v}'_1$ が $\boldsymbol{v}_2, \ldots, \boldsymbol{v}_n$ の 1 次結合の場合，(b) 一般の場合，の順序で証明する．

(a) $\boldsymbol{v}'_1$ が $\boldsymbol{v}_2, \ldots, \boldsymbol{v}_n$ の 1 次結合の場合

$\boldsymbol{v}'_1 = b_2\boldsymbol{v}_2 + \cdots + b_n\boldsymbol{v}_n$ $(b_2, \ldots, b_n \in \mathbb{R})$ と仮定する．このとき，示すべきことは $D(\boldsymbol{v}_1 + \boldsymbol{v}'_1, \ldots, \boldsymbol{v}_n) = D(\boldsymbol{v}_1, \ldots, \boldsymbol{v}_n)$ である．$\boldsymbol{v}'_1$ が $\boldsymbol{v}_2, \ldots, \boldsymbol{v}_n$ のどれかのスカラー倍のときに (4.9.10) を示せれば，

$$\begin{aligned} &D(\boldsymbol{v}_1 + b_2\boldsymbol{v}_2 + \cdots + b_n\boldsymbol{v}_n, \ldots, \boldsymbol{v}_n) \\ &\quad = D(\boldsymbol{v}_1 + b_2\boldsymbol{v}_2 + \cdots + b_{n-1}\boldsymbol{v}_{n-1}, \ldots, \boldsymbol{v}_n) \\ &\quad = \cdots = D(\boldsymbol{v}_1, \ldots, \boldsymbol{v}_n) \end{aligned}$$

となるので，$\boldsymbol{v}'_1$ が $\boldsymbol{v}_2, \ldots, \boldsymbol{v}_n$ のどれかのスカラー倍であるときに示せばよい．議論は同様なので，$\boldsymbol{v}'_1 = r\boldsymbol{v}_2$ $(r \in \mathbb{R})$ という場合のみ示すことにする．

$r = 0$ なら明らかなので，$r \neq 0$ とする．$r > 0$ の場合が示せれば，$r < 0$ なら

$$D(\boldsymbol{v}_1, \ldots, \boldsymbol{v}_n) = D((\boldsymbol{v}_1 + r\boldsymbol{v}_2) + (-r)\boldsymbol{v}_2, \ldots, \boldsymbol{v}_n) = D(\boldsymbol{v}_1 + r\boldsymbol{v}_2, \ldots, \boldsymbol{v}_n)$$

となるので，$r < 0$ の場合も示せたことになる．よって $r > 0$ と仮定する．

まず $0 < r < 1$ と仮定する．このとき，

$$\begin{aligned} &P(\boldsymbol{v}_1 + r\boldsymbol{v}_2, \ldots, \boldsymbol{v}_n) \\ &\quad = \{a_1(\boldsymbol{v}_1 + r\boldsymbol{v}_2) + a_2\boldsymbol{v}_2 + \cdots + a_n\boldsymbol{v}_n \mid 0 \leqq a_1, \ldots, a_n \leqq 1\} \\ &\quad = \{a_1\boldsymbol{v}_1 + (a_1r + a_2)\boldsymbol{v}_2 + \cdots + a_n\boldsymbol{v}_n \mid 0 \leqq a_1, \ldots, a_n \leqq 1\} \end{aligned}$$

なので，

$$\begin{aligned} &P(\boldsymbol{v}_1 + r\boldsymbol{v}_2, \ldots, \boldsymbol{v}_n) \setminus P(\boldsymbol{v}_1, \ldots, \boldsymbol{v}_n) \\ &\quad = \left\{ a_1\boldsymbol{v}_1 + a_2\boldsymbol{v}_2 + \cdots + a_n\boldsymbol{v}_n \,\middle|\, \begin{array}{c} 0 \leqq a_1, a_3, \ldots, a_n \leqq 1 \\ 1 < a_2 \leqq 1 + a_1r \end{array} \right\}, \end{aligned}$$

$$\begin{aligned} &P(\boldsymbol{v}_1, \ldots, \boldsymbol{v}_n) \setminus P(\boldsymbol{v}_1 + r\boldsymbol{v}_2, \ldots, \boldsymbol{v}_n) \\ &\quad = \left\{ a_1\boldsymbol{v}_1 + a_2\boldsymbol{v}_2 + \cdots + a_n\boldsymbol{v}_n \,\middle|\, \begin{array}{c} 0 \leqq a_1, a_3, \ldots, a_n \leqq 1 \\ 0 \leqq a_2 < a_1r \end{array} \right\} \end{aligned}$$

となる．

$$S_1 = \left\{ a_1\boldsymbol{v}_1 + a_2\boldsymbol{v}_2 + \cdots + a_n\boldsymbol{v}_n \,\middle|\, \begin{matrix} 0 \leqq a_1, a_3, \ldots, a_n \leqq 1 \\ 0 \leqq a_2 \leqq a_1 r \end{matrix} \right\},$$

$$S_2 = P(\boldsymbol{v}_1 + r\boldsymbol{v}_2, \ldots, \boldsymbol{v}_n) \cap P(\boldsymbol{v}_1, \ldots, \boldsymbol{v}_n),$$

$$S_3 = \left\{ a_1\boldsymbol{v}_1 + a_2\boldsymbol{v}_2 + \cdots + a_n\boldsymbol{v}_n \,\middle|\, \begin{matrix} 0 \leqq a_1, a_3, \ldots, a_n \leqq 1 \\ 1 \leqq a_2 \leqq 1 + a_1 r \end{matrix} \right\}$$

とおくと

$$P(\boldsymbol{v}_1, \ldots, \boldsymbol{v}_n) = S_1 \cup S_2, \quad P(\boldsymbol{v}_1 + r\boldsymbol{v}_2, \ldots, \boldsymbol{v}_n) = S_2 \cup S_3$$

であり，$S_1 \cap S_2$, $S_1 \cap S_3$ は超平面に含まれ，$S_3 = S_1 + \boldsymbol{v}_2$ となる．

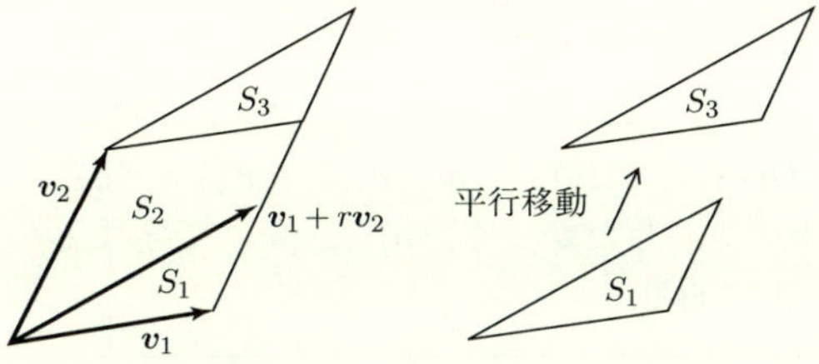

よって

$$\begin{aligned} M(\boldsymbol{v}_1 + r\boldsymbol{v}_2, \ldots, \boldsymbol{v}_n) &= \mathrm{vol}(S_2) + \mathrm{vol}(S_3) = \mathrm{vol}(S_2) + \mathrm{vol}(S_1) \\ &= M(\boldsymbol{v}_1, \ldots, \boldsymbol{v}_n) \end{aligned}$$

である．

$$\det(\boldsymbol{v}_1 + r\boldsymbol{v}_2, \ldots, \boldsymbol{v}_n) = \det(\boldsymbol{v}_1, \ldots, \boldsymbol{v}_n)$$

なので，$\mathrm{sign}(\boldsymbol{v}_1 + r\boldsymbol{v}_2, \ldots, \boldsymbol{v}_n) = \mathrm{sign}(\boldsymbol{v}_1, \ldots, \boldsymbol{v}_n)$. したがって，

$$D(\boldsymbol{v}_1 + r\boldsymbol{v}_2, \ldots, \boldsymbol{v}_n) = D(\boldsymbol{v}_1, \ldots, \boldsymbol{v}_n)$$

となる．

$r > 0$ が任意の正の実数なら，有限個の実数 $0 < r_1, \ldots, r_m < 1$ が存在して $r = r_1 + \cdots + r_m$ となる．したがって，

$$\begin{aligned} D(\boldsymbol{v}_1 + (r_1 + \cdots + r_m)\boldsymbol{v}_2, \ldots, \boldsymbol{v}_n) &= D(\boldsymbol{v}_1 + (r_1 + \cdots + r_{m-1})\boldsymbol{v}_2, \ldots, \boldsymbol{v}_n) \\ &= \cdots = D(\boldsymbol{v}_1, \ldots, \boldsymbol{v}_n). \end{aligned}$$

(b) $\boldsymbol{v}_1'$ が一般の場合

$\boldsymbol{v}_1, \ldots, \boldsymbol{v}_n$ は1次独立なので，$\mathbb{R}^n$ の基底である．よって $a_1, \ldots, a_n \in \mathbb{R}$ があり，$\boldsymbol{v}_1' = a_1\boldsymbol{v}_1 + \cdots + a_n\boldsymbol{v}_n$ となる．$a_1 \neq 0$ と仮定してよい．$a_1 \neq -1$ なら，

$$\begin{aligned} D(\boldsymbol{v}_1 + \boldsymbol{v}_1', \ldots, \boldsymbol{v}_n) &= D((1+a_1)\boldsymbol{v}_1 + \cdots + a_n\boldsymbol{v}_n, \ldots, \boldsymbol{v}_n) \\ &= D((1+a_1)\boldsymbol{v}_1, \ldots, \boldsymbol{v}_n) = (1+a_1)D(\boldsymbol{v}_1, \ldots, \boldsymbol{v}_n) \\ &= D(\boldsymbol{v}_1, \ldots, \boldsymbol{v}_n) + a_1 D(\boldsymbol{v}_1, \ldots, \boldsymbol{v}_n) \\ &= D(\boldsymbol{v}_1, \ldots, \boldsymbol{v}_n) + D(a_1\boldsymbol{v}_1, \ldots, \boldsymbol{v}_n) \\ &= D(\boldsymbol{v}_1, \ldots, \boldsymbol{v}_n) + D(a_1\boldsymbol{v}_1 + \cdots + a_n\boldsymbol{v}_n, \ldots, \boldsymbol{v}_n) \\ &= D(\boldsymbol{v}_1, \ldots, \boldsymbol{v}_n) + D(\boldsymbol{v}_1', \ldots, \boldsymbol{v}_n) \end{aligned}$$

となる．$a_1 = -1$ の場合もほぼ同様な考察で証明できる．これで定理の証明が完了した．□

定理 4.9.11. $D(\boldsymbol{v}_1, \ldots, \boldsymbol{v}_n) = \det(\boldsymbol{v}_1, \ldots, \boldsymbol{v}_n)$ が任意の $\boldsymbol{v}_1, \ldots, \boldsymbol{v}_n \in \mathbb{R}^n$ に対し成り立つ．したがって，$\boldsymbol{v}_1, \ldots, \boldsymbol{v}_n$ で定まる平行体の体積は $|\det(\boldsymbol{v}_1, \ldots, \boldsymbol{v}_n)|$ である．

証明. $D(\boldsymbol{v}_1, \ldots, \boldsymbol{v}_n)$ が定理 3.4.3 の条件 (1)–(4) を満たすことを示せばよい．(1) はすでに示した．$I_n = (\mathbb{e}_1 \ \cdots \ \mathbb{e}_n)$ に対応する平行体は

$$\{[x_1, \ldots, x_n] \mid \forall i \ \ 0 \leqq x_i \leqq 1\} = [0,1] \times \cdots \times [0,1]$$

なので，命題 4.9.5(1) により $M(\mathbb{e}_1, \ldots, \mathbb{e}_n) = 1$ である．$\det I_n = 1 > 0$ なので (2) が示せた．

$i \neq j$ に対し $\boldsymbol{v}_i = \boldsymbol{v}_j$ なら，定理 4.9.8(2) より $D(\boldsymbol{v}_1, \ldots, \boldsymbol{v}_n) = 0$ である．よって (4) がわかる．

τ が互換のとき (3) を示す．まず $\tau = (1\,2)$ の場合を考える．すでに線形性は示したので，

$$\begin{aligned} 0 &= D(\boldsymbol{v}_1 + \boldsymbol{v}_2, \boldsymbol{v}_1 + \boldsymbol{v}_2, \boldsymbol{v}_3, \ldots, \boldsymbol{v}_n) \\ &= D(\boldsymbol{v}_1, \boldsymbol{v}_1, \boldsymbol{v}_3, \ldots, \boldsymbol{v}_n) + D(\boldsymbol{v}_2, \boldsymbol{v}_2, \boldsymbol{v}_3, \ldots, \boldsymbol{v}_n) \\ &\quad + D(\boldsymbol{v}_1, \boldsymbol{v}_2, \boldsymbol{v}_3, \ldots, \boldsymbol{v}_n) + D(\boldsymbol{v}_2, \boldsymbol{v}_1, \boldsymbol{v}_3, \ldots, \boldsymbol{v}_n) \\ &= D(\boldsymbol{v}_1, \boldsymbol{v}_2, \boldsymbol{v}_3, \ldots, \boldsymbol{v}_n) + D(\boldsymbol{v}_2, \boldsymbol{v}_1, \boldsymbol{v}_3, \ldots, \boldsymbol{v}_n) \end{aligned}$$

である．よって

$$D(\boldsymbol{v}_1,\dots,\boldsymbol{v}_n) = -D(\boldsymbol{v}_2,\boldsymbol{v}_1,\boldsymbol{v}_3,\dots,\boldsymbol{v}_n)$$

である．命題 3.2.10(1) より $\mathrm{sgn}((1\,2)) = -1$ なので，$\tau = (1\,2)$ の場合に (3) が示せた．τ が他の互換の場合も議論は同様である．$\tau \in \mathfrak{S}_n$ なら，命題 3.2.10(2) より $\tau = \tau_1 \cdots \tau_m$ と互換の積に書ける．$\tau' = \tau_2 \cdots \tau_m$ とおくと，$\boldsymbol{w}_i = \boldsymbol{v}_{\tau'(i)}$ なら $\boldsymbol{w}_{\tau_1(i)} = \boldsymbol{v}_{\tau'(\tau_1(i))} = \boldsymbol{v}_{\tau_1\tau'(i)} = \boldsymbol{v}_{\tau(i)}$ なので，

$$D(\boldsymbol{v}_{\tau(1)},\dots,\boldsymbol{v}_{\tau(n)}) = \mathrm{sgn}(\tau_1) D(\boldsymbol{v}_{\tau'(1)},\dots,\boldsymbol{v}_{\tau'(n)})$$

となる．これを繰り返し使うことにより

$$\begin{aligned} D(\boldsymbol{v}_{\tau(1)},\dots,\boldsymbol{v}_{\tau(n)}) &= \mathrm{sgn}(\tau_1)\cdots\mathrm{sgn}(\tau_m) D(\boldsymbol{v}_1,\dots,\boldsymbol{v}_n) \\ &= \mathrm{sgn}(\tau) D(\boldsymbol{v}_1,\dots,\boldsymbol{v}_n) \end{aligned}$$

となる．これで (3) が示せたので定理の証明が完了した．□

注 4.9.12. A を正則な n 次正方行列，$I = [0,1] \times \cdots \times [0,1]$ とする．$\mathrm{vol}(*)$ がルベーグ測度なら，$X \subset \mathbb{R}^n$ に対し

$$X \to \mathrm{vol}(T_A(I))^{-1}\mathrm{vol}(T_A(X))$$

と対応させると，これは命題 4.9.5(1)–(4) を満たす．ルベーグ測度の一意性より，

$$\mathrm{vol}(T_A(I))^{-1}\mathrm{vol}(T_A(X)) = \mathrm{vol}(X) \implies \mathrm{vol}(T_A(X)) = \mathrm{vol}(T_A(I))\mathrm{vol}(X)$$

である．$\mathrm{vol}(T_A(I))$ は A に対応する平行体の体積である．$T_{AB} = T_A \circ T_B$ なので，

$$\begin{aligned} \mathrm{vol}(T_{AB}(I)) &= \mathrm{vol}(T_{AB}(X))\mathrm{vol}(X)^{-1} = \mathrm{vol}(T_A(I))\mathrm{vol}(T_B(X))\mathrm{vol}(X)^{-1} \\ &= \mathrm{vol}(T_A(I))\mathrm{vol}(T_B(I)) \end{aligned}$$

である．したがって，$\mathrm{vol}(T_A(I)) = |\det A|$ であることを基本行列の場合に帰着して証明することもできる．基本行列が (1.9.6) の $R_{ij}(c)$ や $T_i(c)$ のときには，その議論はそれぞれ定理 4.9.8 の (4.9.10), (4.9.9) の証明と同様である．だから，この方法でも，結局 (4.9.10) の証明のような『切り貼り』などをしなければならない．

2章で解説した平行六面体の体積の求めかたは,『体積は底面の面積 (体積) × 高さ』という方針の証明をもとにしていた.このアプローチでは2つの方法が考えられる.1つは小学校で平行四辺形の面積を学んだときのように,平行体を切り貼りして直方体を作る方法と,積分を利用する方法である.どちらにしろ,(8章の演習問題にするが) 次の命題を示す必要がある.

命題 4.9.13. $\{[x_1, \ldots, x_{n-1}, 0] \in \mathbb{R}^n \mid x_1, \ldots, x_{n-1} \in \mathbb{R}\}$ を $\mathbb{R}^{n-1}$ と同一視する.$\boldsymbol{v}_1, \ldots, \boldsymbol{v}_{n-1} \in \mathbb{R}^n$ のとき直交行列 (定義 8.3.3 参照) A があり,$A\boldsymbol{v}_1, \ldots, A\boldsymbol{v}_{n-1} \in \mathbb{R}^{n-1}$ となる.

このことを使うと,$P(\boldsymbol{v}_1, \ldots, \boldsymbol{v}_{n-1})$ を $P(\boldsymbol{v}_1, \ldots, \boldsymbol{v}_n)$ の底面とみなすことができる.その体積の計算には次元 $n-1$ の行列式が使える.なお,この時点で (やはり証明しないが) 次の命題も使っている.

命題 4.9.14. 体積は直交行列で変わらない.

さて,ここで平行体の底面は $\mathbb{R}^{n-1}$ に含まれ,『高さ』は $\boldsymbol{v}_n$ の第 n 成分である.余因子展開を使うと,$\det(\boldsymbol{v}_1, \ldots, \boldsymbol{v}_{n-1})$ と $\boldsymbol{v}_n$ の第 n 成分の積は $\det(\boldsymbol{v}_1, \ldots, \boldsymbol{v}_n)$ と符号しか違わない.だから体積が『底面の体積 × 高さ』であることが成り立てばよい.これも証明するとしたら,切り貼りの場合は結局定理 4.9.8 の証明のようなことを行うことになる.平行体を薄くスライスすれば積分の議論が使えるが,その場合でも結局命題 4.9.5(2) は使うことになる.

こうした事情から,命題 4.9.5 は使うが,命題 4.9.14 には依存しない方法を採用した.命題 4.9.5 で (2) 以外の部分はやさしい.命題 4.9.5(2) はいずれの方法でも使わなければならないが,多面体に限れば比較的初等的に証明でき,測度論で集合が可算個ある場合に証明するよりは簡単である.

しかし,歴史的に行列式の発見は『体積は底面の面積 × 高さ』というようなナイーブな考察によってもたらされたものであろうから,このような考察も重要である.ただ,さまざまな概念が確定した現在では,このことを厳密に考察しておくのも悪くないと思う. ◇

4章の演習問題

[A]

4.1. $T : \mathbb{R}^2 \to \mathrm{M}(2,2)_{\mathbb{R}}$ は線形写像で,

$$T([1,0]) = \begin{pmatrix} 1 & 2 \\ 3 & 4 \end{pmatrix}, \quad T([0,1]) = \begin{pmatrix} 5 & 6 \\ 7 & 8 \end{pmatrix}$$

だとする. $T([-2,5])$ を求めよ.

4.2. 次の写像を T_A という形で表すことにより, 線形写像であることを示せ.

(1) $T : \mathbb{R}^2 \to \mathbb{R}^3$, $T([x_1, x_2]) = [2x_1 + 5x_2, -x_2, 3x_2 - 2x_1]$.

(2) $T : \mathbb{R}^3 \to \mathbb{R}^2$, $T([x_1, x_2, x_3]) = [2x_1 + 5x_2 - 3x_3, 5x_1 - 6x_3]$.

4.3. 次の部分集合を $\mathrm{Ker}(T_A)$, または $\langle S \rangle$ という形に表すことにより, 部分空間であることを示せ.

(1) $W = \{[x_1, x_2, x_3] \in \mathbb{R}^3 \mid 3x_3 - x_1 + 5x_2 = 0\} \subset \mathbb{R}^3$.

(2) $W = \{[x_1, x_2, x_3, x_4] \in \mathbb{C}^4 \mid 2x_1 + \sqrt{-1}x_3 + 2x_4 = 0,\ 3x_2 + x_4 = 0\} \subset \mathbb{C}^4$.

(3) $W = \{[8x_2 - 3x_1, 2x_1 - x_2, 5x_1 + 3x_2] \in \mathbb{R}^3 \mid x_1, x_2 \in \mathbb{R}\} \subset \mathbb{R}^3$.

(4) $W = \left\{ \begin{pmatrix} a+b & a - \sqrt{-1}b \\ a + \sqrt{-1}b & 2a - b \end{pmatrix} \middle| \ a, b \in \mathbb{C} \right\} \subset \mathrm{M}(2,2)_{\mathbb{C}}$.

4.4. 次の W が V の部分空間であることを証明するか, 反例をあげてそうでないことを示せ.

(1) $W = \{[x, y] \in \mathbb{R}^2 \mid x + y \geqq 0\} \subset V = \mathbb{R}^2$.

(2) $W = \{f \in C^\infty(\mathbb{R}) \mid f''(x) + f(x) = 0\} \subset V = C^\infty(\mathbb{R})$.

4.5. 次の (1)–(4) について, $\boldsymbol{v}$ が S の1次結合かどうか判定し, もしそうなら1次結合として表せ.

(1) $S = \left\{ \begin{pmatrix} 2 \\ 1 \end{pmatrix}, \begin{pmatrix} 3 \\ 2 \end{pmatrix} \right\}$, $\boldsymbol{v} = \begin{pmatrix} 5 \\ 6 \end{pmatrix}$.　(2) $S = \left\{ \begin{pmatrix} 1 \\ 2 \\ 3 \end{pmatrix}, \begin{pmatrix} 2 \\ 3 \\ 5 \end{pmatrix} \right\}$, $\boldsymbol{v} = \begin{pmatrix} 4 \\ 2 \\ 1 \end{pmatrix}$.

(3) $S = \left\{ \begin{pmatrix} 2 \\ 1 \\ 1 \end{pmatrix}, \begin{pmatrix} 5 \\ 2 \\ 3 \end{pmatrix}, \begin{pmatrix} -3 \\ 5 \\ 4 \end{pmatrix} \right\}$, $\boldsymbol{v} = \begin{pmatrix} 9 \\ 10 \\ 11 \end{pmatrix}$.

(4) $S = \left\{ \begin{pmatrix} 5 \\ 3 \\ 1 \end{pmatrix}, \begin{pmatrix} 5 \\ 7 \\ 2 \end{pmatrix}, \begin{pmatrix} 3 \\ 5 \\ 2 \end{pmatrix} \right\}$, $\boldsymbol{v} = \begin{pmatrix} 8 \\ 4 \\ 2 \end{pmatrix}$.

4.6. $A = (\boldsymbol{v}_1 \ \cdots \ \boldsymbol{v}_5)$ が以下の (a)–(d) であるとする.

(a) $\begin{pmatrix} 2 & 5 & 11 & -5 & 7 \\ 1 & 2 & 4 & -2 & 3 \\ 3 & 7 & 15 & -6 & 7 \end{pmatrix}$　(b) $\begin{pmatrix} 2 & 8 & 3 & 4 & -1 \\ 3 & 10 & -1 & 4 & -7 \\ 1 & 3 & -1 & 1 & -2 \end{pmatrix}$

(c) $\begin{pmatrix} 2 & 5 & -8 & 5 & 13 \\ 1 & 2 & -3 & 2 & 5 \\ -3 & -4 & 5 & -3 & -1 \end{pmatrix}$　(d) $\begin{pmatrix} 21 & 12 & 35 & -27 & 14 \\ 52 & 45 & 28 & -72 & 75 \\ -43 & -16 & -59 & 37 & -41 \\ 71 & 62 & 29 & -21 & 33 \end{pmatrix}$

各々の場合について以下の問いに答えよ．ただし，(d) については Maple を用いて答えよ．

(1) A の rref を求めよ．

(2) $N(A)$ の基底を求めよ．

(3) $\{\boldsymbol{v}_1, \ldots, \boldsymbol{v}_5\}$ の部分集合で $C(A)$ の基底になるものを 1 つ求めよ．

(4) A の階数を求めよ．

(5) $\boldsymbol{v}_1, \ldots, \boldsymbol{v}_5$ を (3) で求めた $C(A)$ の基底の 1 次結合で表せ．

4.7. 以下の主張の真偽を理由つきで判定せよ．

(1) $S \subset \mathbb{R}^5$ が 1 次従属なら，S の任意の部分集合は 1 次従属である．

(2) $\boldsymbol{v}_1, \boldsymbol{v}_2 \in \mathbb{R}^5$ が互いのスカラー倍ではないとする．このとき，$\{\boldsymbol{v}_1, \boldsymbol{v}_2\}$ を含む $\mathbb{R}^5$ の基底がある．

(3) $S = \{\boldsymbol{v}_1, \boldsymbol{v}_2, \boldsymbol{v}_3\} \subset \mathbb{R}^3$ が $\mathbb{R}^3$ を張るなら，$\{\boldsymbol{v}_1, \boldsymbol{v}_3\}$ に自明でない線形関係はない．

(4) 部分空間 $W \subset \mathbb{R}^5$ は位数 7 の部分集合 S で張られている．このとき，S は 1 次従属である．

(5) $\mathrm{M}(2,2)_{\mathbb{R}}$ の位数 3 の部分集合は $\mathbb{R}$ 上 1 次独立である．

(6) $A = (\boldsymbol{v}_1 \ \cdots \ \boldsymbol{v}_5)$ は $\mathrm{M}(5,5)_{\mathbb{R}}$ の元で，その列ベクトル $\{\boldsymbol{v}_1, \ldots, \boldsymbol{v}_5\}$ は 1 次独立であるとする．このとき，$\{A\}$ は $\mathrm{M}(5,5)_{\mathbb{R}}$ の 5 次元の部分空間を張る．

(7) 部分空間 $W \subset \mathbb{R}^5$ は位数 5 の部分集合 S で張られている．このとき，S は 1 次独立である．

(8) $W \subset \mathbb{R}^5$ が部分空間なら，$\dim W < 5$ である．

(9) $S \subset \mathbb{R}^5$ の位数が 7 なら，S の部分集合で $\mathbb{R}^5$ の基底になるものがある．

(10) $S = \{\boldsymbol{v}_1, \boldsymbol{v}_2, \boldsymbol{v}_3, \boldsymbol{v}_4, \boldsymbol{v}_5\} \subset \mathbb{R}^5$ で $\{\boldsymbol{v}_1, \boldsymbol{v}_3, \boldsymbol{v}_5\}$ は 1 次独立，S は 1 次従属とする．このとき，$\mathbb{R}^5$ の基底で $\{\boldsymbol{v}_1, \boldsymbol{v}_3, \boldsymbol{v}_5\}$ を含むものがある．

(11) $\{\boldsymbol{v}_1, \boldsymbol{v}_2, \boldsymbol{v}_3, \boldsymbol{v}_4\} \subset \mathbb{R}^5$ が $W \subset \mathbb{R}^5$ を張るなら，$\{\boldsymbol{v}_1, \boldsymbol{v}_2, \boldsymbol{v}_3, \boldsymbol{v}_4\}$ の部分集合で W の基底になるものがある．

(12) $\{\boldsymbol{v}_1, \boldsymbol{v}_2, \boldsymbol{v}_3\} \subset \mathbb{R}^4$ が次元 2 の部分空間を張るなら，$\{\boldsymbol{v}_1, \boldsymbol{v}_2, \boldsymbol{v}_3\}$ は $\mathbb{R}^4$ の基底には拡張できない．

(13) $\{\boldsymbol{v}_1, \boldsymbol{v}_2, \boldsymbol{v}_3, \boldsymbol{v}_4, \boldsymbol{v}_5\} \in \mathbb{R}^5$ が 1 次独立なら，$\mathbb{R}^5$ のベクトルで第 1 成分が 0 でないものは $\boldsymbol{v}_1, \ldots, \boldsymbol{v}_5$ の 1 次結合になる．

(14) 位数 k の $\mathbb{R}^5$ の部分集合が次元 4 の部分空間を張るなら，$k \leqq 4$ である．

(15) $S = \{\boldsymbol{v}_1, \ldots, \boldsymbol{v}_4\} \subset \mathbb{C}^4$ が $\mathbb{C}^4$ を張るなら，$\{\sqrt{-1}\boldsymbol{v}_1, \boldsymbol{v}_2, \boldsymbol{v}_3, \boldsymbol{v}_4\}$ は 1 次独立である．

[B]

4.8. (1) $X, Y \subset V$ がベクトル空間 V の部分空間なら，$X \cap Y$ も部分空間であることを証明せよ．

(2) $X, Y \subset K^n$ は部分空間とする．$X \cap Y$ の基底 $S_0 = \{\boldsymbol{v}_1, \ldots, \boldsymbol{v}_a\}$ を拡張して X, Y の基底 $S_1 = \{\boldsymbol{v}_1, \ldots, \boldsymbol{v}_a, \boldsymbol{x}_1, \ldots, \boldsymbol{x}_b\}$, $S_2 = \{\boldsymbol{v}_1, \ldots, \boldsymbol{v}_a, \boldsymbol{y}_1, \ldots, \boldsymbol{y}_c\}$ をつくる．このとき，$\{\boldsymbol{v}_1, \ldots, \boldsymbol{v}_a, \boldsymbol{x}_1, \ldots, \boldsymbol{x}_b, \boldsymbol{y}_1, \ldots, \boldsymbol{y}_c\}$ は $X + Y$ (定義 4.5.15 参照) の基底になることを証明せよ．

(3) (2) の状況で $\dim(X + Y) = \dim X + \dim Y - \dim(X \cap Y)$ であることを示せ．

4.9. (1) A, B が行列で積 AB が定義できるとする．このとき，$\mathrm{rk}(AB) \leqq \mathrm{rk}\, A, \mathrm{rk}\, B$ であることを証明せよ．

(2) $m < n$, $A \in \mathrm{M}(m, n)_K$, $B \in \mathrm{M}(n, m)_K$ なら，$AB = I_n$ とはならないことを証明せよ．

4.10. A, B をサイズが同じ行列とする．このとき，$\mathrm{rk}(A + B) \leqq \mathrm{rk}\, A + \mathrm{rk}\, B$ であることを証明せよ．また，$\mathrm{rk}\, A, \mathrm{rk}\, B > 0$ であり，等号が成り立つ例をあげよ．

4.11. (1) $S = \{\boldsymbol{v}_1, \ldots, \boldsymbol{v}_m\} \subset \mathbb{R}^n \subset \mathbb{C}^n$ とするとき，S が $\mathbb{R}$ 上 1 次独立であることと，$\mathbb{C}$ 上 1 次独立であることは同値であることを証明せよ．

(2) $S = \{\boldsymbol{v}_1, \ldots, \boldsymbol{v}_m\} \subset \mathbb{C}^n$ とするとき，S が $\mathbb{R}$ 上 1 次独立であることと，$\mathbb{C}$ 上 1 次独立であることが同値ではないことを反例により示せ．

4.12. $W \subset \mathbb{C}^n$ は部分空間で『$\boldsymbol{v} \in W$ なら，その共役 $\overline{\boldsymbol{v}}$ も W の元である』という性質をもつとする．このとき，W の基底として $\mathbb{R}^n$ の元よりなるものがあることを証明せよ．

4.13 (ロンスキアン (Wronskian)). $f_1, \ldots, f_n \in C^\infty(\mathbb{R})$ とするとき，

$$W(f_1, \ldots, f_n)(x) = \det \begin{pmatrix} f_1(x) & \cdots & f_n(x) \\ f_1'(x) & \cdots & f_n'(x) \\ \vdots & \vdots & \vdots \\ f_1^{(n-1)}(x) & \cdots & f_n^{(n-1)}(x) \end{pmatrix}$$

と定義する．$W(f_1, \ldots, f_n)$ も $C^\infty(\mathbb{R})$ の元であり，これを $f_1, \ldots, f_n$ のロンスキアン (Wronskian) という．

(1) $W(f_1, \ldots, f_n)$ が恒等的に 0 でないなら，$f_1, \ldots, f_n$ は 1 次独立であることを証明せよ．

(2) $\{e^x, xe^x, e^{2x}\}$ が 1 次独立であることを示せ．

4.14. $g \in C^\infty(\mathbb{R})$ で $(-\infty, -1], [1, \infty)$ では 0，$[-\frac{1}{2}, \frac{1}{2}]$ では恒等的に 1 であるものが存在することは認める．このとき，$f_1(x) = g(x)$, $f_2(x) = g(x-2)$ とおくと $\{f_1, f_2\}$ は 1 次独立だが $W(f_1, f_2)(x) = \mathbf{0}$ であることを証明せよ．

5章　一般の体上のベクトル空間⋆

4 章では $K = \mathbb{R}, \mathbb{C}$ 上のベクトル空間で，主に K^n とその部分空間を扱ったが，ここでは一般の体上のベクトル空間を考察する．また，$K = \mathbb{R}, \mathbb{C}$ の場合にも，部分空間や関数の空間について，4 章より詳しい解説をする．

5.1　群・環・体の定義

群・環・体といった抽象代数の概念は，アーベルやガロアによる，5 次方程式の根号による解の公式が存在しないことの証明に初めて使われた．ここでは体を定義するために群・環も定義する必要があるので，それらも定義し，最小限の例を考察することにする．群・環・体の詳しい理論は，数学専攻の読者なら学部の後半に学ぶことになるだろう．

定義 5.1.1. G を集合とする．写像 $\phi: G \times G \to G$ が定義されていて次の性質を満たすとき，G を**群**という．(以下，$\phi(a,b)$ を ab と書き，**積**という．)

(1) **単位元**とよばれる元 $e \in G$ があり，すべての $a \in G$ に対し $ae = ea = a$ となる．

(2) すべての $a \in G$ に対しある $b \in G$ が存在し，$ab = ba = e$ となる．この元 b は a の**逆元**とよばれ，a^{-1} と書く．

(3) すべての $a, b, c \in G$ に対し $(ab)c = a(bc)$ が成り立つ．　◇

群というのは，要するに，1 つの演算が定義されていて，順当な性質を満たしているもののことである．

注 5.1.2. 上の定義で単位元，逆元は一意的である．なぜなら，e' も (1) の性質を満たせば，$ee' = e$ (e' 単位元) $= e'$ (e 単位元) となり，単位元の一意性がわかる．また，b' が (2) の性質を満たせば，$b = (b'a)b = b'(ab) = b'$ となるので，b の一意性がわかる．(3) の性質は**結合法則**とよばれるが，要するに積の順序を前後させなければ，積は順序によらないということを主張している．また，この積のことを群の**演算**ともいう．群の演算が $(ab)^{-1} = b^{-1}a^{-1}$, $(a^{-1})^{-1} = a$ などの性質を満たすことは行列の場合と同じである． ◇

G が群であり，$ab = ba$ がすべての $a, b \in G$ に対して成り立てば，G を**可換群**，**加法群**，あるいは**加群**という．可換群の場合，積のことを『和』とよぶこともある．可換群でなければ**非可換群**という．$a \in G$, $n \in \mathbb{N}$ に対し

$$a^0 = e, \qquad \overbrace{a \cdots a}^{n} = a^n, \qquad a^{-n} = (a^n)^{-1}$$

と定義する．

例 5.1.3. $\mathbb{Z}, \mathbb{Q}, \mathbb{R}, \mathbb{C}$ は通常の加法について可換群で，単位元は 0，x の逆元は $-x$ である．この場合 x^n に対応するのは nx である． ◇

例 5.1.4. 定義 3.2.1 以下で定義した $\mathfrak{S}_n$ は群である．この群を n **次対称群**という． ◇

例 5.1.5. $\mathbb{Q} \setminus \{0\}$, $\mathbb{R} \setminus \{0\}$, $\mathbb{C} \setminus \{0\}$ は通常の乗法について可換群で，単位元は 1，x の逆元は x^{-1} である．けれども $\mathbb{Z} \setminus \{0\}$ は $\frac{1}{2} \notin \mathbb{Z}$ なので，乗法については群にならない． ◇

群の概念に慣れるために次の問題を考えてみよう．

問題 5.1.6. G は群で $x, y, z \in G$ であり，$xy^{-1}zxyx = e$ とする．このとき，z を x, y で表せ．

解答.
$$z = (yx^{-1})(xy^{-1}zxyx)(x^{-1}y^{-1}x^{-1}) = (yx^{-1})(x^{-1}y^{-1}x^{-1})$$
$$= yx^{-2}y^{-1}x^{-1}.$$
□

次に環の概念を定義する．

定義 5.1.7. 集合 R に 2 つの演算 $+$ と $\cdot$ (これを加法，乗法，あるいは和，積という) が定義されていて，次の性質を満たすとき，R を**環**という．以下，$a \cdot b$ の代わりに ab と書く．

(1) R は $+$ に関して可換群になる．

(2) すべての $a, b, c \in R$ に対し $(ab)c = a(bc)$ が成り立つ．

(3) 乗法と加法に関して分配法則が成り立つ．つまり，すべての $a, b, c \in R$ に対し，

$$a(b + c) = ab + ac, \quad (a + b)c = ac + bc$$

が成り立つ．

(4) 乗法についての単位元 1 がある．つまり，$1a = a1 = a$ がすべての $a \in R$ に対して成り立つ． ◇

注 5.1.8. (4) は仮定しない流儀もある．また，リー群論という分野で『例外型リー群』というものがあるが，その構成などでは (2) も仮定しない環を使う場合もある．

環というのは，要するに，2 つの演算が定義されていて，1 つの演算に関しては可換群であり，2 つの演算に分配法則などの整合性があるものである．

R が環であるとき，その乗法がすべての $a, b \in R$ に対し $ab = ba$ という条件を満たすとき，R を**可換環**という．また $a \in R$ に対し $b \in R$ で $ab = ba = 1$ である元があれば，b を a の**逆元**といい a^{-1} と書く．a^{-1} が a によって一意的に定まることは注 5.1.2 と同様である．a^{-1} が存在するとき，a を**可逆元**という．R の可逆元全体の集合を $R^{\times}$ と書く．$R^{\times}$ は R の乗法に関して群になる．これを R の**乗法群**という．

例 5.1.9. $\mathbb{Z}$, $\mathbb{R}$, $\mathbb{C}$, $\mathrm{M}(n,n)_{\mathbb{R}}$ はすべて環の例である．この中で $\mathrm{M}(n,n)_{\mathbb{R}}$ だけが可換でない．$\mathbb{Z}^{\times} = \{\pm 1\}$, $\mathbb{R}^{\times} = \mathbb{R} \setminus \{0\}$, $\mathbb{C}^{\times} = \mathbb{C} \setminus \{0\}$ である．$\mathrm{M}(n,n)_{\mathbb{R}}$ の乗法群は $n \times n$ 正則行列よりなり，非可換群である． ◇

定義 5.1.10. 集合 K に 2 つの演算 $+$ と $\cdot$ (加法，乗法) が定義されていて，次の条件を満たすとき K を**体**という．

(1) これらの演算に関して K は環になる．

(2) 任意の $K \ni a \neq 0$ が乗法に関して可逆元である．

(3) $1 \neq 0$. ◇

要するに，0 で割る以外の加減乗除ができる集合が体である． K が体であるとき，環として可換なら可換体という．**以降は体といえば可換体を意味し，そうでない体のことは斜体ということにする．**

例 5.1.11. $\mathbb{Z}$ は通常の加法と乗法により環だが，$\frac{1}{2} \notin \mathbb{Z}$ なので，体ではない． ◇

例 5.1.12. $\mathbb{Q}, \mathbb{R}, \mathbb{C}$ は通常の加法と乗法により体であり，それぞれ**有理数体，実数体，複素数体**という． ◇

例 5.1.13. $\mathbb{C}(x)$ を変数 x の有理関数全体の集合とする．通常の加法と乗法を考えると，有理関数 $f(x)/g(x)$ が 0 でないのは $f(x) \neq 0$ のときなので，

$g(x)/f(x)$ が逆元である．よって $\mathbb{C}(x)$ は体になる．これを $\mathbb{C}$ 上の **1 変数有理関数体**という．同様にして，n 変数の有理関数体も考えることができる． ◇

例 5.1.14.

$$\mathbb{Q}(\sqrt{-1}) = \{x + y\sqrt{-1} \mid x, y \in \mathbb{Q}\}$$

とおく．$\mathbb{Q}(\sqrt{-1}) \subset \mathbb{C}$ だから，$\mathbb{C}$ の加法と乗法を考えると，

$$(x_1 + y_1\sqrt{-1}) + (x_2 + y_2\sqrt{-1}) = (x_1 + x_2) + (y_1 + y_2)\sqrt{-1},$$
$$(x_1 + y_1\sqrt{-1})(x_2 + y_2\sqrt{-1}) = (x_1x_2 - y_1y_2) + (x_1y_2 + x_2y_1)\sqrt{-1}$$

となり，演算の結果が $\mathbb{Q}(\sqrt{-1})$ の元なので，$\mathbb{Q}(\sqrt{-1})$ は環である．

$x + y\sqrt{-1} \neq 0$ なら

$$(x + y\sqrt{-1})(x - y\sqrt{-1}) = x^2 + y^2 \neq 0$$

なので，$(x^2 + y^2)^{-1}(x - y\sqrt{-1})$ が $x + y\sqrt{-1}$ の逆元である．したがって，$\mathbb{Q}(\sqrt{-1})$ は体である． ◇

K を体とするとき，K 上の 1 変数多項式とは，形式和

$$f(x) = a_0 + \cdots + a_nx^n \qquad (a_0, \ldots, a_n \in K)$$

のことである．つまり，$g(x) = b_0 + \cdots + b_mx^m$ をもう一つの多項式とするとき，$f(x)$ と $g(x)$ が等しいとは，もし $m \leqq n$ なら $g(x) = b_0 + \cdots + b_mx^m + 0x^{m+1} + \cdots + 0x^n$ とみなして，$a_i = b_i$ がすべての i に対し成り立つということである．**これは $f(x) = g(x)$ であることの定義である．**また $f(x) \neq 0$ なら，$a_i \neq 0$ である最大の i を $f(x)$ の**次数**という．多項式の和，スカラー倍は，係数の和，スカラー倍によって定める．上のような f, g に対してその積を

$$f(x)g(x) = \sum_{i=0}^{n}\sum_{j=0}^{m} a_ib_jx^{i+j}$$

と定義する．$f(x), g(x)$ の次数が n, m なら，$f(x)g(x)$ の次数が $n + m$ であることは容易にわかる．$K[x]$ を，K を係数とする 1 変数 x の多項式よりなる集合とする．$K[x]$ が上の和と積によって環になることは容易にわかる．$K[x]$ を K 上の **1 変数多項式環**という．$\alpha \in K$ なら，α を $f(x)$ に代入して K の元 $f(\alpha)$ を得る．したがって，$K[x]$ の元は写像 $K \to K$ を定める．

定義 5.1.15. K を体とする．任意の K 係数の 1 変数多項式 $f(x) = x^n + a_1x^{n-1} + \cdots + a_n$ $(a_1, \ldots, a_n \in K)$ に対し $\alpha \in K$ が存在して $f(\alpha) = 0$ となるとき，K を**代数閉体**という． ◇

次の定理は代数学の基本定理とよばれ，ガウスによって証明された有名な定理である．その証明は非常に興味深いものだが，解析の知識を使うのでここでは述べない．

定理 5.1.16 (代数学の基本定理). $\mathbb{C}$ は代数閉体である．

命題 5.1.17. K を代数閉体，$f(x) = x^n + a_1x^{n-1} + \cdots + a_n$ $(a_1, \ldots, a_n \in K)$ を $K[x]$ の元とする．このとき，$\alpha_1, \ldots, \alpha_n \in K$ が存在し，

$$f(x) = (x - \alpha_1) \cdots (x - \alpha_n)$$

となる．

証明. 定義より，$\alpha_1 \in K$ が存在して $f(\alpha_1) = 0$ となる．すると $f(x)$ を $x - \alpha_1$ で割算して

$$f(x) = g(x)(x - \alpha_1) + c, \qquad g(x) \in K[x],\ c \in K$$

と表すことができる．$f(\alpha_1) = 0$ なので，$c = 0$ である．よって

$$f(x) = g(x)(x - \alpha_1)$$

となる．$g(x)$ の次数は $n - 1$ なので，これを繰り返せばよい． □

5.2 有限体

もう 1 つ重要な体の例がある．それは有限体というものだが，これが体であることを示すのはあたりまえではない．以下，有限体 $\mathbb{F}_p$ を定義し，それが体であることを証明する．

$p > 0$ を素数とする．このとき，集合としては $\mathbb{F}_p = \{0, 1, 2, \ldots, p - 1\}$ と定義する．

定義 5.2.1. $x, y \in \mathbb{F}_p$ とする.

(1) 整数として $x+y$ を考え，それを p で割った余りを $\mathbb{F}_p$ の元としての $x+y$ (多少記号の乱用になるが) と定義する.

(2) 整数として xy を考え，それを p で割った余りを $\mathbb{F}_p$ の元としての xy と定義する. ◇

例 5.2.2. (1) $\mathbb{F}_5$ においては

$$3+4=2, \quad 2\cdot 2=4, \quad 2\cdot 3=1, \quad 4\cdot 4=1$$

などが成り立つ. ◇

$\mathbb{F}_p$ が体になるということを証明するため補題を 1 つ証明するが，その証明のポイントは $\mathbb{Z}$ に割算の余りという概念があることである.

以下，次の補題を述べるために必要な記号，概念について述べる. $d \geqq 0$ を整数とするとき，

$$d\mathbb{Z} = \{dx \mid x \in \mathbb{Z}\}$$

と書く. $d\mathbb{Z}$ は d の倍数の集合である. また $S \subset \mathbb{Z}$ に対し『$x, y \in S$ なら $x+y \in S$ である』という条件が成り立つなら，S は『和で閉じている』という. この表現は『積で閉じている』,『スカラー倍で閉じている』，あるいは『-1 倍で閉じている』などという状況でも使う.

補題 5.2.3. S は $\mathbb{Z}$ の空でない部分集合で，和と -1 倍で閉じているとする. このとき，整数 $d \geqq 0$ があり，

$$S = d\mathbb{Z} = \{dx \mid x \in \mathbb{Z}\}$$

という形をしている.

証明. $S = \{0\}$ なら，$d=0$ とすればよい. だから $S \neq \{0\}$ と仮定する. $S \neq \emptyset$ なので，$x \in S$ とすると $-x, x+(-x)=0 \in S$ である. $S \neq \{0\}$ なので，$0 \neq x \in S$ とすると $-x \in S$ である. だから，S は正の整数を含むと仮定してよい. $x \in S$, $n>0$ が整数なら

$$nx = \overbrace{x+x+\cdots+x}^{n} \in S$$

なので，$nx \in S$ である. $n<0$ なら $-n>0$ なので，$-nx \in S$ である. よって $nx = -(-nx) \in S$ であり，$x\mathbb{Z} \subset S$ となる.

$$d = \min\{x \in S \mid x > 0\}$$

とおく．$\{x \in S \mid x > 0\} \neq \emptyset$ であり，x_0 がその1つの元なら，d は $1, \ldots, x_0$ と有限個の選択肢しかなくなるので，(極限などの問題がなくなり) d は well-defined となる．

$S = d\mathbb{Z}$ となることを示す．$y \in S$ とすると y を d で割り，$y = ad + r$ $(a \in \mathbb{Z},\ r \in \mathbb{Z},\ 0 \leqq r < d)$ とすることができる．$d \in S$ なので，上で示したことにより，$-ad \in S$, $r = y - ad \in S$ である．もし $r > 0$ なら，$d > r$ なので，これは d の定義に矛盾する．したがって，$r = 0$ である．つまり，$y = ad \in d\mathbb{Z}$ である．逆に $d\mathbb{Z} \subset S$ であることは上で示した．よって $S = d\mathbb{Z}$ である．□

定理 5.2.4. $\mathbb{F}_p$ は体である．

証明．以下の証明では，整数としての和は $x+y$，$\mathbb{F}_p$ の中での和は $x \dot{+} y$ と書く．

0 が $\dot{+}$ に関する単位元であることは明らかである．$0 \dot{+} 0 = 0$ なので，0 は和に関して自分自身の逆元である．$0 < i < p$ なら $0 < p - i < p$ であり，整数としては $i + (p - i) = p$ なので，これを p で割った余りは 0 である．よって $i \dot{+} (p - i) = 0$ となる．したがって，$p - i$ が i の，和に関する逆元である．

$x, y, z \in \mathbb{F}_p$ なら，$x + y = x \dot{+} y + pw_1$, $(x \dot{+} y) + z = (x \dot{+} y) \dot{+} z + pw_2$ となる $w_1, w_2 \in \mathbb{Z}$ がある．すると $x + y + z = (x \dot{+} y) \dot{+} z + p(w_1 + w_2)$ なので，$(x \dot{+} y) \dot{+} z$ は $x + y + z$ を p で割った余りである．同様に $x \dot{+} (y \dot{+} z)$ も $x + y + z$ を p で割った余りであることが示せるので，$(x \dot{+} y) \dot{+} z = x \dot{+} (y \dot{+} z)$ である．同様にして，積に関しての結合法則，積と和の分配法則も証明できる．

$0 < x < p$ なら，x が $\mathbb{F}_p$ で積に関して可逆であることを示す．

$$S = \{ax + bp \mid a, b \in \mathbb{Z}\}$$

とおく．$a, b, a', b' \in \mathbb{Z}$ なら，

$$(ax + bp) + (a'x + b'p) = (a + a')x + (b + b')p \in S,$$
$$-(ax + bp) = (-a)x + (-b)p \in S$$

である．よって補題 5.2.3 より $d > 0$ があり，$S = d\mathbb{Z}$ となる．$1x + 0p = x$, $0x + 1p = p \in S$ なので，$x, p \in d\mathbb{Z}$ となるが，これは x, p がともに d で割り切れるということを意味する．$0 < x < p$ なので，x は p を素因数にもたない．よって $d = 1$ である．したがって，$ax + bp = 1$ となる整数 a, b が存在する．$a = ep + f$, $e, f \in \mathbb{Z}$, $0 \leqq f < p$ とすると，$fx + (b + ex)p = 1$ である．よって fx を p で割った余りは 1 であり，f が x の逆元である．□

位数が有限の体を**有限体**という．有限体でない体は**無限体**という．$\mathbb{F}_p$ は有限体である．有限体の位数は素数べきであることが知られているが，ここでは $\mathbb{F}_p$ 以外の有限体については解説しないことにする．

例 5.2.5. $\mathbb{F}_2$ は 2 個の元 $0,1$ しかもたない体で，$-1=1$, $1^{-1}=1$ である．これを **2 元体**という．$\mathbb{R}$ や $\mathbb{C}$ とはずいぶん違うが，$\mathbb{F}_2$ は情報科学への応用上重要である． ◇

例 5.2.6. $\mathbb{F}_3$ では

$$1^{-1}=1, \qquad 2^{-1}=2$$

である．$\mathbb{F}_5$ では

$$1^{-1}=1, \qquad 2^{-1}=3, \qquad 3^{-1}=2, \qquad 4^{-1}=4$$

である． ◇

一般に R が環で $n>0$ が整数なら，

$$n\cdot 1=\overbrace{1+\cdots+1}^{n}$$

とおく．

補題 5.2.7. K を体とする．もし $n\cdot 1=0$ であるような正の整数 n が存在するなら，そのような n の中で最小のものは素数である．

証明. $n\cdot 1=0$ であるような正の整数の中で最小なものを $d>0$ とする．もし d が素数でなければ，$d=mn$, $1<m,n<d$ となる．

$$\overbrace{(1+\cdots+1)}^{m}\overbrace{(1+\cdots+1)}^{n}=\overbrace{1+\cdots+1}^{mn}$$

なので，$d\cdot 1=(m\cdot 1)(n\cdot 1)=0$ である．d のとりかたより，$m\cdot 1, n\cdot 1\neq 0$ である．体においては 0 でない元は逆元をもつから，

$$(n\cdot 1)=(m\cdot 1)^{-1}(m\cdot 1)(n\cdot 1)=(m\cdot 1)^{-1}\cdot 0=0$$

となり矛盾である．よって d は素数である． □

定義 5.2.8. K を体とする．

(1) もし $n\cdot 1=0$ となる正の整数 n がなければ，K の**標数**を 0 と定義する．

(2) もし $n \cdot 1 = 0$ となる正の整数 n があれば，そのような n の中で最小のもの $p > 0$ を K の**標数**という．K の標数を $\mathrm{ch}K$ と書く． ◇

上の (2) の p は素数である．$\mathbb{F}_p$ は標数 p の有限体である．$\mathbb{Q}, \mathbb{R}, \mathbb{C}$ はすべて標数 0 の体である．

なお，(2) で正の整数 n が $n \cdot 1 = 0$ を満たすなら，n は p の倍数である．なぜなら，もし n が p の倍数でなければ，定理 5.2.4 より整数 a, b が存在し，$ap + bn = 1$ となる．このとき，$1 = (ap) \cdot 1 + (bn) \cdot 1 = 0$ となるので，$1 = 0$ である．体の定義より $1 \neq 0$ なので，これは矛盾である．

5.3 符号理論

一般の体上のベクトル空間についてこれから解説するが，実数体や複素数体以外の体上のベクトル空間を考えることに意義はあるのだろうか？ もちろん純粋数学では，有理数体や複素数体上の有理関数体など，さまざまな体上のベクトル空間を日常的に使う．定義 5.2.1 の有限体はこのような体とはずいぶん違うが，符号理論への重要な応用をもつ．ここでは一般の体上のベクトル空間を考察する動機づけの一つとして，符号理論について解説する．

現代社会では，パソコンによる通信は一般的である．しかし，**電波は乱れることがある**にもかかわらず，ファイルのダウンロードなどは**大抵の場合正しく行われる**．これはテレビのデジタル放送でも同じことだが，その理由を考えてみよう．例えば，以下は雑音が入った会話の例である．

私: 「あきひ**こ**です」
相手: 「あきひ**と**ですか」
私: 「あきひ**こ**です」(大きい声)
相手: 「あきひ**と**ですか」(大きい声)
私: 「... 」

これでは通じない．どうしたらよいか？ このようなとき

私: 「あきひ**こ**です」
相手: 「あきひ**と**ですか」
私: 「あきひこのこは，**こおろぎのこ**です」

などと言うとよい．余分な事を加えると

「こおろぎ」⇒ **意味がある**

「とおろぎ」⇒ **意味がない**

となるので情報が正しく伝わる．

このように，元々の情報に余分な情報を加えて，ある程度ノイズが入っても情報が正しく伝わるようにすることを考える理論が符号理論である．なお，符号と暗号は違う．暗号は，情報を伝えるときに当事者以外は内容を理解できなくするものだが，符号では情報を隠すことは基本的に考えない．(もちろん暗号化された通信なら，符号と暗号を同時に使うことになるわけだが．)

それでは，実際にどのように符号を使うのかを理解するために，以下の『遊び』をする．2 進法を使うので，0 から 7 までの数を **0 と 1 だけで書く**．例えば

$$0 \to \mathbf{000} \qquad 1 \to \mathbf{001}$$

$$2 \to \mathbf{010} \qquad \cdots$$

である．

次に,「あいうえお...」を 2 つの 0 から 7 までの数字で表す．ただし,「ら」行,「わ」行,「ん」,「が」などは使わないことにする．

あ	0,1	い	0,2	う	0,3	え	0,4	お	0,5
か	1,1	き	1,2	く	1,3	け	1,4	こ	1,5
さ	2,1	し	2,2	す	2,3	せ	2,4	そ	2,5
た	3,1	ち	3,2	つ	3,3	て	3,4	と	3,5
な	4,1	に	4,2	ぬ	4,3	ね	4,4	の	4,5
は	5,1	ひ	5,2	ふ	5,3	へ	5,4	ほ	5,5
ま	6,1	み	6,2	む	6,3	め	6,4	も	6,5
や	7,1			ゆ	7,3			よ	7,5

もちろん，0 から 7 までの数を 3 つ使ったり，0,1 を 4 つ使い (4 ビットにする) 0 から 15 までの数字を使えるようにすれば，すべての文字を表せるが，これはあくまでも『遊び』なので，これで十分とする．

これらの数字に以下のように 3 つの 0,1 を加える．

数	A	B
0	0 0 0	0 0 0 0 0 0
1	0 0 1	0 0 1 0 1 1
2	0 1 0	0 1 0 1 1 1
3	0 1 1	0 1 1 1 0 0
4	1 0 0	1 0 0 1 0 1
5	1 0 1	1 0 1 1 1 0
6	1 1 0	1 1 0 0 1 0
7	1 1 1	1 1 1 0 0 1

B 欄の 3 つの余分な 0, 1 を加えたものを**符号語**という．どのようにしてこの表をつくったかは,『符号理論』に属することなのでここでは解説しないが，この表は次の性質を満たすことに着目する．

性質: 異なった数に対応する符号語は少なくとも 3 箇所異なっている.

例えば

$$\begin{array}{c|c|ccc|c|c|c|}
2 \to & 0 & 1 & 0 & 1 & 1 & 1 \\
6 \to & \mathbf{1} & 1 & 0 & \mathbf{0} & 1 & \mathbf{0}
\end{array}$$

である．

符号語を通信で送信したとして，ノイズが入ったとする．このとき，1 つの符号語に対し間違いが 1 箇所以内なら，**表の中から一番近いものを探せば間違いを訂正できる**．例えば

$$0\quad 1\quad 0\quad 0\quad 1\quad 1$$

の間違いが 1 箇所以内なら,

$$0\quad 1\quad 0\quad \boxed{\mathbf{1}}\quad 1\quad 1$$

とは 1 箇所だけ違うが，他の符号語とは

$$\boxed{\mathbf{1}}\quad 1\quad 0\quad 0\quad 1\quad \boxed{\mathbf{0}}$$

などと，2 箇所以上違うことになる．

だから,

$$0\quad 1\quad 0\quad 0\quad 1\quad 1$$

を

$$0\quad 1\quad 0\quad \boxed{\mathbf{1}}\quad 1\quad 1$$

と訂正できる．

例 5.3.1. 受信した 2 つの符号語が

$$\begin{array}{cccccc} 1 & 1 & 1 & 0 & 1 & 0 \\ 0 & 1 & 1 & 1 & 1 & 1 \end{array}$$

なら，

$$\begin{array}{cccccc} 1 & 1 & \boxed{\mathbf{0}} & 0 & 1 & 0 \\ 0 & 1 & \boxed{\mathbf{0}} & 1 & 1 & 1 \end{array}$$

と訂正できる．もしこれが「あいうえお...」のどれかなら，6, 2 なので「み」になる． ◇

例 5.3.2. 受信した 4 つの符号語が

$$\begin{array}{cccccc} 0 & 0 & 0 & 0 & 0 & 1 \\ 0 & 1 & 0 & 1 & 0 & 1 \\ 1 & 0 & 1 & 1 & 0 & 1 \\ 0 & 1 & 1 & 1 & 0 & 0 \end{array}$$

なら，

$$\begin{array}{cccccc} 0 & 0 & 0 & 0 & 0 & \boxed{\mathbf{0}} \\ 0 & 1 & 0 & 1 & \boxed{\mathbf{1}} & 1 \\ 1 & 0 & \boxed{\mathbf{0}} & 1 & 0 & 1 \\ 0 & 1 & 1 & 1 & 0 & 0 \end{array}$$

と訂正できる．なお，訂正が不要な場合もある．上が 2 つの文字に対応するなら，0,2 と 4,3 なので「いぬ」になる． ◇

例 5.3.3. 以下は 3 つの「あいうえお」を，上の表により符号語にしたものを受信したものとする．また，間違いは各々につき高々1 箇所だとする．

$$\begin{array}{cccccc} 0 & 1 & 0 & 0 & 0 & 0 \\ 1 & 0 & 1 & 1 & 0 & 0 \\ 0 & 1 & 0 & 1 & 1 & 1 \\ 0 & 0 & 0 & 0 & 1 & 1 \\ 1 & 0 & 1 & 0 & 1 & 1 \\ 1 & 0 & 1 & 1 & 0 & 1 \end{array}$$

これは

$$
\begin{array}{cccccc}
0 & \boxed{\mathbf{0}} & 0 & 0 & 0 & 0 \\
1 & 0 & 1 & 1 & \boxed{\mathbf{1}} & 0 \\
0 & 1 & 0 & 1 & 1 & 1 \\
0 & 0 & \boxed{\mathbf{1}} & 0 & 1 & 1 \\
\boxed{\mathbf{0}} & 0 & 1 & 0 & 1 & 1 \\
1 & 0 & \boxed{\mathbf{0}} & 1 & 0 & 1
\end{array}
$$

と訂正できるので，0, 5, 2, 1, 1, 4 になる．よってこれは「おさけ」になる[†]．

◇

注 5.3.4. さて符号語の表だが，S を符号語の集合とすると，S は $K = \mathbb{F}_2$ としたとき，K^6 の部分集合である．この後 一般の体上のベクトル空間について解説するが，S は K^6 の部分空間になっていることがわかる．上の例は K^6 の部分空間であり,『異なる元は 3 箇所以上成分が異なる』という性質をもっていた．このように，有限体上のベクトル空間の部分空間で，都合のよい性質をもったものを見つけることは，応用上有益である． ◇

5.4　一般の体上のベクトル空間

$K = \mathbb{R}, \mathbb{C}$ の場合には K に成分をもつ行列やその行列式，K 上のベクトル空間，線形写像の概念を定義した．以下，K は任意の体とする．一般の体 K 上でも，行列や行列式等の概念を $K = \mathbb{R}, \mathbb{C}$ の場合と同じように定義する．また，それらの性質も同じように証明できるが，その中で主なものだけ解説する．

まずベクトル空間の定義だが，基本的には 4 章での定義と全く同じだが，いくぶん一般な状況で定義する．

定義 5.4.1. R を環とするとき，R-加群とは，空でない集合 V と 2 つの演算 $+$ と $\cdot$ ($+$ は $V \times V \to V$，$\cdot$ は $R \times V \to V$) で次の性質を満たすものである．以下，$\boldsymbol{v}, \boldsymbol{v}_1, \boldsymbol{v}_2, \boldsymbol{v}_3$ は V の任意の元を，r, s は R の任意の 元を表す．

(1) 0 元とよばれる V の元 $\mathbf{0}$ があり，すべての $\boldsymbol{v} \in V$ に対し $\boldsymbol{v}+\mathbf{0} = \mathbf{0}+\boldsymbol{v} = \boldsymbol{v}$ となる．

---

† なお，私事になるのだが，著者は娘が小学校 4 年生のときに，小学校から 4 年生向けに出前授業を依頼された．そのときに話したトピックの一つがこの符号理論である．班に分けてこのような問題を班ごとに与え作業させたが，大体 3 分の 2 の班が正解にたどりついた．

(2) 任意の $\boldsymbol{v} \in V$ に対し $\boldsymbol{w} \in V$ が存在し，$\boldsymbol{v}+\boldsymbol{w}=\boldsymbol{w}+\boldsymbol{v}=\boldsymbol{0}$ となる．この $\boldsymbol{w}$ を $\boldsymbol{w}=-\boldsymbol{v}$ と書く．

(3) $(\boldsymbol{v}_1+\boldsymbol{v}_2)+\boldsymbol{v}_3=\boldsymbol{v}_1+(\boldsymbol{v}_2+\boldsymbol{v}_3)$.

(4) $\boldsymbol{v}_1+\boldsymbol{v}_2=\boldsymbol{v}_2+\boldsymbol{v}_1$.

(5) $r\cdot(s\cdot\boldsymbol{v})=(rs)\cdot\boldsymbol{v}$.

(6) $(r+s)\cdot\boldsymbol{v}=r\cdot\boldsymbol{v}+s\cdot\boldsymbol{v}$.

(7) $r\cdot(\boldsymbol{v}_1+\boldsymbol{v}_2)=r\cdot\boldsymbol{v}_1+r\cdot\boldsymbol{v}_2$.

(8) $1\cdot\boldsymbol{v}=\boldsymbol{v}$. ◇

体上の加群をベクトル空間とよぶ． つまり，上の定義で R が体である場合がベクトル空間である．R-加群とベクトル空間は定義は同じだが，割算ができるのとできないのとでは大きな違いがある．4 章と同じく，スカラー倍は必要がなければ，単に $r\boldsymbol{v}$ と書く．

以下，K を体とする．K の mn 個の元を並べたもの $A=(a_{ij})$ を行列とよぶことは $K=\mathbb{R},\mathbb{C}$ の場合と同様である．K に成分をもつ $m\times n$ 行列の集合を $\mathrm{M}(m,n)_K$ と書く．n 次元列ベクトルの集合も同様に K^n と書く．$\mathbb{R}$ 上の行列に関しては 1 章で解説したが，そこで解説した定義や性質は，$\mathbb{R}$ を K に置き換えれば成立する．行列の和，積，積の性質，rref への変形，連立 1 次方程式の解法，逆行列の定義と計算などは，$\mathbb{R}$ 上の場合と全く同じなので繰り返さない．$\mathrm{M}(m,n)_K$ は K 上 mn 次元のベクトル空間になる．次の例では rref の計算を有限体上で実行する．

例 5.4.2. この例では $K=\mathbb{F}_5$ とする．$2\cdot 3=4\cdot 4=1$ なので，$2^{-1}=3$, $3^{-1}=2$, $4^{-1}=4$ であることに注意する．行列

$$A=\begin{pmatrix}2&3&1&0&3\\3&2&4&2&3\\4&1&1&3&2\end{pmatrix}$$

の rref を求める．

$$A\to\begin{pmatrix}1&4&3&0&4\\3&2&4&2&3\\4&1&1&3&2\end{pmatrix}\to\begin{pmatrix}1&4&3&0&4\\0&0&0&2&1\\0&0&4&3&1\end{pmatrix}\to\begin{pmatrix}1&4&3&0&4\\0&0&4&3&1\\0&0&0&2&1\end{pmatrix}$$

$$\to\begin{pmatrix}1&4&3&0&4\\0&0&1&2&4\\0&0&0&1&3\end{pmatrix}\to\begin{pmatrix}1&4&3&0&4\\0&0&1&0&3\\0&0&0&1&3\end{pmatrix}\to\begin{pmatrix}1&4&0&0&0\\0&0&1&0&3\\0&0&0&1&3\end{pmatrix}$$

となり，最後の行列が rref である．

なお，2 番目のステップでは行変換 $R_2 \to R_2 + 2R_1, R_3 \to R_3 + R_1$ を，4 番目のステップでは行変換 $R_2 \to 4R_2$ を行った． ◇

行列式の定義は定義 3.3.1 と同じである．

注 5.4.3. 行列式の性質は，定理 3.4.3 がそのまま成り立つが，定理 3.4.3(4) だけは，K の標数が 2 の場合に証明し直さなければならない．なぜなら，K の標数が 2 なら，$\det A = -\det A$ から $\det A = 0$ と結論できないからである．

定理 3.4.3 の証明で，(3) と，(5) の $B = P_\tau$ の場合が示せたところから，K が任意の体の場合の (4) の証明を続ける．なお，補題 3.4.2 の証明は K の標数が 2 でもよいことに注意する．その前の考察と同様に，A の第 i 列，第 j 列以外は $\mathbb{e}_1, \ldots, \mathbb{e}_n$ のどれかと仮定してよい．議論は同じなので，$i = 1, j = 2$ と仮定する．$\boldsymbol{v}_1 = \boldsymbol{v}_2 = \sum a_{i1}\mathbb{e}_i$, $\boldsymbol{v}_3 = \mathbb{e}_{i_3}, \ldots, \boldsymbol{v}_n = \mathbb{e}_{i_n}$ とする．すると

$$\det A = \sum_{l,m=1}^{n} a_{l1}a_{m1} \det(\mathbb{e}_l, \mathbb{e}_m, \mathbb{e}_{i_3}, \ldots, \mathbb{e}_{i_n})$$

となる．補題 3.4.2 より $l, m, i_3, \ldots, i_n$ がすべて異なっているものだけ考えればよい．よって $i_3, \ldots, i_n$ が異なっているとしてよい．$\{1, \ldots, n\} \setminus \{i_3, \ldots, i_n\} = \{i_1, i_2\}$ とする．すると (3) より

$$\begin{aligned}
\det A &= a_{i_1 1}a_{i_2 1} \det(\mathbb{e}_{i_1} \ \ \mathbb{e}_{i_2} \ \ \mathbb{e}_{i_3} \ \ \cdots \ \ \mathbb{e}_{i_n}) \\
&\quad + a_{i_2 1}a_{i_1 1} \det(\mathbb{e}_{i_2} \ \ \mathbb{e}_{i_1} \ \ \mathbb{e}_{i_3} \ \ \cdots \ \ \mathbb{e}_{i_n}) \\
&= a_{i_1 1}a_{i_2 1} \det(\mathbb{e}_{i_1} \ \ \mathbb{e}_{i_2} \ \ \mathbb{e}_{i_3} \ \ \cdots \ \ \mathbb{e}_{i_n}) \\
&\quad - a_{i_2 1}a_{i_1 1} \det(\mathbb{e}_{i_1} \ \ \mathbb{e}_{i_2} \ \ \mathbb{e}_{i_3} \ \ \cdots \ \ \mathbb{e}_{i_n}) \\
&= 0
\end{aligned}$$

となり，(4) が示せた． ◇

ベクトル空間や 1 次独立性などに関して，ベクトル空間，部分空間，線形写像とその核，像，ベクトル空間の同型，1 次独立性，基底，次元の定義などは 4 章と同じである．

以下，部分空間でないものの例を主に考えることにより，部分空間の概念を 4 章よりもより詳しく考察することにする．

例 5.4.4. $V = K^2$, $W = \{[x,y] \in V \mid x + y \neq 2\}$ とする．$[1,0], [0,1] \in W$ だが $[1,0] + [0,1] = [1,1] \notin W$ なので，W は和で閉じていない．よって W は部分空間ではない．このように，平面上のほとんどの点を含んでいて，足りない点があるようなときは部分空間ではない．◇

例 5.4.5. K は標数が 2 でない体，$V = K^2$,

$$S = \{[x,y] \mid x + y = 0\} \cup \{[x,y] \mid x - y = 0\}$$
$$= \{[x,y] \mid x + y = 0 \text{ または } x - y = 0\}$$

とおく．S が部分空間でないことを反例で示す．

S は下の図のように 2 つの集合の和だが，各々は斉次 1 次方程式で定義されているので，部分空間である．だから，スカラー倍については閉じている．和について閉じていないことを示すのに，片方から 2 つのベクトルを選んでも，反例がつくれるわけがない．だから，両方から 1 つずつベクトルを選んで，その和が S に属さないことを示す．$\boldsymbol{v}_1 = [1,-1]$, $\boldsymbol{v}_2 = [1,1]$ とすれば，$1 + (-1) = 0$, $1 - 1 = 0$ なので，$\boldsymbol{v}_1, \boldsymbol{v}_2 \in S$ である．$\boldsymbol{v}_1 + \boldsymbol{v}_2 = [2,0]$ だが，$2 + 0 = 2 \neq 0$, $2 - 0 = 2 \neq 0$ なので，$\boldsymbol{v}_1 + \boldsymbol{v}_2 \notin S$ である．S は和で閉じていないので，部分空間ではない．なお,『A または B』の否定は『A でなく，かつ B でない』なので，S に属さないことを示すには，$x + y \neq 0$ かつ $x - y \neq 0$ であることを示す必要があることに注意する．

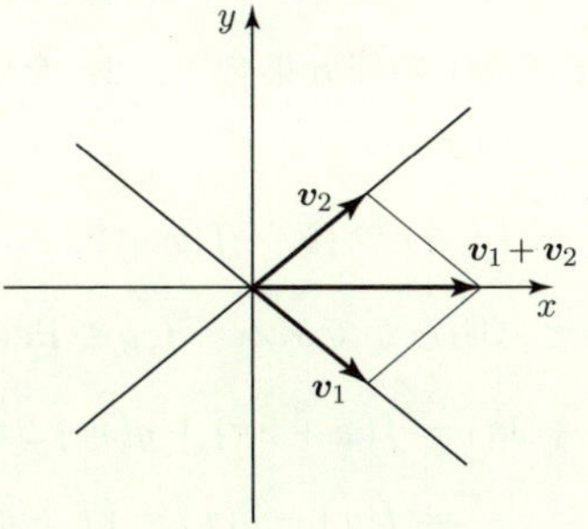

◇

例 5.4.6. $\mathbb{R}$ 上のベクトル空間 $V = \mathbb{R}^2$ を考え，$W = \{[x,y] \mid x, y \text{ は有理数}\} \subset V$ とおく．$[1,0] \in W$ だが，$\sqrt{2}[1,0] = [\sqrt{2},0] \notin W$ なので，W はスカラー倍で閉じていない．だから，$W \subset V$ は $\mathbb{R}$ 上のベクトル空間としては部分空間ではない．◇

次に関数の空間の部分集合について，4 章より詳しく例を考えることにする．

例 5.4.7. $V = C^\infty(\mathbb{R})$, $W = \{f \in V \mid f(0) = 1\}$ とおく．$\mathbf{0}(0) = 0 \neq 1$ なので，$\mathbf{0} \notin W$ である．よって W は部分空間ではない．例 4.3.6 でも注意したが，ここでは $\mathbf{0}$ というベクトルは恒等的に 0 である関数のことである．だから，その関数の 0 での値という意味で $\mathbf{0}(0)$ と書いた． ◇

例 5.4.8. $V = C^\infty(\mathbb{R})$, $W = \{f \in V \mid f(0) \geqq -1\}$ とおく．恒等的に 2 である関数を f とすると，$f \in W$ である．$g = -f$ とすると，$g(0) = -2 < -1$ なので，$g \notin W$ である．スカラー倍で閉じていないので，W は部分空間ではない．

◇

例 5.4.9. $V = C^\infty(\mathbb{R})$, $W = \{f \in V \mid f(0) = 0$ または $f(1) = 0\}$ とおく．W が部分空間でないことを反例で示す．

$$S_1 = \{f \in V \mid f(0) = 0\}, \quad S_2 = \{f \in V \mid f(1) = 0\}$$

とおくと，S_1, S_2 ともに部分空間である．反例は例 5.4.5 と同じようにしてつくれる．つまり，$S_1 \setminus S_2, S_2 \setminus S_1$ から関数を選んでその和をとればよい．$f(x) = x$, $g(x) = x - 1$ とおく．$f(0) = 0$, $g(1) = 0$ なので，$f, g \in W$ である．

$$(f+g)(0) = f(0) + g(0) = -1 \neq 0,$$
$$(f+g)(1) = f(1) + g(1) = 1 \neq 0$$

なので $f + g \notin W$ である．よって W は部分空間ではない． ◇

例 5.4.10. $\mathrm{Per}(2\pi)$ を $C^\infty(\mathbb{R})$ の部分集合で，2π を周期にもつもの全体とする (Per は periodic の略)．つまり，

$$\mathrm{Per}(2\pi) = \{f \in C^\infty(\mathbb{R}) \mid f(x + 2\pi) = f(x)\}.$$

$\mathbf{0}$ が上の条件を満たすことは明らかである．$f, g \in \mathrm{Per}(2\pi), r \in \mathbb{R}$ なら，

$$\begin{aligned}(f+g)(x+2\pi) &= f(x+2\pi) + g(x+2\pi) \\ &= f(x) + g(x) = (f+g)(x), \\ (rf)(x+2\pi) &= rf(x+2\pi) = rf(x) = (rf)(x)\end{aligned}$$

なので，$\mathrm{Per}(2\pi)$ は $C^\infty(\mathbb{R})$ の部分空間である． ◇

行列の空間に関連した部分空間の例も考えることにする．

例 5.4.11. $V = \mathrm{M}(2,2)_K$,

$$W = \left\{ A \in V \,\middle|\, A \begin{pmatrix} 1 \\ 2 \end{pmatrix} + {}^t((2 \quad -1)A) = \mathbf{0} \right\}$$

とおく．$\boldsymbol{v} = [1,2]$, $\boldsymbol{w} = (2 \quad -1)$ とおくと ($\boldsymbol{v}$ は列ベクトル，$\boldsymbol{w}$ は行ベクトル)，$W = \{A \in V \mid A\boldsymbol{v} + {}^t(\boldsymbol{w}A) = \mathbf{0}\}$ である．$\mathbf{0}\boldsymbol{v} + {}^t(\boldsymbol{w}\mathbf{0}) = \mathbf{0}$ なので，$\mathbf{0} \in W$ である．なお，ここでは零ベクトルは零行列であることに注意する．$A, B \in V$, $r \in K$ なら

$$\begin{aligned} (A+B)\boldsymbol{v} + {}^t(\boldsymbol{w}(A+B)) &= A\boldsymbol{v} + B\boldsymbol{v} + {}^t(\boldsymbol{w}(A+B)) \\ &= (A\boldsymbol{v} + {}^t(\boldsymbol{w}A)) + (B\boldsymbol{v} + {}^t(\boldsymbol{w}B)) \\ &= \mathbf{0} + \mathbf{0} = \mathbf{0}, \\ (rA)\boldsymbol{v} + {}^t(\boldsymbol{w}(rA)) &= r(A\boldsymbol{v} + {}^t(\boldsymbol{w}A)) = r\mathbf{0} = \mathbf{0} \end{aligned}$$

なので，$A+B$, $rA \in W$ である．よって W は部分空間である．◇

例 5.4.12. $V = \mathrm{M}(2,2)_K$, $W = \{A \in V \mid \det A = 0\}$ とする．

$$A = \begin{pmatrix} 1 & 0 \\ 0 & 0 \end{pmatrix}, \quad B = \begin{pmatrix} 0 & 0 \\ 0 & 1 \end{pmatrix}$$

とすれば，$\det A = \det B = 0$ なので $A, B \in W$ だが，$A + B = I_2$ なので $\det(A+B) = 1 \neq 0$ である．よって $A + B \notin W$ である．したがって，W は部分空間ではない．◇

体が別の環や体を含んだり，含まれたりするような状況はよくある．このような状況で自然にできるベクトル空間の例を考察する．

例 5.4.13. $V = \mathbb{C}$ は $K = \mathbb{R}$ を含む．$\mathbb{C}$ における演算の $\mathbb{R}$ への制限は $\mathbb{R}$ そのものの演算と同じである．$\mathbb{R}$ の元と $\mathbb{C}$ の元との，$\mathbb{C}$ の元としての積を $K = \mathbb{R}$ の $V = \mathbb{C}$ へのスカラー倍とみなす．$\mathbb{C}$ では分配法則，結合法則が成り立っているので，これらの演算により V は $\mathbb{R}$ 上のベクトル空間となる．$\{1, \sqrt{-1}\}$ が V の $\mathbb{R}$ 上の基底であることは容易に示せるので，$\dim_{\mathbb{R}} \mathbb{C} = 2$ である．

一般に環 R が 体 K を含み，R の演算と K の演算が一致するなら，R は K 上のベクトル空間になる．また，この状況で R も体であり，V が R 上のベクトル空間なら，$K \subset R$ なので K の元のスカラー倍を考えることができ，これにより V を K 上のベクトル空間とみなせる．例えば $\mathbb{R}^2$ は $\mathbb{R}$ 上のベクトル空間だが，$\mathbb{Q}$ 上のベクトル空間ともみなせる．◇

例 5.4.14. 1変数 x の多項式よりなる集合 $V = K[x]$ を定義 5.1.15 の前で定義した．V は K 上のベクトル空間である．また，$x \in K$ に対して $f(x) \in K$ を対応させることにより，f は写像 $K \to K$ を定める．しかし，$K = \mathbb{F}_p$ のような有限体の場合，関数として等しいということと，多項式として等しいということは必ずしも一致しない．例えば $K = \mathbb{F}_2$ で $f(x) = x + x^2$ とおくと，$f(0) = f(1) = 0$ だから，写像 $K \to K$ として f は $\mathbf{0}$ と一致するが，多項式としては $\mathbf{0}$ ではない．無限体なら，多項式として一致することと，写像 $K \to K$ として一致することは同値であることが知られている． ◇

5.5 一般の線形写像

次に一般のベクトル空間の間の線形写像と，その核などの例を示す．

例 5.5.1. $V = C^\infty(\mathbb{R})$ とする．$a_0, \ldots, a_n \in V$ に対し形式的に

$$D = a_n(x)\frac{d^n}{dx^n} + \cdots + a_1(x)\frac{d}{dx} + a_0(x)$$

と書く．$f \in V$ に対し

$$(Df)(x) = a_n(x)f^{(n)}(x) + \cdots + a_0(x)f(x)$$

と定義する．**ここで $a_0(x)$ は $a_0(x)$ という関数をかけるという操作に対応することに注意する**．$f, g \in V$, $r \in \mathbb{R}$ なら，

$$(f+g)^{(m)}(x) = f^{(m)}(x) + g^{(m)}(x), \qquad (rf)^{(m)}(x) = rf^{(m)}(x)$$

であり，関数をかけるという操作は和とスカラー倍を保つので，$D : V \to V$ は線形写像である．このような線形写像を**微分作用素**という． ◇

例 5.5.2. $V = C^\infty(\mathbb{R})$, $S = \{f \in V \mid f''(x) - f'(x) - 2f(x) = \mathbf{0}\}$ とおく．$D = \frac{d^2}{dx^2} - \frac{d}{dx} - 2$ とおけば，$S = \mathrm{Ker}(D)$ である．したがって，命題 4.2.6 より S は V の部分空間である．明らかに S は微分方程式 $f''(x) - f'(x) - 2f(x) = \mathbf{0}$ の解の空間である． ◇

上も線形写像の核の例である．その意味では，斉次連立1次方程式 $A\boldsymbol{x} = \mathbf{0}$ の解空間との類似性が成り立つ場合もある．その1つを次の命題で示す．

命題 5.5.3. (1) A を K 上の $m \times n$ 行列，$\boldsymbol{x} = [x_1, \ldots, x_n]$，$\boldsymbol{b} = [b_1, \ldots, b_m]$ とし，$W = \{\boldsymbol{x} \in K^n \mid A\boldsymbol{x} = \boldsymbol{0}\}$ とおく．$\boldsymbol{v} \in K^n$ が $A\boldsymbol{v} = \boldsymbol{b}$ を満たすとすると，$A\boldsymbol{x} = \boldsymbol{b}$ の任意の解は $\boldsymbol{x} = \boldsymbol{y} + \boldsymbol{v}$ $(\boldsymbol{y} \in W)$ と表せ，逆に $\boldsymbol{y} \in W$ なら，$\boldsymbol{x} = \boldsymbol{y} + \boldsymbol{v}$ は $A\boldsymbol{x} = \boldsymbol{b}$ を満たす．

(2) $V = C^\infty(\mathbb{R})$，D を例 5.5.1 で定義した微分作用素，$f, g \in V$ とし，$W = \{f \in V \mid Df = \boldsymbol{0}\}$ とおく．$u \in V$ が $Du = g$ を満たすとすると，$Df = g$ の任意の解は $f = h + u$ $(h \in W)$ と表せ，逆に $h \in W$ なら，$f = h + u$ は $Df = g$ を満たす．

証明. (1) $A\boldsymbol{x} = \boldsymbol{b}$ なら，$\boldsymbol{y} = \boldsymbol{x} - \boldsymbol{v}$ とおくと，$A\boldsymbol{y} = A\boldsymbol{x} - A\boldsymbol{v} = \boldsymbol{b} - \boldsymbol{b} = \boldsymbol{0}$ なので，$\boldsymbol{y} \in W$ である．逆に $\boldsymbol{y} \in W$ なら，$A(\boldsymbol{y} + \boldsymbol{v}) = A\boldsymbol{y} + A\boldsymbol{v} = \boldsymbol{0} + \boldsymbol{b} = \boldsymbol{b}$ である．

(2) $Df = g$ なら，$h = f - u$ とおくと，$Dh = Df - Du = g - g = \boldsymbol{0}$ なので，$h \in W$ である．逆に $h \in W$ なら，$D(h + u) = Dh + Du = \boldsymbol{0} + g = g$ である． □

上の命題をいい換えると，**非斉次方程式の解が 1 つあれば，すべての解は対応する斉次方程式の解を加えることによって得られる，**ということができる．これはあたりまえの類似で，微分方程式を解くときには，もちろん解析をしなくてはいけないわけだが，このような線形代数の考えかたを導入することにより，すっきりする部分もある．

実際に微分方程式を解くときにも，微分作用素を導入することは記述の面で役に立つ．例えば $D = \frac{d^2}{dx^2} - \frac{d}{dx} - 2$ なら，

$$D = \left(\frac{d}{dx} + 1\right) \circ \left(\frac{d}{dx} - 2\right)$$

と線形写像の合成で書くことができる．だから $Df = \boldsymbol{0}$ という微分方程式を考えるとき，$g = \left(\frac{d}{dx} - 2\right) f$ とおき，$\left(\frac{d}{dx} + 1\right) g = \boldsymbol{0}$ を解いて，それから f を求める，というようなことができる．これを微分作用素なしで書くと，

$$f'' - f' - 2f = (f' - 2f)' + (f' - 2f) = \boldsymbol{0}$$

と書くことになり煩わしい．もちろん $g = f' - 2f$ とおけば，上の微分方程式は $g' + g = \boldsymbol{0}$ と同じだが，このように考えるということは，微分作用素の概念を基本的に使っているのである．

例 5.5.4. 例 4.1.4, 5.4.7 で，対象を把握するということについて書いたが，同じアイデアで，今度は線形写像について考える．$V = \mathbb{R}^2$, $W = C^\infty(\mathbb{R})$ とし，写像 $T : V \to W$ を

$$T([a, b]) = x + a$$

と定義する．この写像は線形写像だろうか？ 答えは No である．なぜなら，

$$T(\mathbf{0}) = x + \mathbf{0} = x \neq \mathbf{0}$$

だからである．ここで x という関数は，確かに関数だが，V の元としては 1 つの元であり，a, b に依存しないので，ベクトルとしては定数なのである．なお，x という関数は 0 という値もとるが，V での $\mathbf{0}$ は恒等的に 0 という関数なので，V の元として $x \neq \mathbf{0}$ である． ◇

5.6 真偽問題：一般の場合

ここで一般のベクトル空間に関する真偽問題を考えてみよう．復習すると

$$\dim K^n = n, \quad \dim \mathrm{M}(m, n)_K = mn, \quad \dim P_n = n + 1$$

である．4.8 節と同じく，まず主張だけ最初に書くので，読者自身で考えてみられたい．

(1) $S = \{f_1, f_2\} \subset V = P_3$ なら，S は V の基底に拡張できる．

(2) $S = \{f_1, f_2\} \subset V = P_3$ が 2 次元の部分空間を張るなら，S は V の基底に拡張できる．

(3) $S = \{f_1, f_2, f_3\} \subset V = P_5$ に自明でない線形関係がないなら，S は V の基底に拡張できる．

(4) $S = \{A, B\} \subset V = \mathrm{M}(2, 2)_K$ であり，A, B はどちらも 2 つの列ベクトルが 1 次独立であるという性質をもっているとする．このとき，S は V の基底に拡張できる．

(5) $S = \{\boldsymbol{v}_1, \ldots, \boldsymbol{v}_6\} \subset V = K^5$ とする．このとき，S の部分集合で V の基底になるものがある．

(6) $S = \{f_1, \ldots, f_7\} \subset V = P_5$ とする．このとき，S には自明でない線形関係がある．

(7) V はベクトル空間，$W \subset V$ は部分空間，$S = \{\boldsymbol{v}_1, \boldsymbol{v}_2, \boldsymbol{v}_3\} \subset W$ には自明でない線形関係はないとする．このとき，$\dim V \leqq 3$ である．

(8) もし $S=\{A_1,\ldots,A_5\}\subset V=\mathrm{M}(2,2)_K$ が V を張れば，S には自明でない線形関係はない．

(9) $S=\{A_1,\ldots,A_6\}\subset V=\mathrm{M}(2,3)_K$ とする．このとき，V の任意の行列が S の 1 次結合に書けるなら，$\{A_1,A_3,A_4\}$ は 1 次独立である．

(10) $S=\{A_1,\ldots,A_7\}\subset V=\mathrm{M}(2,3)_K$ とする．このとき，V の任意の行列が S の 1 次結合に書けるなら，$\{A_1,A_3,A_4\}$ には自明でない線形関係はない．

それでは解説をする．

(1) $f_1=\mathbf{0}$ なら，S は 1 次従属である．したがって，S を含む集合は 1 次従属になるので，S は基底に拡張できない．よって偽である．

(2) 2 個の元が 2 次元のベクトル空間を張るので，命題 4.7.6 より S は 1 次独立である．よって S は V の基底に拡張できる．よって真である．

(3) 『自明でない線形関係がない』というのは『S は 1 次独立』と同じことなので，S は V の基底に拡張できる．よって真である．

(4) $A=I_2$, $B=2I_2$ なら，S は 1 次従属である．よって偽である．この場合のポイントは，問題になるのが行列の 1 次独立性であって，その行列の列の 1 次独立性ではないということである．『対象を把握する』ことが大切．

(5) $\boldsymbol{v}_2=2\boldsymbol{v}_1,\boldsymbol{v}_3=3\boldsymbol{v}_1,\ldots,\boldsymbol{v}_6=6\boldsymbol{v}_1$ なら，S は V を張らない．よって S の部分集合も V を張らない．したがって，偽である．命題 4.7.4 は S が V を張るときのみ有効．

(6) $\dim V=6<7$ なので，命題 4.5.19 より S は 1 次従属．よって真である．

(7) $V=K^4$, $S=\{\mathbb{e}_1,\mathbb{e}_2,\mathbb{e}_3\}$, $W=\langle S\rangle$ なら，仮定は満たされているが $\dim V=4>3$ である．よって偽である．

(8) $\dim V=4<5$ なので，命題 4.5.19 より S は 1 次従属である．よって偽である．この場合，S が V を張るかどうかは必要ない情報であった．

(9) $\dim V=6$, $\#S=6$ で，S は V を張っている．よって命題 4.7.6 より S は 1 次独立である．よってその部分集合 $\{A_1,A_3,A_4\}$ も 1 次独立．したがって，真である．

(10) $\{A_2,\ldots,A_7\}$ が V の基底で $A_1=2A_3$ なら，$\{A_1,A_3,A_4\}$ は 1 次従属である．よって偽である．

5.7　ツォルンの補題と一般の基底の存在

ここまでは，基底といえば有限個の元よりなるものだけ考えてきた．以下，無限個の元よりなる基底の概念を定式化し，任意のベクトル空間は，『選択公理』を仮定すれば基底をもつことを示す．そのためにツォルンの補題についてまず解説する．

例えば不等号 $\leqq$ は，2 つの実数についての関係といえる．この関係がある (x,y) の対の集合 R を考えれば，$x \leqq y$ というのは $(x,y) \in R$ と同値になる．だから，集合論的には，集合 X における『関係』というのは，$X \times X$ の部分集合 R のことであると思ってよい．例えば $X = \mathbb{R}$, $R = \{(x,y) \in X \times X \mid x^2 + y^2 \leqq 1\}$ なら，$1, 2$ には関係がないが，$\frac{1}{2}, \frac{1}{3}$ には関係がある．

ここでは集合 X における関係 R を考え，$(x,y) \in R$ のとき $x \leqq y$ という記号を使うことにする．

定義 5.7.1. 関係 $\leqq$ が次の (1)–(3) の条件を満たすときに**順序**という．以下，x, y, z は X の元を表す．

(1) $x \leqq x$.

(2) $x \leqq y$, $y \leqq z$ なら $x \leqq z$.

(3) $x \leqq y$, $y \leqq x$ なら $x = y$.

さらに，任意の $x, y \in X$ に対し

(4) $x \leqq y$ または $y \leqq x$ が成り立つ．

という条件が満たされるなら，$\leqq$ を**全順序**という．順序をもつ集合を**順序集合**，全順序をもつ集合を**全順序集合**という．◇

例 5.7.2. 集合 $X = \mathbb{R}$ 上で $\leqq$ が通常の不等号なら，$\leqq$ は全順序である．◇

例 5.7.3. X を $\mathbb{Z}$ の部分集合全体の集合とする．例えば $\{2,3\}$, $\mathbb{Z}$, $\emptyset$ は X の元である．このとき，集合の包含関係 $\subset$ は順序である．しかし $S = \{2,3\}$, $T = \{3,4\}$ なら，$S \not\subset T$, $T \not\subset S$ なので，全順序ではない．◇

定義 5.7.4. (1) X を順序集合，$S \subset X$ を部分集合とする．$x_0 \in X$ がすべての $y \in S$ に対し $y \leqq x_0$ という条件を満たすなら，x_0 は S の**上限**であるという．

(2) $x \in X$ が順序に関して**極大元**であるとは，『$x \leqq y$ なら $y = x$』という条件が成り立つことである．◇

注 5.7.5. $\mathbb{R}$ の部分集合 X に対する通常の意味での上限と，上の意味での上限は異なるので，注意が必要である．例えば部分集合 $[0,1)$ の通常の意味での上限は 1 だが，上の意味では，1, 10.1 など，1 以上の実数はすべて上限である． ◇

以下，一般のベクトル空間に対して，基底の概念を拡張する．

定義 5.7.6. V を K 上のベクトル空間，$S \subset V$ を部分集合とする．

(1) S の任意の有限部分集合が，定義 4.5.1 の意味で 1 次独立であるとき，S は 1 次独立であるという．

(2) S が V を張り ((4.5.10) 参照)，1 次独立であるとき，S を V の基底という． ◇

例 5.7.7. K 上の 1 変数多項式の空間 $K[x]$ は $S = \{1, x, x^2, \ldots\}$ を基底にもつ． ◇

次の定理はツォルン (**Zorn**) の**補題**として知られている．ただし，我々は『選択公理』を認めるとする．選択公理とツォルンの補題については集合論の教科書を参照すること．

> **定理 5.7.8 (ツォルン (Zorn) の補題).** X は順序集合で，X の任意の全順序部分集合が上限をもつなら，X は極大元をもつ．

この定理を使い，任意のベクトル空間に対し，基底が存在することを証明する．

> **定理 5.7.9.** V は K 上のベクトル空間とする．このとき，$S_0 \subset V$ が 1 次独立なら，V は S_0 を含む K 上の基底をもつ．

証明. 部分集合 $S \subset X$ で，S_0 を含み 1 次独立である S 全体の集合を Y と書く．$S_1, S_2 \in Y$ のとき，$S_1 \leqq S_2$ であるとは，集合として $S_1 \subset S_2$ であると定義する．これは Y の順序になる．Y が ツォルンの補題の仮定を満たすことを示す．

$Z \subset Y$ を全順序部分集合とする．

$$\overline{S} = \bigcup_{S \in Z} S$$

とおく．$\overline{S}$ がすべての $S \in Z$ を含むことは明らかである．$\overline{S}$ が 1 次独立であることを示す．もし 1 次従属なら，$S_1, \ldots, S_n \in Z$ と $\boldsymbol{v}_1 \in S_1, \ldots, \boldsymbol{v}_n \in S_n$，お

よび $\mathbf{0} \neq x = [x_1, \ldots, x_n] \in K^n$ があり，$x_1\boldsymbol{v}_1 + \cdots + x_n\boldsymbol{v}_n = \mathbf{0}$ が成り立つ．Z は全順序部分集合なので，$S_1 \subset S_2$ または $S_2 \subset S_1$ である．議論は同様なので，$S_2 \subset S_1$ と仮定する．$S_3 \subset S_1$ または $S_1 \subset S_3$ であり，これを繰り返すと，ある i が存在して $S_1, \ldots, S_n \subset S_i$ であることがわかる．つまり，$\boldsymbol{v}_1, \ldots, \boldsymbol{v}_n$ はすべて S_i の元である．仮定より S_i は1次独立なので，これは矛盾である．よって $\overline{S}$ は1次独立である．$S_0 \subset \overline{S}$ は明らかなので，$\overline{S} \in Y$ となり，$\overline{S}$ は Z の上限である．

ツォルンの補題により，Y には極大元 S が存在する．S が V の基底であることを示す．S は1次独立なので，S が V を張ることを示せばよい．$\boldsymbol{v} \in V$ とし，$\boldsymbol{v}$ が S の1次結合になることを示す．もし $S' = S \cup \{\boldsymbol{v}\}$ が1次独立なら，$\overline{S}$ の極大性に反するので，S' は1次従属である．したがって，$\boldsymbol{v}_1, \ldots, \boldsymbol{v}_n \in S, [x_1, \ldots, x_n] \in K^n$, $y \in K$ ($[x_1, \ldots, x_n] \neq \mathbf{0}$ または $y \neq 0$) があり，$x_1\boldsymbol{v}_1 + \cdots + x_n\boldsymbol{v}_n + y\boldsymbol{v} = \mathbf{0}$ である．もし $y = 0$ なら，S が1次独立であることに反するので，$y \neq 0$ である．したがって，

$$\boldsymbol{v} = -y^{-1} \sum_i x_i \boldsymbol{v}_i$$

となるので，$\boldsymbol{v}$ は S の1次結合である．　□

5 章の演習問題

[A]

5.1. G を群，$x, y, z, w \in G$ で，$x^2yxzw^{-1}y^3 = xw$ という関係式が成り立っているとする．このとき，z を他の元で表せ．

5.2. 5.3 節の「あいう... よ」を 2 つの数で表した表と符号語の表をここでも使う．6 組の 6 つの $\mathbb{F}_2$ の元よりなる信号を受信したとする．ノイズは 6 つにつき高々1 つであるとするとき，以下の (1)–(4) は何という言葉を表すか?

(1)
$$\begin{matrix} 1&1&1&0&0&1\\ 0&1&1&0&1&1\\ 0&1&1&1&1&1\\ 1&1&1&1&0&0\\ 1&1&1&0&1&0\\ 1&1&0&1&1&1 \end{matrix}$$

(2)
$$\begin{matrix} 0&0&0&1&0&0\\ 1&0&0&1&1&0\\ 1&0&0&1&0&0\\ 0&1&0&1&1&1\\ 0&0&0&0&1&1\\ 0&1&0&1&0&0 \end{matrix}$$

(3)
$$\begin{matrix} 0&1&0&1&1&1\\ 0&0&0&0&1&1\\ 0&0&0&0&1&0\\ 1&1&0&1&1&1\\ 1&0&0&1&1&0\\ 0&1&0&1&0&0 \end{matrix}$$

(4)
$$\begin{matrix} 0&1&0&0&0&0\\ 0&1&0&1&0&0\\ 1&1&0&0&1&0\\ 0&1&1&0&1&1\\ 1&0&0&0&0&0\\ 0&1&1&1&1&1 \end{matrix}$$

5.3. この問題は体 $K = \mathbb{F}_7$ 上で考える．以下，

$$A = \begin{pmatrix} \boldsymbol{v}_1 & \cdots & \boldsymbol{v}_5 \end{pmatrix} = \begin{pmatrix} 2&3&1&0&2\\ 3&5&2&1&4\\ 5&6&2&3&2 \end{pmatrix}$$

とする．

(1) $2^{-1}, 3^{-1}, 4^{-1}, 5^{-1}, 6^{-1}$ を求めよ．

(2) A の rref を求めよ．

(3) $N(A)$ の基底を求めよ．

(4) 方程式 $A\boldsymbol{x} = \boldsymbol{0}$ の解の個数を求めよ．

(5) $\{\boldsymbol{v}_1, \ldots, \boldsymbol{v}_5\}$ の部分集合で $C(A)$ の基底になるものを求めよ．

(6) $\boldsymbol{v}_1, \ldots, \boldsymbol{v}_5$ を (5) で求めた $C(A)$ の基底の 1 次結合で表せ．

5.4. 以下の部分集合が部分空間であるかどうか，証明つきで判定せよ．ただし K は体である．

(1) $W = \left\{A \in \mathrm{M}(2,2)_K \mid {}^tA = A\right\} \subset \mathrm{M}(2,2)_K$.

(2) $W = \left\{[x, y, z] \in K^3 \mid xyz = 0\right\} \subset K^3$.

(3) $W = \{f \in C^\infty(\mathbb{R}) \mid f(1) = 0$ または $f(2) = 0\} \subset C^\infty(\mathbb{R})$.

(4) $S = \left\{A \in \mathrm{M}(2,2)_\mathbb{R} \,\middle|\, A\begin{pmatrix}1\\1\end{pmatrix} = \boldsymbol{0} \text{ または } A\begin{pmatrix}1\\-1\end{pmatrix} = \boldsymbol{0}\right\} \subset \mathrm{M}(2,2)_\mathbb{R}$.

(5) $W = \{f \in C^\infty(\mathbb{R}) \mid f''(x) - x^2f(x) = xf'(x)\} \subset C^\infty(\mathbb{R})$.

(6) $S = \{A \in \mathrm{M}(2,2)_K \mid A^2 = \boldsymbol{0}\} \subset \mathrm{M}(2,2)_K$.

(7) $W = \{f(x) \in C^\infty(\mathbb{R}) \mid f(1) \geqq 0\} \subset C^\infty(\mathbb{R})$.

(8) $W = \{f(x) \in C^\infty(\mathbb{R}) \mid f''(x) + \sin x - xf(x+1) = f(x)\} \subset C^\infty(\mathbb{R})$.

(9) $S = C^\infty(\mathbb{R}) \setminus \{\sin x\} \subset C^\infty(\mathbb{R})$.

(10) $S = \{[t, t^2, -t] \mid t \in K\} \subset K^3$.

5.5. 写像 $T : K^2 \to K^2$ を

$$T([x,y]) = [x - y, x^2 - y^2]$$

と定義する．T は線形写像か?

5.6. 写像 $T : C^\infty(\mathbb{R}) \to C^\infty(\mathbb{R})$ を

$$T(f)(x) = x^2 f''(x) - (e^x + 1)f'(x) + f(x)$$

で定める．微分作用素 D によって $T(f) = Df$ と表すことにより T が線形写像であることを示せ．

5.7. 写像 $T : C^\infty(\mathbb{R}) \to C^\infty(\mathbb{R})$ を

$$T(f)(x) = f'''(x) - xf'(x) + f(x) + x$$

と定義する．T は線形写像か?

5.8. K は体とする．$W = \{A \in \mathrm{M}(3,3)_K \mid {}^tA = -A\} \subset \mathrm{M}(3,3)_K$ とする．W が部分空間であることは認める．W の K 上の基底を求めよ．

5.9. 次の主張の真偽を理由つきで判定せよ．ただし K は体である．また，P_n は体 K 上考える．

(1) $S = \{p_1, p_2, p_3, p_4\} \subset P_3$ が P_3 を張るなら，$\{p_1, p_2, p_3\}$ は 1 次独立である．

(2) $S = \{A_1, A_2, A_3\} \subset \mathrm{M}(2,3)_K$ は $\mathrm{M}(2,3)_K$ の基底に拡張できる．

(3) $S = \{f_1, \ldots, f_5\} \subset P_4$ なら，S には自明でない線形関係がある．

(4) $S = \{f_1, \ldots, f_5\} \subset P_2$ なら，S の任意の部分集合は 1 次従属である．

(5) V は有限次元ベクトル空間，$S \subset V$ が有限集合なら，S から有限個の元を取り除いて $\langle S \rangle$ の基底にできる．

(6) $S \subset \mathrm{M}(2,3)_K$ は位数 6 の集合で，自明な線形関係がないとする．このとき，$\mathrm{M}(2,3)_K$ の任意の元は S の 1 次結合である．

(7) K^3 を張る部分集合の位数は 4 以上である．

(8) K^4 を張る部分集合の位数は 4 以上である．

(9) K^5 を張る部分集合の位数は 4 以上である．

(10) V はベクトル空間，$S \subset V$ が 1 次独立なら，S を含む V の部分集合は 1 次独立である．

(11) $\{A_1, A_2, A_3, A_4\} \subset \mathrm{M}(2,2)_K$ が $\mathrm{M}(2,2)_K$ を張るなら，$A_2 \neq \mathbf{0}$ である．

(12) $A_1 = (\boldsymbol{v}_1 \ \ \boldsymbol{v}_2)$，$A_2 = (\boldsymbol{w}_1 \ \ \boldsymbol{w}_2) \in \mathrm{M}(2,2)_K$ が 1 次独立なら，$\{\boldsymbol{v}_1, \boldsymbol{w}_1\}$ は 1 次独立である．

(13) $W \subset P_4$ が部分空間なら，$\dim W \leqq 4$ である．

(14) V はベクトル空間，$S \subset V$ を部分集合とするとき零ベクトルは S の 1 次結合である．

(15) S が 1 次従属なら，S の任意の元は他の元の 1 次結合である．

[B]

5.10. 自然数の集合 $\mathbb{N}$ は通常の和に関して群ではないことを示せ．

5.11. $R = \mathrm{M}(2,2)_{\mathbb{R}}$ とし，$A, B \in R$ に対して，

$$A \circ B = \frac{1}{2}(AB + BA)$$

と定義する．ただし，AB, BA は行列の通常の積である．このとき，R は通常の和 $+$ と 積 $\circ$ に関して環ではないことを示せ．

5.12. 5.3 節の符号語の表の B 欄の符号語の集合は，$\mathbb{F}_2$ 上の 6 次元ベクトル空間 $\mathbb{F}_2^6$ の部分空間であることを証明せよ．

5.13. (1) $K = \mathbb{F}_p$ とする．K^n の基底の数を求めよ．

(2) $\mathrm{SL}(n)_K$ を n 次正則行列で行列式が 1 であるものの集合とする．$\mathrm{SL}(n)_K$ の位数を求めよ．

5.14. $\mathbb{R}$ を $\mathbb{Q}$ 上のベクトル空間とみなす．このとき，$\{1, \sqrt{2}, \sqrt{3}\}$ は $\mathbb{Q}$ 上 1 次独立であることを示せ．

5.15. V は有限次元ベクトル空間，$S \subset V$ は必ずしも有限ではない部分集合で，V を張るとする．このとき，S の部分集合で，V の基底となるものがあることを証明せよ．

5.16. V_1, V_2 は K 上のベクトル空間で，$W \subset V_1$ は部分空間，$T : W \to V_2$ は K 上の線形写像とする．このとき，線形写像 $L : V_1 \to V_2$ で，$\boldsymbol{v} \in W$ なら $L(\boldsymbol{v}) = T(\boldsymbol{v})$ であるものが存在することを，ツォルンの補題を使って証明せよ．

6章　固有値と固有ベクトル

行列の積が可換でないことは以前に述べた．このことが行列を難しくしているのだが，対角行列はいろいろな意味で扱いやすい行列である．固有値と固有ベクトルを使うと，行列の考察を対角行列の考察に帰着できる場合がある．この意味で固有値と固有ベクトルの概念は非常に重要である．この章では固有値と固有ベクトルを定義し，その計算法を解説するとともに，それを用いた対角化とその応用について解説する．

6.1　$\mathbb{C}$ 上の多項式

ここでは $K = \mathbb{R}$ または $\mathbb{C}$ とする．数学専攻の読者は K を任意の体として読み換えること．5.1 節を学ばなかった読者のために，代数学の基本定理について解説する．

$\mathbb{C}$ は $\mathbb{R}$ に比べ，次の定理が成り立つという点が大きく違っている．

定理 6.1.1. 任意の $\mathbb{C}$ 係数の 1 変数多項式 $f(x) = x^n + a_1x^{n-1} + \cdots + a_n$ $(a_1, \ldots, a_n \in \mathbb{C})$ に対し，$\alpha \in \mathbb{C}$ が存在して $f(\alpha) = 0$ となる．

この定理は**代数学の基本定理**とよばれ，ガウスによって証明された有名な定理である．証明には解析の知識を使うので，ここでは解説しないことにする．

この定理により，次の系もわかる．

系 6.1.2. $f(x) = x^n + a_1x^{n-1} + \cdots + a_n$ $(a_1, \ldots, a_n \in \mathbb{C})$ を $\mathbb{C}$ 係数の多項式とするとき，$\alpha_1, \ldots, \alpha_n \in \mathbb{C}$ が存在し，

$$f(x) = (x - \alpha_1) \cdots (x - \alpha_n)$$

となる．

証明. 定理 6.1.1 より $\alpha_1 \in \mathbb{C}$ が存在して，$f(\alpha_1)=0$ である．$f(x)$ を $x-\alpha_1$ で割算して

$$f(x) = g(x)(x-\alpha_1) + c$$

($g(x)$ は $n-1$ 次の多項式で $c \in \mathbb{C}$ は定数) と表すことができる．$f(\alpha_1)=0$ なので，$c=0$ である．よって $f(x) = g(x)(x-\alpha_1)$ となる．$g(x)$ の次数は $n-1$ なので，これを繰り返せばよい． □

6.2　固有値と特性多項式

以下，$n>0$ を正の整数，A を K 上の n 次正方行列とする．

定義 6.2.1. $\lambda \in K$ が A の**固有値**とは，$\mathbf{0}$ でないベクトル $\boldsymbol{x} \in K^n$ があり，$A\boldsymbol{x} = \lambda\boldsymbol{x}$ が成り立つことである．この $\boldsymbol{x}$ を A の固有値 λ に関する**固有ベクトル**という．$\lambda \in K$ が固有値であるとき，

$$E(A,\lambda) = \{\boldsymbol{x} \in K^n \mid A\boldsymbol{x} = \lambda\boldsymbol{x}\}$$

とおき，λ に関する**固有空間**という． ◇

$E(A,\lambda)$ が K^n の部分空間であることは明らかである．

行列 A と ベクトル $\boldsymbol{x} \in K^n$ が与えられれば，それが固有ベクトルかどうか判定するのはやさしい．例えば

$$A = \begin{pmatrix} 1 & 2 & 3 \\ 4 & 5 & 6 \\ 7 & 8 & 9 \end{pmatrix}, \qquad \boldsymbol{x} = \begin{pmatrix} 1 \\ 2 \\ 3 \end{pmatrix}$$

なら，$A\boldsymbol{x} = [14, 32, 50]$ であり，これは $\boldsymbol{x}$ のスカラー倍ではない．だから $\boldsymbol{x}$ は固有ベクトルではない．

固有値は次のようにして求めることができる．A に対し

$$p_A(t) = \det(tI_n - A)$$

とおき，これを A の**特性多項式**という．また，$p_A(t)=0$ を**特性方程式**という．

定理 6.2.2. $\lambda \in K$ が A の固有値であることと，$p_A(\lambda)=0$ であることは同値である．また，λ が固有値なら，$E(A,\lambda) = N(\lambda I_n - A)$ (零空間) である．特に，$K=\mathbb{C}$ なら，A は固有値をもつ．

証明. λ が A の固有値

$$
\begin{aligned}
&\iff Ax = \lambda x \text{ が } \mathbf{0} \text{ でない解をもつ}\\
&\iff Ax - \lambda x = \mathbf{0} \text{ が } \mathbf{0} \text{ でない解をもつ}\\
&\iff (A - \lambda I_n)x = \mathbf{0} \text{ が } \mathbf{0} \text{ でない解をもつ}\\
&\iff A - \lambda I_n \text{ が正則でない}\\
&\iff \det(A - \lambda I_n) = 0\\
&\iff \det(\lambda I_n - A) = 0.
\end{aligned}
$$

ここで $Ax = \lambda x \iff (\lambda I_n - A)x = \mathbf{0}$ なので，$E(A, \lambda) = N(\lambda I_n - A)$ である．$K = \mathbb{C}$ なら $p_A(t) = 0$ は解をもつので，A は固有値をもつ． □

注 6.2.3. もし $K = \mathbb{R}$ なら，特性多項式は $\mathbb{R}$ 上の n 次多項式だが，$\mathbb{R}$ 上では $p_A(t) = 0$ の解はないこともある．けれども，もし実数の固有値があれば，固有ベクトルとして $\mathbb{R}^n$ のベクトルがとれる．一般には A を $\mathbb{C}$ 上の行列とみなせば，固有値が存在し，$\mathbb{C}^n$ に固有ベクトルがある． ◇

例 6.2.4. 行列

$$A = \begin{pmatrix} -3 & -2 \\ 1 & 0 \end{pmatrix}$$

の固有値と固有ベクトルを求めてみる．

$$
\begin{aligned}
p_A(t) &= \det \begin{pmatrix} t+3 & 2 \\ -1 & t \end{pmatrix}\\
&= (t+3)t + 2 = t^2 + 3t + 2 = (t+1)(t+2)
\end{aligned}
$$

なので，固有値は $t = -1, -2$ である．

$t = -1$ に関する固有ベクトルを求める．rref は

$$-I_2 - A = \begin{pmatrix} 2 & 2 \\ -1 & -1 \end{pmatrix} \to \begin{pmatrix} 1 & 1 \\ 0 & 0 \end{pmatrix}$$

となるので，固有空間 $E(A, -1)$ は $[1, -1]$ で張られている．

$t = -2$ に関する固有ベクトルを求める．

$$-2I_2 - A = \begin{pmatrix} 1 & 2 \\ -1 & -2 \end{pmatrix} \to \begin{pmatrix} 1 & 2 \\ 0 & 0 \end{pmatrix}$$

なので，固有空間 $E(A, -2)$ は $[2, -1]$ で張られている． ◇

6.3 対角化

ここでも A は K 上の n 次正方行列とする．次の命題は，以下解説する行列の対角化で中心的な役割を果たす．

命題 6.3.1. $\lambda_1, \ldots, \lambda_m \in K$ が A の相異なる固有値なら，次が成り立つ．

(1) $\boldsymbol{v}_1, \ldots, \boldsymbol{v}_m$ がそれぞれ $\lambda_1, \ldots, \lambda_m$ に関する固有ベクトルなら，$\{\boldsymbol{v}_1, \ldots, \boldsymbol{v}_m\}$ は 1 次独立である．

(2) $S_i = \{\boldsymbol{w}_{ij} \mid j = 1, \ldots, N_i\}$ が $E(A, \lambda_i)$ の基底なら，$\bigcup_i S_i$ は 1 次独立である．したがって，$\dim E(A, \lambda_1) + \cdots + \dim E(A, \lambda_m) \leqq n$ である．

証明. (1) $\{\boldsymbol{v}_1, \ldots, \boldsymbol{v}_l\}$ $(l \leqq m)$ が 1 次独立であることを，l に関する帰納法で証明する．$l = 1$ なら，$\boldsymbol{v}_1 \neq \boldsymbol{0}$ なので，$\{\boldsymbol{v}_1\}$ は 1 次独立である．$\{\boldsymbol{v}_1, \ldots, \boldsymbol{v}_l\}$ $(l < m)$ が 1 次独立と仮定する．もし $\{\boldsymbol{v}_1, \ldots, \boldsymbol{v}_{l+1}\}$ が 1 次従属なら，すべては 0 でない $a_1, \ldots, a_{l+1} \in K$ が存在して，$a_1\boldsymbol{v}_1 + \cdots + a_{l+1}\boldsymbol{v}_{l+1} = \boldsymbol{0}$ となる．この両辺に，(i) A をかける，(ii) スカラー λ_{l+1} をかける，という操作をすると，その結果はそれぞれ

$$\lambda_1 a_1 \boldsymbol{v}_1 + \cdots + \lambda_{l+1} a_{l+1} \boldsymbol{v}_{l+1} = \boldsymbol{0},$$

$$\lambda_{l+1} a_1 \boldsymbol{v}_1 + \cdots + \lambda_{l+1} a_{l+1} \boldsymbol{v}_{l+1} = \boldsymbol{0}$$

となる．上から下を引くと

$$(\lambda_1 - \lambda_{l+1}) a_1 \boldsymbol{v}_1 + \cdots + (\lambda_l - \lambda_{l+1}) a_l \boldsymbol{v}_l = \boldsymbol{0}$$

となる．$\{\boldsymbol{v}_1, \ldots, \boldsymbol{v}_l\}$ が 1 次独立なので，

$$(\lambda_1 - \lambda_{l+1}) a_1 = \cdots = (\lambda_l - \lambda_{l+1}) a_l = 0$$

である．仮定より $\lambda_1 - \lambda_{l+1}, \ldots, \lambda_l - \lambda_{l+1} \neq 0$ なので，$a_1 = \cdots = a_l = 0$ である．$a_{l+1}\boldsymbol{v}_{l+1} = \boldsymbol{0}$, $\boldsymbol{v}_{l+1} \neq \boldsymbol{0}$ なので，$a_{l+1} = 0$ である．よって $\{\boldsymbol{v}_1, \ldots, \boldsymbol{v}_{l+1}\}$ は 1 次独立である．l に関する帰納法で，$\{\boldsymbol{v}_1, \ldots, \boldsymbol{v}_m\}$ は 1 次独立である．

(2) $c_{ij} \in K$ で $\sum_{i,j} c_{ij} \boldsymbol{w}_{ij} = \boldsymbol{0}$ なら，

$$\sum_i \left(\sum_j c_{ij} \boldsymbol{w}_{ij} \right) = \boldsymbol{0}$$

とみなすと，(1) より $\sum_j c_{ij} \boldsymbol{w}_{ij} = \boldsymbol{0}$ がすべての i に対し成り立つ．S_i は 1 次独立なので，$c_{ij} = 0$ がすべての i, j に対し成り立つ．よって (2) が従う．□

定義 6.3.2. 正則行列 P と対角行列 Λ があり $A = P\Lambda P^{-1}$ となるとき，A は**対角化可能**であるという．◇

定理 6.3.3. (1) A が対角化可能であることと，K^n が固有ベクトルよりなる基底をもつことは同値である．

(2) $\boldsymbol{v}_1, \ldots, \boldsymbol{v}_n$ が $\lambda_1, \ldots, \lambda_n$ に関する固有ベクトルで，$\{\boldsymbol{v}_1, \ldots, \boldsymbol{v}_n\}$ が 1 次独立なら，$P = (\boldsymbol{v}_1 \ \cdots \ \boldsymbol{v}_n)$, $\Lambda = \mathrm{diag}\{\lambda_1, \ldots, \lambda_n\}$ とおくと (1.6 節の最後参照)，P は正則で $A = P\Lambda P^{-1}$ である．

(3) A が対角化可能であることと，A の固有空間の次元の和が n に等しいことは同値である．

証明. $P = (\boldsymbol{v}_1 \ \cdots \ \boldsymbol{v}_n)$ が正則行列で，$\Lambda = \mathrm{diag}\{\lambda_1, \ldots, \lambda_n\}$, $A = P\Lambda P^{-1}$ なら，命題 4.5.25 より $S = \{\boldsymbol{v}_1, \ldots, \boldsymbol{v}_n\}$ は K^n の基底である．

$$AP\mathbb{e}_i = A\boldsymbol{v}_i = \lambda_i \boldsymbol{v}_i, \qquad P\Lambda\mathbb{e}_i = P\lambda_i\mathbb{e}_i = \lambda_i \boldsymbol{v}_i \tag{6.3.4}$$

だが，$AP = P\Lambda$ なので，$A\boldsymbol{v}_i = \lambda_i \boldsymbol{v}_i$ が $i = 1, \ldots, n$ に対し成り立つ．

逆に $A\boldsymbol{v}_i = \lambda_i \boldsymbol{v}_i$ が $i = 1, \ldots, n$ に対し成り立ち，$S = \{\boldsymbol{v}_1, \ldots, \boldsymbol{v}_n\}$ が K^n の基底なら，$P = (\boldsymbol{v}_1 \ \cdots \ \boldsymbol{v}_n)$ は正則行列で，やはり (6.3.4) より $AP\mathbb{e}_i = P\Lambda\mathbb{e}_i$ がすべての i に対し成り立つ．よって $AP = P\Lambda$ である．P が正則なので，$A = P\Lambda P^{-1}$ である．したがって，(1), (2) が示せた．

A が対角化可能なら，(1) より，固有空間の次元の和は n 以上である．命題 6.3.1(2) より，固有空間の次元の和は n になる．逆も命題 6.3.1(2) より従う (これは K^n が固有空間の『直和』(定義 9.5.2) になるということである)．□

注 6.3.5. 上の定理で $\lambda_1, \ldots, \lambda_n$ が相異なる K の元である必要はない．◇

系 6.3.6. A が n 個の相異なる固有値 $\lambda_1, \ldots, \lambda_n \in K$ をもつとする．このとき，$\boldsymbol{v}_1, \ldots, \boldsymbol{v}_n$ を $\lambda_1, \ldots, \lambda_n$ に関する固有ベクトルとするとき，$\{\boldsymbol{v}_1, \ldots, \boldsymbol{v}_n\}$ は K^n の基底になり，A は対角化可能である．

証明. 命題 6.3.1(1) より $\{\boldsymbol{v}_1, \ldots, \boldsymbol{v}_n\}$ は 1 次独立である．したがって，K^n の基底になる．A が対角化可能であることは定理 6.3.3(2) より従う．□

6.4 対角化の応用

ここでも A は K 上の n 次正方行列とする．A のべき A^k を求めることは応用上重要である．例えば k 年の複数の経済情報がベクトル $\boldsymbol{v}_k$ で表されていて，行列 A があり $\boldsymbol{v}_{k+1} = A\boldsymbol{v}_k$ が成り立っているとする．このとき，$\boldsymbol{v}_k = A^k\boldsymbol{v}_0$ なので，k 年後の情報が得られることになる．A が対角化可能なら，容易に A^k を求めることができる．また，それを使い『差分方程式』や定数係数線形連立微分方程式を解くこともできる．以下 $K = \mathbb{R}$ とし，$\mathbb{R}$ 上対角化できる行列に関して，これらの応用について解説する．

$P = (\boldsymbol{v}_1 \ \cdots \ \boldsymbol{v}_n)$ は正則行列，$A\boldsymbol{v}_i = \lambda_i\boldsymbol{v}_i$ ($\lambda_i \in \mathbb{R}$) で，Λ を $\lambda_1, \ldots, \lambda_n$ を対角成分とする対角行列とする．すると $A = P\Lambda P^{-1}$ である．

定理 6.4.1 (行列のべき (1)). 上の状況で，任意の自然数 k に対し $A^k = P\Lambda^k P^{-1}$ である．

証明.

$$A^k = \overbrace{P\Lambda P^{-1}P\Lambda P^{-1}\cdots P\Lambda P^{-1}}^{k}$$

だが，$P^{-1}P = I_n$ なので，$A^k = P\Lambda\cdots\Lambda P^{-1} = P\Lambda^k P^{-1}$ となる． □

Λ のべきは

$$\Lambda^k = \mathrm{diag}\{\lambda_1^k, \ldots, \lambda_n^k\}$$

となり，これは簡単である．これにより，A^k を表す公式が得られたことになる．

あるベクトル $\boldsymbol{v}_0$ に対して $A^k\boldsymbol{v}_0$ を計算するなら，A^k を求めて $\boldsymbol{v}_0$ にかけるより，$\boldsymbol{v}_0$ を A の固有ベクトルの 1 次結合で書くほうが効率的である．例えば

$$\boldsymbol{v}_0 = C_1\boldsymbol{v}_1 + \cdots + C_n\boldsymbol{v}_n \qquad (C_1, \ldots, C_n \in \mathbb{R})$$

だとする．これが成り立つことと，連立方程式 $P[C_1, \ldots, C_n] = \boldsymbol{v}_0$ は同値である．したがって，$[C_1, \ldots, C_n] = P^{-1}\boldsymbol{v}_0$ である．

すると

$$A^k\boldsymbol{v}_0 = C_1A^k\boldsymbol{v}_1 + \cdots + C_nA^k\boldsymbol{v}_n = C_1\lambda_1^k\boldsymbol{v}_1 + \cdots + C_n\lambda_n^k\boldsymbol{v}_n$$

となり，$A^k\boldsymbol{v}_0$ が求まる．したがって，次の定理を得る．

定理 6.4.2 (行列のべき (2)). $P = (\boldsymbol{v}_1 \ \cdots \ \boldsymbol{v}_n)$ を正則行列，$A\boldsymbol{v}_i = \lambda_i \boldsymbol{v}_i$ $(\lambda_i \in \mathbb{R})$ とする．$\boldsymbol{v}_0 \in \mathbb{R}^n$ に対し $[C_1, \ldots, C_n] = P^{-1}\boldsymbol{v}_0$ とおくと，

$$A^k \boldsymbol{v}_0 = C_1 \lambda_1^k \boldsymbol{v}_1 + \cdots + C_n \lambda_n^k \boldsymbol{v}_n$$

である．

次に，漸化式を満たす数列の一般項を考察する．$\{a_k\}$ は実数列で，漸化式

$$a_{k+n} + c_1 a_{k+n-1} + \cdots + c_n a_k = 0 \tag{6.4.3}$$

$(c_1, \ldots, c_n \in \mathbb{R}$ は定数，$k \in \mathbb{N})$ を満たすとする．このような方程式を**差分方程式**という．このとき，$a_0, \ldots, a_{n-1}$ が与えられれば，上の漸化式により，次々に a_k が決定できるはずである．

$$A = \begin{pmatrix} & 1 & & \\ & & \ddots & \\ & & & 1 \\ -c_n & \cdots & -c_2 & -c_1 \end{pmatrix}, \quad \mathrm{a}_k = \begin{pmatrix} a_k \\ \vdots \\ a_{k+n-1} \end{pmatrix} \tag{6.4.4}$$

とおくと $\mathrm{a}_{k+1} = A\mathrm{a}_k$ である．a_k が求まれば a_k も求まる．したがって，これは $A^k \mathrm{a}_0$ を求める問題に帰着する．ここでは次を仮定する．

仮定 6.4.5. 方程式 $t^n + c_1 t^{n-1} + \cdots + c_n = 0$ は相異なる n 個の実数解 $\lambda_1, \ldots, \lambda_n$ をもつ．

A は λ_i を固有値にもち，$\boldsymbol{v}_i = [1, \lambda_i, \lambda_i^2, \ldots, \lambda_i^{n-1}]$ が A の固有値 λ_i に関する固有ベクトルであることが，$A\boldsymbol{v}_i$ を計算することによりわかる．したがって，$p_A(t)$ は $t - \lambda_i$ で割り切れるが，$\lambda_1, \ldots, \lambda_n$ は相異なるので，$p_A(t)$, $t^n + c_1 t^{n-1} + \cdots + c_n$ は $(t - \lambda_1) \cdots (t - \lambda_n)$ で割り切れる．すべて次数が n なので，この 3 つの多項式は等しい．よって $p_A(t) = t^n + c_1 t^{n-1} + \cdots + c_n$ である．これは仮定 6.4.5 なしでも正しいが，それは演習問題 3.7 である．定理 6.3.6 より，$\{\boldsymbol{v}_1, \ldots, \boldsymbol{v}_n\}$ は $\mathbb{R}^n$ の基底である．

定理 6.4.2 の状況と比べると，ここでの a_0 は定理 6.4.2 の $\boldsymbol{v}_0$ である．

$$Q = \begin{pmatrix} 1 & \cdots & \cdots & 1 \\ \lambda_1 & \cdots & \cdots & \lambda_n \\ \vdots & \vdots & \vdots & \vdots \\ \lambda_1^{n-1} & \cdots & \cdots & \lambda_n^{n-1} \end{pmatrix} \tag{6.4.6}$$

とおくと $Q = (\boldsymbol{v}_1 \ \cdots \ \boldsymbol{v}_n)$ なので，これは定理 6.4.2 の P に対応する．定理 6.3.6 より，$\{\boldsymbol{v}_1, \ldots, \boldsymbol{v}_n\}$ は 1 次独立で Q は正則である．なお，この行列の行列式はヴァンデルモンドの行列式であり，$\det Q$ を例 3.6.3 と同様の方法で計算することもできる．

以上の考察により，$[C_1, \ldots, C_n] = Q^{-1}\mathrm{a}_0$ とすれば

$$\mathrm{a}_k = C_1\lambda_1^k \boldsymbol{v}_1 + \cdots + C_n\lambda_n^k \boldsymbol{v}_n$$

である．$\boldsymbol{v}_1, \ldots, \boldsymbol{v}_n$ の第 1 成分は 1 なので，

$$a_k = C_1\lambda_1^k + \cdots + C_n\lambda_n^k$$

となる．よって次の定理を得る．

定理 6.4.7 (差分方程式の解). 仮定 6.4.5 が成り立っていれば，(6.4.3) を満たす数列の一般項 a_k は $[C_1, \ldots, C_n] = Q^{-1}[a_0, \ldots, a_{n-1}]$ とするとき，

$$a_k = C_1\lambda_1^k + \cdots + C_n\lambda_n^k$$

である．

次に，定数係数線形連立微分方程式を考える．$x_1(t), \ldots, x_n(t)$ を $t \in \mathbb{R}$ の 1 回連続微分可能な実数値関数とする．$\boldsymbol{x}(t) = [x_1(t), \ldots, x_n(t)]$ とおく．$A = (a_{ij})$ に対し，微分方程式

$$\frac{d\boldsymbol{x}}{dt} = \begin{pmatrix} \frac{dx_1}{dt} \\ \vdots \\ \frac{dx_n}{dt} \end{pmatrix} = A\boldsymbol{x} \tag{6.4.8}$$

を考える．

問題 6.4.9. $\boldsymbol{v}_0 \in \mathbb{R}^n$ とする．(6.4.8) を満たし，初期値 $\boldsymbol{x}(0) = \boldsymbol{v}_0$ である解を求めよ．

解答. まず $n = 1$ の場合を考える．$x'(t) = ax(t)$ なら，

$$\begin{aligned} \frac{dx}{x} = a\,dt &\iff \int \frac{dx}{x} = \int a\,dt \\ &\iff \log x = at + \overline{C} \quad (\overline{C} : 定数) \\ &\iff x = Ce^{at} \quad (C = e^{\overline{C}} : 定数) \end{aligned}$$

となる.

一般の n の場合，定理 6.4.1 の状況のように，$A = P\Lambda P^{-1}$ と対角化できているとする．$\boldsymbol{y}(t) = [y_1(t), \ldots, y_n(t)] = P^{-1}\boldsymbol{x}(t)$ とおくと

$$\begin{aligned}\frac{d\boldsymbol{x}}{dt} = A\boldsymbol{x} \iff \frac{d\boldsymbol{x}}{dt} &= P\Lambda P^{-1}\boldsymbol{x} \\ \iff P^{-1}\frac{d\boldsymbol{x}}{dt} &= \Lambda P^{-1}\boldsymbol{x} \\ \iff \frac{dP^{-1}\boldsymbol{x}}{dt} &= \Lambda P^{-1}\boldsymbol{x} \iff \frac{d\boldsymbol{y}}{dt} = \Lambda\boldsymbol{y}.\end{aligned}$$

よって

$$\frac{dy_1}{dt} = \lambda_1 y_1(t), \quad \cdots, \quad \frac{dy_n}{dt} = \lambda_n y_n(t)$$

である．$n = 1$ の場合より

$$y_1(t) = C_1 e^{\lambda_1 t}, \quad \cdots, \quad y_n(t) = C_n e^{\lambda_n t} \qquad (C_1, \ldots, C_n : \text{定数})$$

となる．したがって，

$$\boldsymbol{x}(t) = P\boldsymbol{y}(t) = P\begin{pmatrix} C_1 e^{\lambda_1 t} \\ \vdots \\ C_n e^{\lambda_n t} \end{pmatrix}.$$

$t = 0$ を代入して，

$$\boldsymbol{v}_0 = P\begin{pmatrix} C_1 \\ \vdots \\ C_n \end{pmatrix} \quad \Longrightarrow \quad \begin{pmatrix} C_1 \\ \vdots \\ C_n \end{pmatrix} = P^{-1}\boldsymbol{v}_0.$$

これで解が求まった． □

よって次の定理を得る．

定理 6.4.10 (連立微分方程式の解). A は $\mathbb{R}$ 上の n 次正方行列で $A = P\Lambda P^{-1}$ と対角化可能であるとする．このとき，微分方程式 $d\boldsymbol{x}/dt = A\boldsymbol{x}$ の解で，初期値が $\boldsymbol{x}(0) = \boldsymbol{v}_0$ であるものは

$$\boldsymbol{x}(t) = P\begin{pmatrix} C_1 e^{\lambda_1 t} \\ \vdots \\ C_n e^{\lambda_n t} \end{pmatrix}, \quad \begin{pmatrix} C_1 \\ \vdots \\ C_n \end{pmatrix} = P^{-1}\boldsymbol{v}_0$$

で与えられる．

次に，1 変数の定数係数線形微分方程式を考える．$x(t)$ は $t \in \mathbb{R}$ の実数値関数で微分方程式

$$\frac{d^n}{dt^n}x(t) + c_1\frac{d^{n-1}}{dt^{n-1}}x(t) + \cdots + c_n x(t) = 0 \tag{6.4.11}$$

$(c_1, \ldots, c_n \in \mathbb{R}$ は定数) を満たすとする．このとき，初期条件

$$x(0) = a_0, \quad \cdots, \quad x^{(n-1)}(0) = a_{n-1} \tag{6.4.12}$$

を満たす $x(t)$ を求める．

A は (6.4.4) で定義されているとする．

$$\mathbb{x} = \mathbb{x}(t) = \begin{pmatrix} x(t) \\ \vdots \\ x^{(n-1)}(t) \end{pmatrix}, \qquad \mathbb{a} = \begin{pmatrix} a_0 \\ \vdots \\ a_{n-1} \end{pmatrix} \tag{6.4.13}$$

とおくと，$\mathbb{x}'(t) = A\mathbb{x}(t)$, $\mathbb{x}(0) = \mathbb{a}$ である．これは問題 6.4.9 に帰着する．

この場合も仮定 6.4.5 が成り立っているとする．Q を (6.4.6) で定義すれば，定理 6.4.10 を適用して，(6.4.11) の解 $x(t)$ は

$$\begin{pmatrix} C_1 \\ \vdots \\ C_n \end{pmatrix} = Q^{-1}\mathbb{a}$$

とおくと，$Q[C_1e^{\lambda_1 t}, \ldots, C_ne^{\lambda_n t}]$ の第 1 成分であることがわかる．Q の第 1 行は $[1, \ldots, 1]$ なので，

$$x(t) = C_1e^{\lambda_1 t} + \cdots + C_ne^{\lambda_n t} \tag{6.4.14}$$

である．よって次の定理を得る．

定理 6.4.15 (1 変数微分方程式の解). 仮定 6.4.5 が成り立っていれば，(6.4.11) の解で初期条件 (6.4.12) を満たすものは，$[C_1, \ldots, C_n] = Q^{-1}[a_0, \ldots, a_{n-1}]$ とするとき，

$$x(t) = C_1e^{\lambda_1 t} + \cdots + C_ne^{\lambda_n t}$$

である．

注 6.4.16. 行列は一般には対角化可能ではないが，その場合は 9 章で解説するジョルダン標準形を用いて，定数係数線形連立微分方程式の解を記述することができる．また，固有値が実数でない場合にも，複素数の考察を経て実数の範囲内で解を扱うことも可能である．けれども $\mathbb{R}$ 上対角化可能な場合だけでも，様子は理解できるであろう．一般の場合は，微分方程式の教科書で解説されている． ◇

例 6.4.17. 例 6.2.4 では，

$$A = \begin{pmatrix} -3 & -2 \\ 1 & 0 \end{pmatrix}$$

の固有値と固有ベクトルを求めた．固有値は $\lambda = -1, -2$ で，固有空間はそれぞれ $[1, -1]$, $[2, -1]$ で張られていた．

例として $\boldsymbol{v}_0 = [-3, 1]$ に対し $A^k \boldsymbol{v}_0$ を求める．

$$\begin{pmatrix} 1 & 2 \\ -1 & -1 \end{pmatrix}^{-1} \begin{pmatrix} -3 \\ 1 \end{pmatrix} = \begin{pmatrix} -1 & -2 \\ 1 & 1 \end{pmatrix} \begin{pmatrix} -3 \\ 1 \end{pmatrix} = \begin{pmatrix} 1 \\ -2 \end{pmatrix}$$

なので，定理 6.4.2 より

$$A^k \boldsymbol{v}_0 = (-1)^k \begin{pmatrix} 1 \\ -1 \end{pmatrix} - 2 \cdot (-2)^k \begin{pmatrix} 2 \\ -1 \end{pmatrix} = \begin{pmatrix} (-1)^k - (-2)^{k+2} \\ (-1)^{k+1} - (-2)^{k+1} \end{pmatrix}$$

である． ◇

例 6.4.18. 連立微分方程式

$$\begin{cases} \dfrac{dx}{dt} = -3x - 2y, \\ \dfrac{dy}{dt} = x, \end{cases} \qquad x(0) = -3,\ y(0) = 1$$

を考える．

$$\begin{pmatrix} 1 & 2 \\ -1 & -1 \end{pmatrix}^{-1} \begin{pmatrix} -3 \\ 1 \end{pmatrix} = \begin{pmatrix} 1 \\ -2 \end{pmatrix}$$

なので，定理 6.4.10 より

$$\begin{pmatrix} x \\ y \end{pmatrix} = \begin{pmatrix} 1 & 2 \\ -1 & -1 \end{pmatrix} \begin{pmatrix} e^{-t} \\ -2e^{-2t} \end{pmatrix} = \begin{pmatrix} e^{-t} - 4e^{-2t} \\ -e^{-t} + 2e^{-2t} \end{pmatrix}$$

である． ◇

例 6.4.19. 実数列 a_n は漸化式

$$a_{k+2} - a_{k+1} - a_k = 0$$

を満たし，$a_0 = a_1 = 1$ とする．このとき，定理 6.4.7 を使って a_k の一般項を求める．

$t^2 - t - 1$ の解は $t = (1 \pm \sqrt{5})/2$ である．

$$Q = \begin{pmatrix} 1 & 1 \\ \frac{1+\sqrt{5}}{2} & \frac{1-\sqrt{5}}{2} \end{pmatrix}$$

とすると

$$Q^{-1}\begin{pmatrix} 1 \\ 1 \end{pmatrix} = -\frac{1}{\sqrt{5}}\begin{pmatrix} \frac{1-\sqrt{5}}{2} & -1 \\ -\frac{1+\sqrt{5}}{2} & 1 \end{pmatrix}\begin{pmatrix} 1 \\ 1 \end{pmatrix} = \frac{1}{\sqrt{5}}\begin{pmatrix} \frac{1+\sqrt{5}}{2} \\ \frac{-1+\sqrt{5}}{2} \end{pmatrix}$$

である．よって

$$\begin{aligned} a_k &= \frac{1}{\sqrt{5}}\frac{1+\sqrt{5}}{2}\left(\frac{1+\sqrt{5}}{2}\right)^k + \frac{1}{\sqrt{5}}\frac{-1+\sqrt{5}}{2}\left(\frac{1-\sqrt{5}}{2}\right)^k \\ &= \frac{1}{\sqrt{5}}\left(\frac{1+\sqrt{5}}{2}\right)^{k+1} - \frac{1}{\sqrt{5}}\left(\frac{1-\sqrt{5}}{2}\right)^{k+1} \end{aligned}$$

が一般項である．

なお，この数列は **フィボナッチ (Fibonacci) 数列**とよばれている． ◇

例 6.4.20. 関数 $x = x(t)$ は微分方程式

$$x'' - 3x' + 2x = 0$$

を満たし，$x(0) = 3$, $x'(0) = 2$ とする．このとき，定理 6.4.15 を使って $x(t)$ を求める．

$t^2 - 3t + 2 = 0$ の解は $t = 1, 2$ である．

$$Q = \begin{pmatrix} 1 & 1 \\ 1 & 2 \end{pmatrix}$$

とすると

$$Q^{-1}\begin{pmatrix} 3 \\ 2 \end{pmatrix} = \begin{pmatrix} 2 & -1 \\ -1 & 1 \end{pmatrix}\begin{pmatrix} 3 \\ 2 \end{pmatrix} = \begin{pmatrix} 4 \\ -1 \end{pmatrix}$$

である．よって $x(t) = 4e^t - e^{2t}$ である． ◇

6 章の演習問題

[A]

6.1.

$$A = \begin{pmatrix} 2 & 1 & 0 \\ 1 & -1 & 4 \\ 1 & 1 & 1 \end{pmatrix}, \quad \boldsymbol{v} = \begin{pmatrix} 1 \\ 2 \\ 3 \end{pmatrix}$$

とする．$\boldsymbol{v}$ は A の固有ベクトルか?

6.2.

$$A_1 = \begin{pmatrix} -4 & 3 \\ -6 & 5 \end{pmatrix},\ \boldsymbol{v}_1 = \begin{pmatrix} 2 \\ 3 \end{pmatrix}, \quad A_2 = \begin{pmatrix} 4 & -5 \\ 2 & -3 \end{pmatrix},\ \boldsymbol{v}_2 = \begin{pmatrix} 2 \\ 1 \end{pmatrix},$$
$$A_3 = \begin{pmatrix} 6 & -8 \\ 4 & -6 \end{pmatrix},\ \boldsymbol{v}_3 = \begin{pmatrix} 3 \\ 4 \end{pmatrix}, \quad A_4 = \begin{pmatrix} 7 & 4 \\ 5 & 8 \end{pmatrix},\ \boldsymbol{v}_4 = \begin{pmatrix} 2 \\ -5 \end{pmatrix}$$

とする．各 $i = 1, 2, 3, 4$ に対し以下の問いに答えよ．

(1) A_i の固有値と固有空間を求めよ．

(2) $A_i^4 \boldsymbol{v}_i$ を求めよ．

(3) $\boldsymbol{x} = [x_1, x_2]$ とする．連立微分方程式 $d\boldsymbol{x}/dt = A_i \boldsymbol{x}$ の解で，初期条件 $\boldsymbol{x}(0) = \boldsymbol{v}_i$ を満たすものを求めよ．

6.3.

$$(1)\ A_1 = \begin{pmatrix} 1 & 1 & -1 \\ -1 & 2 & 0 \\ -1 & 1 & 1 \end{pmatrix} \qquad (2)\ A_2 = \begin{pmatrix} 0 & 1 & 1 \\ -1 & 2 & 1 \\ -1 & 1 & 2 \end{pmatrix}$$

$$(3)\ A_3 = \begin{pmatrix} 6 & -1 & 1 \\ 10 & -1 & 2 \\ -10 & 2 & -1 \end{pmatrix} \qquad (4)\ A_4 = \begin{pmatrix} 5 & 23 & 2 \\ 34 & 7 & -7 \\ 6 & -5 & 3 \end{pmatrix}$$

とする．(1)–(4) の行列の固有値と固有空間を求めよ．(4) については Maple を用いて，実数行列として固有値等の近似値を求め，結果を演習問題 6.1 のようにして検証せよ．$t^3 + \cdots = 0$ という形の整数係数の方程式では整数解があれば，それは定数項の約数であることに注意せよ．これらの行列は対角化可能か?

6.4. 実数列 $\{a_n\}$ に関する次の差分方程式の解の一般項を求めよ．

(1) $a_{n+2} - a_{n+1} - 6a_n = 0,\ a_0 = 1,\ a_1 = 2.$

(2) $a_{n+2} + 5a_{n+1} + 6a_n = 0,\ a_0 = 2,\ a_1 = 1.$

(3) $a_{n+2} + 2a_{n+1} - 8a_n = 0,\ a_0 = -2,\ a_1 = 3.$

(4) $a_{n+2} - 6a_{n+1} + 8a_n = 0,\ a_0 = 3,\ a_1 = 0.$

6.5. 関数 $f(x)$ に関する次の微分方程式の解を求めよ．

(1) $f''(x) - 2f'(x) - 3f(x) = 0,\ f(0) = 1,\ f'(0) = 1.$

(2) $f''(x) + 5f'(x) + 4f(x) = 0,\ f(0) = -3,\ f'(0) = 0.$

(3) $f''(x) - 5f'(x) + 6f(x) = 0,\ f(0) = 2,\ f'(0) = -4.$

(4) $f''(x) - 4f'(x) + 3f(x) = 0,\ f(0) = 1,\ f'(0) = -1.$

6.6.

$$A = \begin{pmatrix} 3 & 1 & -2 \\ 2 & 5 & 3 \\ 4 & -7 & 2 \end{pmatrix}$$

とする．A^{50} を Maple を使い (固有値を使わず) 直接計算せよ．この程度の行列なら，固有値により対角化しなくても，50 乗くらいなら簡単に計算できてしまう．

[B]

6.7 (行列の指数関数). (1) $A = (a_{ij}) \in \mathrm{M}(n,n)_{\mathbb{C}}$ に対し $\|A\| = \max\{|a_{ij}|\}$ と定義する．$B \in \mathrm{M}(n,n)_{\mathbb{C}}$ でもあれば $\|AB\| \leqq n\|A\|\|B\|$ であることを証明せよ．

(2) $e^A = \exp(A) = \sum_{m=0}^{\infty} \frac{1}{m!} A^m n$ と定義すると，すべての成分が絶対収束し，この定義が well-defined であることを示せ．

(3) $t \in \mathbb{R}$ に対し $f_A(t) = e^{tA}$ とおくと，これは行列を値にもつ関数である．成分ごとに $f_A(t)$ を微分すると，$f'_A(t) = Af_A(t) = f_A(t)A$ であることを証明せよ．これにより $\boldsymbol{x}(t) = f_A(t)\boldsymbol{v}$ なら，$\boldsymbol{x}'(t) = A\boldsymbol{x}(t)$ で $\boldsymbol{x}(0) = \boldsymbol{v}$ であることがわかる．

6.8. A を n 次正方行列とするとき，$p_A(t) = p_{{}^tA}(t)$ であることを証明せよ．

6.9 (確率行列). $A = (a_{ij}) \in \mathrm{M}(n,n)_{\mathbb{R}}$ はすべての i, j に対して $0 \leqq a_{ij} \leqq 1$ であり，すべての i に対し $\sum_j a_{ij} = 1$ であるとする．

(1) A は固有値 1 をもつことを示せ．

(2) A のすべての固有値は絶対値が 1 以下であることを示せ．

6.10. 行列

$$A = \begin{pmatrix} 2 & 1 \\ 0 & 2 \end{pmatrix}$$

は対角化できないことを証明せよ．

6.11 (シュール (Schur) の補題). $X \subset \mathrm{M}(n,n)_{\mathbb{C}}$ とする (X は有限集合でも無限集合でもよい)．$W \subset \mathbb{C}^n$ が任意の $A \in X$ に対し $T_A(W) \subset W$ となるとき，X の不変部分空間という．X の不変部分空間が $\{\mathbf{0}\}, \mathbb{C}^n$ のみで，$B \in \mathrm{M}(n,n)_{\mathbb{C}}$ がすべての $A \in X$ に対し $AB = BA$ であるとき，B はスカラー行列であることを証明せよ．

7章　座標と表現行列

一般の線形写像を調べるにはどうしたらいいだろう？ 有限次元ベクトル空間の場合，基底を選んで線形写像を行列で表し，その性質を行列の計算にもち込んで調べる，というのは一つのアプローチである．以下解説する線形写像の表現行列は，それを実現する手段である．

7.1　ベクトルの座標

線形写像の考察を行列の考察にもち込む前に，一般のベクトル空間の考察を列ベクトルの考察にもち込まなければならない．そのために，基底に関する座標の概念を導入する．

この章では $K=\mathbb{R},\mathbb{C}$ (数学専攻の読者なら任意の体) とする．V は K 上のベクトル空間で，$S=\{\boldsymbol{v}_1,\dots,\boldsymbol{v}_n\}$ を基底にもつとする．したがって $\dim V=n<\infty$ である．基底の定義より，任意の $\boldsymbol{v}\in V$ は $\boldsymbol{v}=a_1\boldsymbol{v}_1+\cdots+a_n\boldsymbol{v}_n$ $(a_1,\dots,a_n\in K)$ と S の 1 次結合で表される．

命題 7.1.1. $\boldsymbol{v}\in V$ に対し，$\boldsymbol{v}=a_1\boldsymbol{v}_1+\cdots+a_n\boldsymbol{v}_n$ となる $a_1,\dots,a_n\in K$ は $\boldsymbol{v}$ によって一意的に定まる．

証明. $\boldsymbol{v}=a_1\boldsymbol{v}_1+\cdots+a_n\boldsymbol{v}_n=b_1\boldsymbol{v}_1+\cdots+b_n\boldsymbol{v}_n$ $(a_1,\dots,b_n\in K)$ とすると

$$(a_1-b_1)\boldsymbol{v}_1+\cdots+(a_n-b_n)\boldsymbol{v}_n=\boldsymbol{0}$$

である．S は 1 次独立なので，$a_1-b_1=\cdots=a_n-b_n=0$ である．よって $a_1=b_1,\dots,a_n=b_n$ となる． □

命題 7.1.1 より次の定義が可能になる．

定義 7.1.2. $\boldsymbol{v}=a_1\boldsymbol{v}_1+\cdots+a_n\boldsymbol{v}_n$ であるとき，$\boldsymbol{a}=[a_1,\dots,a_n]$ を $\boldsymbol{v}$ の S に関する**座標ベクトル**といい $[\boldsymbol{v}]_S=\boldsymbol{a}$ と書く． ◇

例 7.1.3. $V = K^n$ のとき，$S = \{\mathbb{e}_1, \ldots, \mathbb{e}_n\}$ を V の標準基底ということは以前述べた (例 4.5.22 参照). $\boldsymbol{x} = [x_1, \ldots, x_n]$ なら，標準基底に関しての $\boldsymbol{x}$ の座標ベクトルは $\boldsymbol{x}$ 自身である. ◇

例 7.1.4. $V = P_n$ を，K の元を係数とする 1 変数 x の多項式で，次数が n 以下であるものの集合とする (例 4.1.5 参照). $S = \{1, x, \ldots, x^n\}$ を P_n の標準基底ということは以前述べた. $p(x) = a_0 + \cdots + a_n x^n$ なら，$p(x)$ の標準基底に関しての座標ベクトルは $[a_0, \ldots, a_n]$ である. ◇

例 7.1.5. $V = \mathrm{M}(2,2)_K$,

$$E_{11} = \begin{pmatrix} 1 & 0 \\ 0 & 0 \end{pmatrix},\ E_{12} = \begin{pmatrix} 0 & 1 \\ 0 & 0 \end{pmatrix},\ E_{21} = \begin{pmatrix} 0 & 0 \\ 1 & 0 \end{pmatrix},\ E_{22} = \begin{pmatrix} 0 & 0 \\ 0 & 1 \end{pmatrix}$$

とおく. $S = \{E_{11}, E_{12}, E_{21}, E_{22}\}$ とすると S は V の基底である. これがこの場合の標準基底ということは以前述べた (例 4.5.23 参照). $A = \begin{pmatrix} a & b \\ c & d \end{pmatrix}$ の S に関する座標ベクトルは $[a, b, c, d]$ である. ◇

V を K 上のベクトル空間，$S = \{\boldsymbol{v}_1, \ldots, \boldsymbol{v}_n\} \subset V$ を基底とするとき，$\phi_S : K^n \to V$ を

$$\phi_S([x_1, \ldots, x_n]) = x_1\boldsymbol{v}_1 + \cdots + x_n\boldsymbol{v}_n \tag{7.1.6}$$

と定める. また，$\boldsymbol{v} \to [\boldsymbol{v}]_S$ は V から K^n への写像である.

> **命題 7.1.7.** ϕ_S と $[*]_S$ はともに線形写像であり，互いに逆写像となっている. したがって，V と K^n は同型である.

証明. ϕ_S が線形写像であることは明らかである. 命題 7.1.1 と，S が V を張ることにより，ϕ_S は全単射で $[*]_S$ はその逆写像である. よって命題 4.4.3 より $[*]$ も線形写像であり，ϕ_S と $[*]_S$ はともに同型である. □

命題 7.1.7 により，V に関連するどのような線形な対象も，K^n の対象に対応するはずである. 列ベクトルの空間 K^n ではさまざまな計算が可能なので，V に関する問題を列ベクトルの言葉で解釈し，計算にもち込むことができる. それが基底に関する座標ベクトルを考えるメリットである.

例えば線形関係については次の命題が成り立つ. 証明はほぼ明らかである.

命題 7.1.8. V を K 上の n 次元ベクトル空間，S を V の基底，$\boldsymbol{v}_1, \ldots, \boldsymbol{v}_m \in V$，$\boldsymbol{w}_1 = [\boldsymbol{v}_1]_S, \ldots, \boldsymbol{w}_m = [\boldsymbol{v}_m]_S \in K^n$ とする．このとき，$\{\boldsymbol{v}_1, \ldots, \boldsymbol{v}_m\}$ と $\{\boldsymbol{w}_1, \ldots, \boldsymbol{w}_m\}$ は同じ線形関係を満たす．

次の例で，有限個の元で張られる部分空間の基底を選び，線形関係を求めるという問題を考えてみよう．

問題 7.1.9. $V = P_2$ とする．$S_0 = \{1, x, x^2\}$ を V の標準基底，

$$p_1(x) = 1 + 2x + 3x^2, \quad p_2(x) = 2 + 4x + 6x^2,$$
$$p_3(x) = 1 + 3x + 3x^2, \quad p_4(x) = -1 - 4x - 3x^2$$

とする．

(1) $S = \{p_1, \ldots, p_4\}$ の部分集合で $\langle S \rangle$ の基底になるものを 1 つ求めよ．

(2) $p_1, \ldots, p_4$ を (1) で求めた基底の 1 次結合で表せ．

解答. $p_1, \ldots, p_4$ の座標ベクトルを列ベクトルにもつ行列の rref は

$$\begin{pmatrix} 1 & 2 & 1 & -1 \\ 2 & 4 & 3 & -4 \\ 3 & 6 & 3 & -3 \end{pmatrix} \to \begin{pmatrix} 1 & 2 & 1 & -1 \\ 0 & 0 & 1 & -2 \\ 0 & 0 & 0 & 0 \end{pmatrix} \to \begin{pmatrix} 1 & 2 & 0 & 1 \\ 0 & 0 & 1 & -2 \\ 0 & 0 & 0 & 0 \end{pmatrix}$$

となる．ピボットは第 1,3 列にあるので，(1) の答えは $\{p_1, p_3\}$ である．

$$\begin{pmatrix} 2 \\ 0 \\ 0 \end{pmatrix} = 2 \begin{pmatrix} 1 \\ 0 \\ 0 \end{pmatrix}, \quad \begin{pmatrix} 1 \\ -2 \\ 0 \end{pmatrix} = \begin{pmatrix} 1 \\ 0 \\ 0 \end{pmatrix} - 2 \begin{pmatrix} 0 \\ 1 \\ 0 \end{pmatrix}$$

なので，これに ϕ_S を適用すると $p_2 = 2p_1$, $p_4 = p_1 - 2p_3$ となる．これが (2) の答えである． □

7.2 線形写像の表現行列

V, W を K 上のベクトル空間，$S_1 = \{\boldsymbol{v}_1, \ldots, \boldsymbol{v}_n\}$, $S_2 = \{\boldsymbol{w}_1, \ldots, \boldsymbol{w}_m\}$ を V, W の基底とする (したがって $\dim V = n$, $\dim W = m$)．今度は V, W 間の線形写像を行列で解釈する．

$\phi_{S_1} : K^n \to V$, $\phi_{S_2} : K^m \to W$ を (7.1.6) で定義された同型とする．

定義 7.2.1. $T: V \to W$ を線形写像とする．このとき，A が $m \times n$ 行列で

$$T \circ \phi_{S_1} = \phi_{S_2} \circ T_A$$

となるとき，A を T の S_1, S_2 に関する**表現行列**という．$V = W$, $S_1 = S_2 = S$ なら，T の S に関する表現行列ともいう．◇

上の条件は $T_A = \phi_{S_2}^{-1} \circ T \circ \phi_{S_1}$ と同値である．右辺は $K^n \to K^m$ の線形写像なので，命題 4.2.4 より必ず T_A という形をしていて，この A は T によって一意的に定まる．だから，線形写像と基底に対し表現行列は一意的に存在する．

この概念をもう少し説明しよう．そのために，次のような図を書くことにする．

可換図式

$$\begin{array}{ccc} V & \xrightarrow{T} & W \\ \phi_{S_1}\uparrow & \circlearrowright & \uparrow\phi_{S_2} \\ K^n & \xrightarrow{T_A} & K^m \end{array}$$

左下 → 左上 → 右上
= 左下 → 右下 → 右上

定義 7.2.1 の $T \circ \phi_{S_1} = \phi_{S_2} \circ T_A$ という条件は，上の図で左下から出発して，上 → 右と行くのと，右 → 上と行くのが一致するということを意味する．一般に上のような図で始点と終点が同じ場合，写像の合成が経路によらず一致するということを示すことがよくある．このような図のことを**可換図式**という．なお，上の場合 左下 → 左上 → 右上 という写像は，先に ϕ_{S_1} を適用した後 T を適用するので，$T \circ \phi_{S_1}$ となることに注意する．

A の第 i 列は $A\mathbb{e}_i$ である．それを決定するには，上の可換図式で，左下から $\mathbb{e}_i$ で出発して上に行き，T を適用した後右下に行けばよい．右下に行くときは矢印を逆に進むので，ϕ_{S_2} の逆写像，つまり S_2 に関する座標ベクトルをとることになる．$\phi_{S_1}(\mathbb{e}_i) = \boldsymbol{v}_i$ だから，結局 $T(\boldsymbol{v}_i)$ の座標ベクトルを求めればよいことになる．よって次の定理を得る．

定理 7.2.2 (表現行列の求めかた). V, W を K 上のベクトル空間，$S_1 = \{\boldsymbol{v}_1, \ldots, \boldsymbol{v}_n\}$, $S_2 = \{\boldsymbol{w}_1, \ldots, \boldsymbol{w}_m\}$ を V, W の基底とする．$T: V \to W$ が線形写像なら，その S_1, S_2 に関する表現行列は

$$\Big([T(\boldsymbol{v}_1)]_{S_2} \quad \cdots \quad [T(\boldsymbol{v}_n)]_{S_2} \Big)$$

である．

S_1, S_2 が例 7.1.3, 7.1.4, 4.5.23 の標準基底の場合には簡単である．一般の S_1, S_2 の場合は，後で解説する『基底変換の行列』を使うことになる．

上の可換図式により，T を T_A と同一視することができる．対応する行列 A の $\mathrm{Ker}(T_A)$, $\mathrm{Im}(T_A)$ などは A の rref によって調べることができるので，$\mathrm{Ker}(T)$, $\mathrm{Im}(T)$ などを調べることができるようになる．これは命題の形で書いておくことにする．証明は明らかである．

命題 7.2.3. 定義 7.2.1 の状況で，それぞれ ϕ_{S_1}，ϕ_{S_2} により $\mathrm{Ker}(T_A) \cong \mathrm{Ker}(T)$, $\mathrm{Im}(T_A) \cong \mathrm{Im}(T)$ である．したがって，それらの次元も等しい．

系 7.2.4 (次元公式). $\dim V = \dim \mathrm{Ker}(T) + \dim \mathrm{Im}(T)$

証明. T_A に対しては系 4.6.3 により成り立っている．一般の T に対しては上の命題より従う． □

例 7.2.5. $K = \mathbb{R}$ 上で P_2 を考える．この場合の標準基底は $S_0 = \{1, x, x^2\}$ である．線形写像 $T : P_2 \to P_2$ を

$$T(p)(x) = xp''(x) - xp'(x) + 2p(x-1)$$

と定義する．なお $p'(x)$ は微分である．この T が線形写像であることは認める．このとき，$\mathrm{Ker}(T)$, $\mathrm{Im}(T)$ を決定する．

$$T(1)(x) = 0 - 0 + 2 = 2 \qquad \to \begin{pmatrix} 2 \\ 0 \\ 0 \end{pmatrix},$$

$$T(x)(x) = 0 - x + 2(x-1) = x - 2 \qquad \to \begin{pmatrix} -2 \\ 1 \\ 0 \end{pmatrix},$$

$$T(x^2)(x) = x \cdot 2 - x \cdot (2x) + 2(x-1)^2 = -2x + 2 \qquad \to \begin{pmatrix} 2 \\ -2 \\ 0 \end{pmatrix}$$

となるので，S_0 に関する T の表現行列は

$$A = \begin{pmatrix} 2 & -2 & 2 \\ 0 & 1 & -2 \\ 0 & 0 & 0 \end{pmatrix}$$

である．なお $p(x) = 1$ なら，$p(x-1) = 1$ である．

$$\begin{pmatrix} 2 & -2 & 2 \\ 0 & 1 & -2 \\ 0 & 0 & 0 \end{pmatrix} \to \begin{pmatrix} 2 & 0 & -2 \\ 0 & 1 & -2 \\ 0 & 0 & 0 \end{pmatrix} \to \begin{pmatrix} 1 & 0 & -1 \\ 0 & 1 & -2 \\ 0 & 0 & 0 \end{pmatrix}$$

と rref になるので，$\mathrm{Ker}(T_A) \ni \boldsymbol{x} = [x_1, x_2, x_3]$ なら $x_1 = x_3$，$x_2 = 2x_3$ である．よって $\mathrm{Ker}(T_A)$ は $[1,2,1]$ で張られる部分空間で，$\mathrm{Im}(T_A)$ は A の最初の 2 つの列ベクトルを基底にもつ．したがって，$\dim \mathrm{Ker}(T) = 1$，$\dim \mathrm{Im}(T) = 2$ であり，その基底としてそれぞれ

$$\{1 + 2x + x^2\}, \quad \{2, x-2\}$$

をとれる． ◇

例 7.2.6. $V = \mathbb{C}$ を $\mathbb{R}$ 上のベクトル空間とみなす．$S = \{1, \sqrt{-1}\}$ は V の $\mathbb{R}$ 上の基底である．$t = \alpha + \beta\sqrt{-1}$ $(\alpha, \beta \in \mathbb{R})$ とし，$T(\boldsymbol{v}) = t\boldsymbol{v}$ $(\boldsymbol{v} \in V)$ と定義すると，T は線形写像である．T の S に関する表現行列を求める．

$$1 \to t \to \begin{pmatrix} \alpha \\ \beta \end{pmatrix}, \quad \sqrt{-1} \to t\sqrt{-1} = -\beta + \alpha\sqrt{-1} \to \begin{pmatrix} -\beta \\ \alpha \end{pmatrix}$$

なので，表現行列は

$$\begin{pmatrix} \alpha & -\beta \\ \beta & \alpha \end{pmatrix}$$

である． ◇

例 7.2.7. $V = \mathrm{M}(2,2)_K$，$W = K^2$ とし，S_1, S_2 をそれぞれの標準基底とする．線形写像 $T : V \to W$ を

$$T(A) = {}^t\!A \begin{pmatrix} 1 \\ 2 \end{pmatrix} + {}^t((2 \ \ -1)A)$$

と定義する．このとき，$\mathrm{Ker}(T)$, $\mathrm{Im}(T)$ を決定する．

$$\begin{pmatrix} 1 & 0 \\ 0 & 0 \end{pmatrix} \to \begin{pmatrix} 1 \\ 0 \end{pmatrix} + \begin{pmatrix} 2 \\ 0 \end{pmatrix} = \begin{pmatrix} 3 \\ 0 \end{pmatrix},$$
$$\begin{pmatrix} 0 & 1 \\ 0 & 0 \end{pmatrix} \to \begin{pmatrix} 0 \\ 1 \end{pmatrix} + \begin{pmatrix} 0 \\ 2 \end{pmatrix} = \begin{pmatrix} 0 \\ 3 \end{pmatrix},$$
$$\begin{pmatrix} 0 & 0 \\ 1 & 0 \end{pmatrix} \to \begin{pmatrix} 2 \\ 0 \end{pmatrix} + \begin{pmatrix} -1 \\ 0 \end{pmatrix} = \begin{pmatrix} 1 \\ 0 \end{pmatrix},$$
$$\begin{pmatrix} 0 & 0 \\ 0 & 1 \end{pmatrix} \to \begin{pmatrix} 0 \\ 2 \end{pmatrix} + \begin{pmatrix} 0 \\ -1 \end{pmatrix} = \begin{pmatrix} 0 \\ 1 \end{pmatrix}$$

となるので，表現行列は

$$\begin{pmatrix} 3 & 0 & 1 & 0 \\ 0 & 3 & 0 & 1 \end{pmatrix}$$

である．この rref は

$$\begin{pmatrix} 1 & 0 & \frac{1}{3} & 0 \\ 0 & 1 & 0 & \frac{1}{3} \end{pmatrix}.$$

$\mathrm{Ker}(T_A), \mathrm{Im}(T_A)$ はそれぞれ

$$\{[1,0,-3,0],\ [0,1,0,-3]\}, \qquad \{[3,0],[0,3]\}$$

を基底にもつ．したがって，T は全射で，$\mathrm{Ker}(T)$ は

$$\left\{ \begin{pmatrix} 1 & 0 \\ -3 & 0 \end{pmatrix}, \begin{pmatrix} 0 & 1 \\ 0 & -3 \end{pmatrix} \right\}$$

を基底にもつ． ◇

7.3　座標と基底の変換行列

これまでの例では標準基底のみを考えたが，一般の基底に関して座標ベクトルや表現行列を考えるには，基底の変換行列を考える必要がある．

定義 7.3.1. V を K 上の n 次元ベクトル空間，S_1, S_2 を V の基底とする．正則行列 P が，任意の $v \in V$ に対し $P[\boldsymbol{v}]_{S_1} = [\boldsymbol{v}]_{S_2}$ という条件を満たすとき，P を S_1 から S_2 への基底の**変換行列**，あるいは単に変換行列という． ◇

$[\ ]_{S_i}$ は ϕ_{S_i} の逆写像なので，上の定義は下の図式が可換ということを意味する．

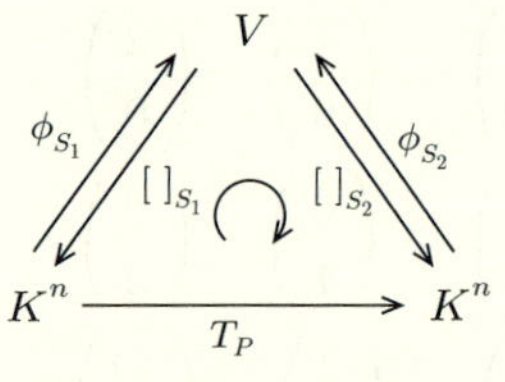

これより $T_P = \phi_{S_2}^{-1} \circ \phi_{S_1}$ である．よって上の定義の P は一意的に存在する．また，S_2 から S_1 への変換行列は P^{-1} である．

例 7.3.2. もし V に標準的な基底が存在すれば，標準基底を経由して P を求めるのが考えやすい．例えば $V=K^2$, $S_1=\{[1,1],[2,1]\}, S_2=\{[-1,1],[1,2]\}$ とし，標準基底を S_0 とおく．一般に，任意の基底から標準基底への変換行列は求めやすい．それはただ，基底の元の標準基底に関する座標ベクトルを書き下せばよいだけだからである．ここでは下の可換図式を考える．

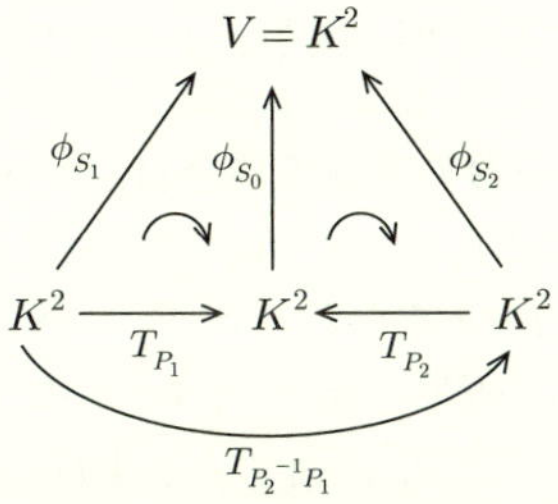

すると，$S_1 \to S_0, S_2 \to S_0$ の変換行列は

$$P_1=\begin{pmatrix}1 & 2\\ 1 & 1\end{pmatrix},\quad P_2=\begin{pmatrix}-1 & 1\\ 1 & 2\end{pmatrix}$$

である．だから $S_1 \to S_2$ の変換行列は

$$P_2^{-1}P_1=-\frac{1}{3}\begin{pmatrix}2 & -1\\ -1 & -1\end{pmatrix}\begin{pmatrix}1 & 2\\ 1 & 1\end{pmatrix}=-\frac{1}{3}\begin{pmatrix}1 & 3\\ -2 & -3\end{pmatrix}$$

となる．例えば $[1,1]$ は S_1 に関する座標ベクトルが $[1,0]$ なので，これに上の変換行列をかけると第 1 列 $-\frac{1}{3}[1,-2]$ になる．だから

$$\begin{pmatrix}1\\ 1\end{pmatrix}=-\frac{1}{3}\begin{pmatrix}-1\\ 1\end{pmatrix}+\frac{2}{3}\begin{pmatrix}1\\ 2\end{pmatrix}$$

であることがわかる． ◇

この例を拡張して，K^n, $\mathrm{M}(m,n)_K$, P_n の場合に，基底間の変換行列の求めかたを命題の形でまとめておく．証明は例 7.3.2 と同様である．

命題 7.3.3. V は上のように標準基底 S_0 をもつベクトル空間とする．S_1, S_2 が V の基底で，S_1, S_2 の元の S_0 に関する座標ベクトルを並べた行列がそれぞれ P, Q とする．このとき，$S_1 \to S_2$, $S_2 \to S_1$ の変換行列はそれぞれ $Q^{-1}P$, $P^{-1}Q$ である．

注 7.3.4. 宇宙船などの中での相対的な水平方向や垂直方向は，地上から見れば水平方向や垂直方向ではないので，方向を考察するのに上のような変換行列を考えることが必要になる．また，地上でも大域的に見れば地球は平坦ではないので，場所による違いは存在する．このように，幾何学的な状況で変換行列が必要になることがある． ◇

線形写像の表現行列で変換行列の考察が必要な場合を考える．

定理 7.3.5 (表現行列 (一般の基底の場合)). V, W は K 上の有限次元ベクトル空間で，S_1, S_2 はそれぞれ V, W の基底とする．S_1', S_2' をそれぞれ V, W の別の基底とし，P, Q をそれぞれ $S_1' \to S_1$, $S_2' \to S_2$ の基底変換行列とする．$T : V \to W$ が線形写像で A が T の S_1, S_2 に関する表現行列とする．このとき，T の S_1', S_2' に関する表現行列は $Q^{-1}AP$ である．

証明. この定理は次の可換図式より従う．

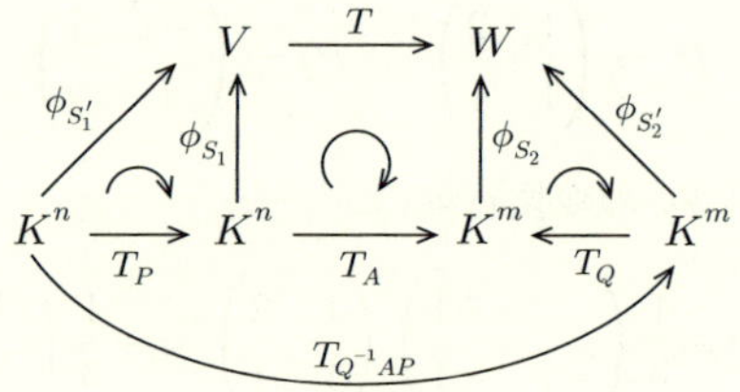

□

注 7.3.6. 一般の基底に関する表現行列を考える場合，もし V, W ともに標準基底をもち，それに関する表現行列がわかっている場合には，上の命題をそのまま適用すればよいが，最初から一般の基底 S_1, S_2 が指定されているときには，W に関してだけ標準基底 S_0 を考え，S_1, S_0 に関する表現行列を求め，それに上の命題を適用するのが効率的である．S_1 は標準基底でなくても定理 7.2.2 は使え，S_0 に関する座標ベクトルを求めることと，$S_2 \to S_0$ の座標変換行列を求めることは簡単なので，その逆行列をかけるだけでよい． ◇

例 7.3.7. 例 7.2.7 の状況で K^2 の基底として $S_3 = \{[1,1],[1,2]\}$ を考える．S_3 から S_2 への変換行列は $\begin{pmatrix} 1 & 1 \\ 1 & 2 \end{pmatrix}$ である．定理 7.3.5 より，S_1, S_3 に関する表現行列は

$$\begin{pmatrix} 1 & 1 \\ 1 & 2 \end{pmatrix}^{-1} \begin{pmatrix} 3 & 0 & 1 & 0 \\ 0 & 3 & 0 & 1 \end{pmatrix} = \begin{pmatrix} 6 & -3 & 2 & -1 \\ -3 & 3 & -1 & 1 \end{pmatrix}$$

となる. ◇

注 7.3.8. A が n 次正則行列なら, $(A \mid B)$ の rref を $(I_n \mid C)$ とするとき, $C = A^{-1}B$ であることが定理 1.10.1 の証明と同様の議論でわかる. これは上のような状況では有用になる. ◇

最後に, 線形写像の 2 つの基底に関する表現行列の関係を調べる. V を K 上のベクトル空間, $T : V \to V$ を線形写像, S_1, S_2 を V の 2 つの基底とする. T の S_1, S_2 に関する表現行列をそれぞれ A, B とする.

P を S_2 から S_1 への基底の変換行列とする. 定理 7.3.5 をこの状況に適用すると, 定理 7.3.5 における P, Q は等しいので, 次の命題を得る.

命題 7.3.9. V を K 上の有限次元ベクトル空間, $T : V \to V$ を線形写像, S_1, S_2 を V の 2 つの基底とする. T の S_1, S_2 に関する表現行列をそれぞれ A, B とする. このとき, 正則行列 P があって $B = P^{-1}AP$ である.

7.4　線形写像の固有値と固有ベクトル

行列の固有値と固有ベクトルは定義 6.2.1 で定義したが, 一般の線形写像に対しても固有値と固有ベクトルを定義する.

定義 7.4.1. V を K 上のベクトル空間, $T : V \to V$ を線形写像とする. このとき, $\lambda \in K$ が T の**固有値**とは, $\mathbf{0}$ でないベクトル $\boldsymbol{v} \in V$ があり $T(\boldsymbol{v}) = \lambda \boldsymbol{v}$ が成り立つことである. この $\boldsymbol{v}$ を λ に関する**固有ベクトル**という. λ が固有値のとき, $E(T, \lambda) = \{\boldsymbol{v} \in V \mid T(\boldsymbol{v}) = \lambda \boldsymbol{v}\}$ とおき, λ に関する**固有空間**という. ◇

固有空間は部分空間である. なお, 上の定義でベクトル空間が有限次元である必要はない.

例 7.4.2. $V = C^\infty(\mathbb{R})$ を $\mathbb{R}$ 上何回でも微分できる関数の集合とし, 関数としての加法と $\mathbb{R}$ のスカラー倍を考える. すると V は $\mathbb{R}$ 上のベクトル空間である. 写像 $\Delta : V \to V$ を

$$(\Delta f)(x) = f''(x)$$

と定義する. 容易にわかるように, これは線形写像である. 実数 λ に対し $f_\lambda(x) = \sin \lambda x$ とすれば, $\Delta f_\lambda(x) = -\lambda^2 f_\lambda(x)$ なので, $f_\lambda(x)$ は Δ の固有値 $-\lambda^2$ に

関する固有ベクトルである. ◇

ベクトル空間が有限次元の場合, 固有値, 固有ベクトルの問題は, 次の命題のように行列の固有値, 固有ベクトルに帰着する.

命題 7.4.3. V を K 上の $\{\mathbf{0}\}$ でないベクトル空間, $S = \{\boldsymbol{v}_1, \ldots, \boldsymbol{v}_n\}$ を V の基底, $T : V \to V$ を線形写像, A を T の S に関する表現行列とする. このとき, $\lambda \in K$ が T の固有値であることと, A の固有値であることとは同値である. 固有値 λ に対し, K^n における固有ベクトルと V における固有ベクトルは, $\boldsymbol{x} \to \phi_S(\boldsymbol{x})$ という対応によって 1 対 1 に対応する. 特に, $K = \mathbb{C}$ (数学専攻の読者なら K は代数閉体) なら, T は V に固有ベクトルをもつ.

証明. 表現行列の定義より $T \circ \phi_S = \phi_S \circ T_A$ である (ϕ_S については (7.1.6) 参照). もし $\boldsymbol{x} \in K^n$ が A の $\lambda \in K$ に関する固有ベクトルなら, $A\boldsymbol{x} = \lambda\boldsymbol{x}$. よって

$$T(\phi_S(\boldsymbol{x})) = \phi_S(A\boldsymbol{x}) = \phi_S(\lambda\boldsymbol{x}) = \lambda\phi_S(\boldsymbol{x})$$

である. これは $\phi_S(\boldsymbol{x}) \in V$ が固有ベクトルであることを意味する. 逆も同様である.

$K = \mathbb{C}$ (数学専攻の読者なら K は代数閉体) なら, A の特性方程式 $p_A(t) = 0$ は解をもつので, 最後の主張が従う. □

命題 7.4.4. V を K 上のベクトル空間, $S = \{\boldsymbol{v}_1, \ldots, \boldsymbol{v}_n\}$ を V の基底, $T : V \to V$ を線形写像, A を T の S に関する表現行列とする. このとき, A の特性多項式は基底 S のとりかたによらず定まる. 特に, P が正則行列なら, A と $P^{-1}AP$ の特性多項式は等しい.

証明. B を違う基底に関する T の表現行列とすると, 命題 7.3.9 より正則行列 P があり, $B = P^{-1}AP$ である. よって

$$\begin{aligned} p_B(t) &= \det(tI_n - P^{-1}AP) = \det(tP^{-1}I_nP - P^{-1}AP) \\ &= \det(P^{-1}(tI_n - A)P) = \det P^{-1} \det P \det(tI_n - A) \\ &= p_A(t). \end{aligned}$$

□

7 章の演習問題

[A]

以下，ベクトル空間はすべて $\mathbb{R}$ 上で考える．

7.1. P_2 の元

$$p_1(x) = 2 + x - 3x^2, \quad p_2(x) = 1 - 2x + 5x^2, \quad p_3(x) = 3 + x + 2x^2$$

を考える．$p_3(x)$ は $\{p_1(x), p_2(x)\}$ の 1 次結合か?

7.2.

$$B = \left\{1 + x,\ 1 - x + x^2,\ x^2\right\}$$

とすると，B は P_2 の基底である．

(1) B に関する座標が $[1, 2, -1]$ である P_2 の元を求めよ．

(2) $2 + x + x^2$ の B に関する座標を求めよ．

7.3.

$$B = \{2 + x,\ 3 + 2x\}, \qquad C = \{-5 + 3x,\ 2 - x\}$$

は P_1 の基底である．

(1) C から B への基底変換行列を求めよ．

(2) $2 - x$ を B の 1 次結合として表せ．

7.4.

$$B = \left\{\begin{pmatrix}1 & 1\\0 & 0\end{pmatrix}, \begin{pmatrix}1 & 2\\0 & 0\end{pmatrix}, \begin{pmatrix}0 & 0\\1 & 1\end{pmatrix}, \begin{pmatrix}0 & 0\\3 & 4\end{pmatrix}\right\},$$
$$C = \left\{\begin{pmatrix}3 & 1\\0 & 0\end{pmatrix}, \begin{pmatrix}1 & 1\\0 & 0\end{pmatrix}, \begin{pmatrix}0 & 0\\4 & 5\end{pmatrix}, \begin{pmatrix}0 & 0\\1 & 1\end{pmatrix}\right\}$$

は $\mathrm{M}(2,2)_{\mathbb{R}}$ の基底である．

(1) C に関する座標が $[1, 2, -1, -2]$ である行列 A を求めよ．

(2) C から B への基底変換行列を求めよ．

(3) A を B の 1 次結合で表せ．

7.5. P_2 の元

$$p_1(x) = 1 - 2x + 3x^2, \quad p_2(x) = 2 - 3x + 5x^2, \quad p_3(x) = -1 + 3x - 2x^2,$$
$$p_4(x) = 1 + 2x + 5x^2, \quad p_5(x) = 3 - 5x + 10x^2$$

を考える．

(1) $S = \{p_1(x), \ldots, p_5(x)\}$ の部分集合で，$\langle S \rangle$ の基底となるものを 1 つ求めよ．

(2) S のすべての元を (1) で求めた基底の 1 次結合で表せ．

(3) $p_3(x)$ は $\{p_1(x), p_2(x), p_4(x)\}$ の 1 次結合か?

7.6. $V = P_2$ の元

$$p_1(x) = 1 + 2x + 3x^2, \quad p_2(x) = 2 + 3x + 3x^2, \quad p_3(x) = 4 + 7x + 9x^2,$$
$$p_4(x) = 2 + x - 2x^2, \quad p_5(x) = 11 + 11x + 3x^2$$

を考える．

(1) $S = \{p_1(x), \ldots, p_5(x)\}$ の部分集合で，$\langle S \rangle$ の基底となるものを 1 つ求めよ．

(2) S のすべての元を (1) で求めた基底の 1 次結合で表せ．

(3) $p_4(x)$ は $\{p_1(x), p_2(x), p_5(x)\}$ の 1 次結合か?

7.7. $V = \mathrm{M}(2,2)_{\mathbb{R}}$ とし，

$$A_1 = \begin{pmatrix} 1 & 2 \\ 3 & 2 \end{pmatrix}, \ A_2 = \begin{pmatrix} 1 & 3 \\ 3 & 3 \end{pmatrix}, \ A_3 = \begin{pmatrix} -1 & -3 \\ -2 & 0 \end{pmatrix}, \ A_4 = \begin{pmatrix} 1 & 3 \\ 4 & 7 \end{pmatrix}, \ A_5 = \begin{pmatrix} 1 & 1 \\ 4 & 2 \end{pmatrix}$$

とおく．

(1) $S = \{A_1, \ldots, A_5\}$ の部分集合で，$\langle S \rangle$ の基底となるものを 1 つ求めよ．

(2) S のすべての元を (1) で求めた基底の 1 次結合で表せ．

(3) A_3 は $\{A_1, A_2, A_4\}$ の 1 次結合か?

7.8. $V = P_3$, $W = P_2$ とし，B_1, B_2 を V, W の標準基底とする．$C = \{1 + 3x, 1 + 2x, 1 + x + x^2\}$ も W の基底である．線形写像 $T : V \to W$ を

$$T(f)(x) = xf''(x) + x^2 f'(1) + f(1)$$

と定義する．

(1) T の B_1, B_2 に関する表現行例を求めよ．

(2) $\mathrm{Ker}(T)$ の基底を求めよ．

(3) T の B_1, C に関する表現行例を求めよ．

7.9. $V = P_2$, $W = P_3$ とし，B_1, B_2 を V, W の標準基底とする．$C = \{1 + x + x^2, x + 2x^2, 1 + x + 2x^2\}$ も V の基底である．線形写像 $T : V \to W$ を

$$T(f)(x) = x^2 f''(x) + xf(x) - (x^2 + 1)f(1)$$

と定義する．

(1) T の B_1, B_2 に関する表現行列を求めよ．

(2) T の C, B_2 に関する表現行列を求めよ．

7.10. $V = \mathrm{M}(2,2)_{\mathbb{R}}$, $A = \begin{pmatrix} 1 & 2 \\ 3 & 4 \end{pmatrix}$ とする．$T : V \to V$ を $T(X) = AX - XA$ と定義する．

(1) T の標準基底に関する表現行列を求めよ．

(2) $\mathrm{Ker}(T)$ の基底を求めよ．

(3) $\mathrm{Im}(T)$ の基底を求めよ．

8章　内積と対角化

この章では一般のベクトル空間上で内積の概念を定義し，対角化との関係について解説する．

8.1　内積の定義

8.1–8.3 節では $\mathbb{R}$ 上のベクトル空間のみ考える (無限次元でもよい)．

定義 8.1.1. 写像 $(*,*) : V \times V \to \mathbb{R}$ が次の条件を満たすとき**内積**という．

(1) 任意の $\boldsymbol{v}, \boldsymbol{v}_1, \boldsymbol{v}_2, \boldsymbol{w}, \boldsymbol{w}_1, \boldsymbol{w}_2 \in V$, $r \in \mathbb{R}$ に対し

$$(\boldsymbol{v}_1 + \boldsymbol{v}_2, \boldsymbol{w}) = (\boldsymbol{v}_1, \boldsymbol{w}) + (\boldsymbol{v}_2, \boldsymbol{w}), \quad (r\boldsymbol{v}, \boldsymbol{w}) = r(\boldsymbol{v}, \boldsymbol{w}),$$

$$(\boldsymbol{v}, \boldsymbol{w}_1 + \boldsymbol{w}_2) = (\boldsymbol{v}, \boldsymbol{w}_1) + (\boldsymbol{v}, \boldsymbol{w}_2), \quad (\boldsymbol{v}, r\boldsymbol{w}) = r(\boldsymbol{v}, \boldsymbol{w})$$

である．

(2) 任意の $\boldsymbol{v}, \boldsymbol{w} \in V$ に対し $(\boldsymbol{v}, \boldsymbol{w}) = (\boldsymbol{w}, \boldsymbol{v})$ である．

(3) 任意の $\boldsymbol{v} \in V \setminus \{\boldsymbol{0}\}$ に対し $(\boldsymbol{v}, \boldsymbol{v}) > 0$ である．　◇

(1) の性質は**双線形性**，(2) の性質は**対称性**という．(1), (2) が満たされているものは**対称双線形形式**とよばれる．(3) の性質を満たす対称双線形形式は**正定値**であるという．

2 章では $\boldsymbol{v} \cdot \boldsymbol{w}$ という記号だったが，以降 $(\boldsymbol{v}, \boldsymbol{w})$ という記号を使う．$\boldsymbol{v} \in V$ に対し $\|\boldsymbol{v}\| = \sqrt{(\boldsymbol{v}, \boldsymbol{v})}$ とおき，v の**長さ**という．

例 8.1.2. $\boldsymbol{x} = [x_1, \ldots, x_n]$, $\boldsymbol{y} = [y_1, \ldots, y_n] \in V = \mathbb{R}^n$ に対し

$$(\boldsymbol{x}, \boldsymbol{y}) = x_1 y_1 + \cdots + x_n y_n$$

と定義すると，定義 8.1.1(1), (2) は明らかに満たされ，$\boldsymbol{x} \neq \boldsymbol{0}$ なら $(\boldsymbol{x}, \boldsymbol{x}) = x_1^2 + \cdots + x_n^2 > 0$ なので，(3) が満たされる．よって $(*,*)$ は内積である．これを $\mathbb{R}^n$ の**標準的な内積**という．　◇

例 8.1.3. $\boldsymbol{x} = [x_1, x_2]$, $\boldsymbol{y} = [y_1, y_2] \in V = \mathbb{R}^2$ に対し

$$(\boldsymbol{x}, \boldsymbol{y}) = 4x_1y_1 - 4x_1y_2 - 4x_2y_1 + 5x_2y_2$$

とすると，定義 8.1.1(1), (2) は満たされる．

$$(\boldsymbol{x}, \boldsymbol{x}) = 4x_1^2 - 8x_1x_2 + 5x_2^2 = 4(x_1 - x_2)^2 + x_2^2$$

である．これは非負であり，$(\boldsymbol{x}, \boldsymbol{x}) = 0$ なら $x_1 - x_2 = x_2 = 0$ なので，$x_1 = x_2 = 0$ である．よって $(*, *)$ は内積である． ◇

例 8.1.4. $\boldsymbol{x} = [x_1, x_2]$, $\boldsymbol{y} = [y_1, y_2] \in V = \mathbb{R}^2$ に対し

$$(\boldsymbol{x}, \boldsymbol{y}) = x_1y_1$$

とすると，定義 8.1.1(1), (2) は満たされるが，$\boldsymbol{x} = [0, 1]$ に対しては $(\boldsymbol{x}, \boldsymbol{x}) = 0$ である．よって $(*, *)$ は内積ではない． ◇

定義 8.1.5. $\mathbb{R}^n$ に標準的な内積を考えたものを**ユークリッド (Euclid) 空間**という． ◇

V を内積 $(*, *)$ をもつベクトル空間，$W \subset V$ を部分空間とする．$\boldsymbol{w}_1, \boldsymbol{w}_2 \in W$ に対して $(\boldsymbol{w}_1, \boldsymbol{w}_2)$ を考えたものを $(*, *)$ の W への**制限**という．この制限が W 上の内積であることは明らかである．

8.2 内積と角度，射影

ここでも $\mathbb{R}$ 上のベクトル空間のみ考える．

$V = \mathbb{R}^3$ の場合は，$\boldsymbol{v}, \boldsymbol{w} \in V$ が直交することと，条件 $(\boldsymbol{v}, \boldsymbol{w}) = 0$ は同値であった．この類似で，V を $\mathbb{R}$ 上のベクトル空間，$(*, *)$ を V 上の内積とするとき，$\boldsymbol{v}, \boldsymbol{w} \in V$ で $(\boldsymbol{v}, \boldsymbol{w}) = 0$ なら，$\boldsymbol{v}$ と $\boldsymbol{w}$ は**直交する**という．

もっと一般に，ベクトルの間の角度を定義できる．それには，シュワルツ (Schwarz) の不等式を使うのが標準的な方法である．

V をベクトル空間，$(*, *)$ を V 上の内積とする．

命題 8.2.1. $\boldsymbol{v}, \boldsymbol{w} \in V$ とするとき，次の不等式が成り立つ．

(1) **(シュワルツ (Schwarz) の不等式)** $|(\boldsymbol{v}, \boldsymbol{w})| \leqq \|\boldsymbol{v}\|\|\boldsymbol{w}\|$.

(2) **(三角不等式)** $\|\boldsymbol{v} + \boldsymbol{w}\| \leqq \|\boldsymbol{v}\| + \|\boldsymbol{w}\|$.

証明. (1) $\boldsymbol{v}=\boldsymbol{0}$ または $\boldsymbol{w}=\boldsymbol{0}$ なら，(1), (2) ともに明らかである．したがって，$\boldsymbol{v},\boldsymbol{w}\in V\setminus\{\boldsymbol{0}\}$ と仮定する．

$t\in\mathbb{R}$ なら，

$$0\leqq\|t\boldsymbol{v}+\boldsymbol{w}\|^2=(t\boldsymbol{v}+\boldsymbol{w},t\boldsymbol{v}+\boldsymbol{w})=t^2\|\boldsymbol{v}\|^2+2t(\boldsymbol{v},\boldsymbol{w})+\|\boldsymbol{w}\|^2$$

である．$\|\boldsymbol{v}\|^2>0$ であり，上の不等式がすべての t に対して成り立つので，

$$(\boldsymbol{v},\boldsymbol{w})^2-\|\boldsymbol{v}\|^2\|\boldsymbol{w}\|^2\leqq 0$$

でなければならない．これより (1) が従う．

$$\begin{aligned}\|\boldsymbol{v}+\boldsymbol{w}\|^2-(\|\boldsymbol{v}\|+\|\boldsymbol{w}\|)^2&=\|\boldsymbol{v}\|^2+\|\boldsymbol{w}\|^2+2(\boldsymbol{v},\boldsymbol{w})\\&\quad-(\|\boldsymbol{v}\|^2+\|\boldsymbol{w}\|^2+2\|\boldsymbol{v}\|\|\boldsymbol{w}\|)\\&=2(\boldsymbol{v},\boldsymbol{w})-2\|\boldsymbol{v}\|\|\boldsymbol{w}\|\end{aligned}$$

なので，(1) より $\|\boldsymbol{v}+\boldsymbol{w}\|^2-(\|\boldsymbol{v}\|+\|\boldsymbol{w}\|)^2\leqq 0$ となり，(2) が成り立つ．　□

(2) は下のような図を書けば，当然そうあるべき性質である．

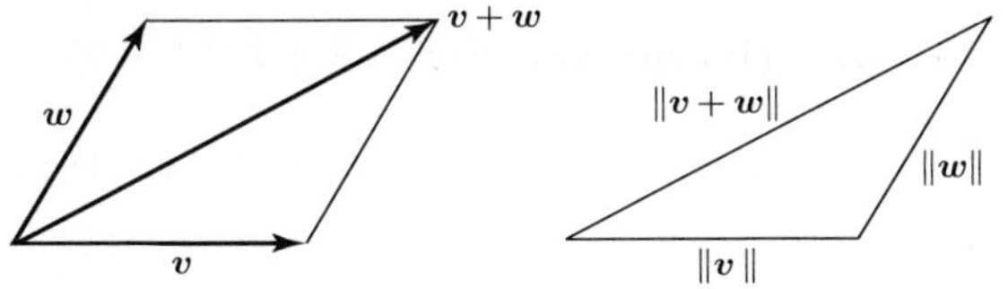

(1) より $\boldsymbol{v},\boldsymbol{w}\neq\boldsymbol{0}$ なら，

(8.2.2) $$\cos\theta=\frac{(\boldsymbol{v},\boldsymbol{w})}{\|\boldsymbol{v}\|\|\boldsymbol{w}\|}$$

となる $0\leqq\theta\leqq\pi$ が一意的に定まる．この θ をベクトル $\boldsymbol{v},\boldsymbol{w}$ の間の**角度**という．$\boldsymbol{v}=t\boldsymbol{w}$ $(t>0)$ なら $\cos\theta=1$ なので，$\theta=0$ である．$(*,*)$ が $\mathbb{R}^n$ の標準的な内積なら，θ は弧度法による定義と一致するが，それは 8.8 節で証明する．

$\boldsymbol{v},\boldsymbol{w}\in V\setminus\{\boldsymbol{0}\}$ なら，次の図のように，$\boldsymbol{w}$ のスカラー倍 $t\boldsymbol{w}$ で $\boldsymbol{v}-t\boldsymbol{w}$ と $\boldsymbol{w}$ が直交する $t\in\mathbb{R}$ を求めるのは素朴な問題である．

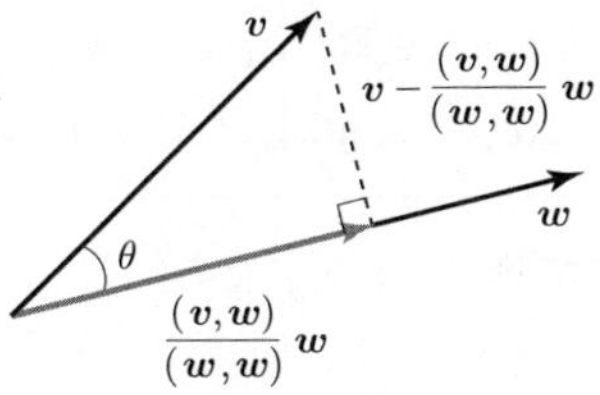

条件を書くと $(\boldsymbol{v}-t\boldsymbol{w},\boldsymbol{w})=0$ なので，$t=(\boldsymbol{v},\boldsymbol{w})/(\boldsymbol{w},\boldsymbol{w})$ である．あたりまえである $\boldsymbol{v}=\boldsymbol{0}$ の場合も含めてまとめると次の命題になる．

命題 8.2.3. V は内積 $(*,*)$ をもつベクトル空間で $\boldsymbol{v}\in V$, $\boldsymbol{w}\in V\setminus\{\boldsymbol{0}\}$ とする．このとき，

$$\boldsymbol{v}-\frac{(\boldsymbol{v},\boldsymbol{w})}{(\boldsymbol{w},\boldsymbol{w})}\boldsymbol{w}$$

は $\boldsymbol{w}$ に直交する．$(\boldsymbol{v},\boldsymbol{w})(\boldsymbol{w},\boldsymbol{w})^{-1}\boldsymbol{w}$ のことを $\boldsymbol{v}$ の $\boldsymbol{w}$ への**直交射影**という．

例 8.2.4. $V=\mathbb{R}^4$ 上に標準的な内積を考える．$\boldsymbol{v}=[1,2,-1,3]$, $\boldsymbol{w}=[0,3,2,1]$ とすると，$(\boldsymbol{v},\boldsymbol{w})=7$, $(\boldsymbol{w},\boldsymbol{w})=14$ なので $\boldsymbol{v}$ の $\boldsymbol{w}$ への直交射影は $\frac{1}{2}\boldsymbol{w}$ である． ◇

以下 $i,j\in\mathbb{N}$ のとき，次の記号を使う．

$$\delta_{ij}=\begin{cases}1, & i=j,\\ 0, & i\neq j\end{cases} \tag{8.2.5}$$

この δ_{ij} は**クロネッカー (Kronecker) のデルタ**とよばれている．

定義 8.2.6. V を n 次元ベクトル空間，$(*,*)$ を V 上の内積とする．$S=\{\boldsymbol{v}_1,\ldots,\boldsymbol{v}_n\}$ が V の基底で $(\boldsymbol{v}_i,\boldsymbol{v}_j)=\delta_{ij}$ なら，S を $(*,*)$ に関する**正規直交基底**という． ◇

$S=\{\boldsymbol{v}_1,\ldots,\boldsymbol{v}_n\}$ が正規直交基底なら，$\boldsymbol{v}=x_1\boldsymbol{v}_1+\cdots+x_n\boldsymbol{v}_n$ のとき

$$(\boldsymbol{v},\boldsymbol{v})=x_1^2+\cdots+x_n^2$$

となる．

定理 8.2.7 (グラム・シュミットのプロセス). V を n 次元ベクトル空間，$S=\{\boldsymbol{v}_1,\ldots,\boldsymbol{v}_n\}$ を V の基底，$(*,*)$ を V 上の内積とする．このとき，

$$\boldsymbol{w}_1=a_{11}\boldsymbol{v}_1,\quad \boldsymbol{w}_2=a_{21}\boldsymbol{v}_1+a_{22}\boldsymbol{v}_2,\quad \cdots,\quad \boldsymbol{w}_n=a_{n1}\boldsymbol{v}_1+\cdots+a_{nn}\boldsymbol{v}_n,$$
$$\forall i,j\ \ a_{ij}\in\mathbb{R},\ \ a_{11},\ldots,a_{nn}\neq 0$$

という形の元が存在し，$\{\boldsymbol{w}_1,\ldots,\boldsymbol{w}_n\}$ は V の正規直交基底になる．

証明. $\boldsymbol{w}_1,\ldots,\boldsymbol{w}_m\in V$ まで選び，$i\neq j$ なら，

$$(\boldsymbol{w}_i,\boldsymbol{w}_j)=0 \tag{8.2.8}$$

であり，$\langle \boldsymbol{w}_1, \ldots, \boldsymbol{w}_m \rangle = \langle \boldsymbol{v}_1, \ldots, \boldsymbol{v}_m \rangle$ となっているとする．このとき，命題 4.7.6 より $\{\boldsymbol{w}_1, \ldots, \boldsymbol{w}_m\}$ は 1 次独立である．特に，$\boldsymbol{w}_1, \ldots, \boldsymbol{w}_m \neq \boldsymbol{0}$ である．

$$\boldsymbol{w}_{m+1} = \boldsymbol{v}_{m+1} - \sum_{i=1}^{m} (\boldsymbol{v}_{m+1}, \boldsymbol{w}_i)(\boldsymbol{w}_i, \boldsymbol{w}_i)^{-1} \boldsymbol{w}_i$$

とおく．$j \leqq m$ なら，

$$\begin{aligned}(\boldsymbol{w}_{m+1}, \boldsymbol{w}_j) &= (\boldsymbol{v}_{m+1}, \boldsymbol{w}_j) - \sum_{i=1}^{m} (\boldsymbol{v}_{m+1}, \boldsymbol{w}_i)(\boldsymbol{w}_i, \boldsymbol{w}_i)^{-1} (\boldsymbol{w}_i, \boldsymbol{w}_j) \\ &= (\boldsymbol{v}_{m+1}, \boldsymbol{w}_j) - (\boldsymbol{v}_{m+1}, \boldsymbol{w}_j) \\ &= 0\end{aligned}$$

である．さらに $\langle \boldsymbol{w}_1, \ldots, \boldsymbol{w}_m \rangle = \langle \boldsymbol{v}_1, \ldots, \boldsymbol{v}_m \rangle$ であり，

$$\boldsymbol{w}_{m+1} \in \langle \boldsymbol{w}_1, \ldots, \boldsymbol{w}_m, \boldsymbol{v}_{m+1} \rangle, \ \boldsymbol{v}_{m+1} \in \langle \boldsymbol{w}_1, \ldots, \boldsymbol{w}_m, \boldsymbol{w}_{m+1} \rangle$$

なので，命題 4.5.17 より

$$\langle \boldsymbol{v}_1, \ldots, \boldsymbol{v}_m, \boldsymbol{v}_{m+1} \rangle = \langle \boldsymbol{w}_1, \ldots, \boldsymbol{w}_m, \boldsymbol{v}_{m+1} \rangle = \langle \boldsymbol{w}_1, \ldots, \boldsymbol{w}_{m+1} \rangle$$

である．また，(8.2.8) が $i, j \leqq m+1$ で成り立っている．

$m = n$ になるまで続け，$\boldsymbol{w}_i$ を $\|\boldsymbol{w}_i\|^{-1} \boldsymbol{w}_i$ で取り換えれば，$\{\boldsymbol{w}_1, \ldots, \boldsymbol{w}_n\}$ は正規直交基底になる． □

上のプロセスは **グラム・シュミット (Gram-Schmidt) のプロセス**とよばれるものである．証明するだけでなく，実際に定理の $\{\boldsymbol{v}_1, \ldots, \boldsymbol{v}_n\}$ を構成する方法も示している．

例 8.2.9. V は 3 次元ベクトル空間で，内積 $(*, *)$ が定義されているとする．さらに，$\{\boldsymbol{v}_1, \boldsymbol{v}_2, \boldsymbol{v}_3\}$ は V の基底であり，

$$\begin{aligned}&(\boldsymbol{v}_1, \boldsymbol{v}_1) = 1, \quad (\boldsymbol{v}_1, \boldsymbol{v}_2) = 1, \quad (\boldsymbol{v}_1, \boldsymbol{v}_3) = 3, \\ &(\boldsymbol{v}_2, \boldsymbol{v}_2) = 2, \quad (\boldsymbol{v}_2, \boldsymbol{v}_3) = -1, \quad (\boldsymbol{v}_3, \boldsymbol{v}_3) = 27\end{aligned}$$

が成り立っているとする．このとき，$\{\boldsymbol{v}_1, \boldsymbol{v}_2, \boldsymbol{v}_3\}$ にグラム・シュミットのプロセスを適用する．

$$\boldsymbol{w}_2 = \boldsymbol{v}_2 - (\boldsymbol{v}_1, \boldsymbol{v}_2)(\boldsymbol{v}_1, \boldsymbol{v}_1)^{-1} \boldsymbol{v}_1 = \boldsymbol{v}_2 - \boldsymbol{v}_1$$

とすれば，$(\boldsymbol{w}_2, \boldsymbol{v}_1) = 0$ である．

$$(\boldsymbol{v}_3, \boldsymbol{w}_2) = (\boldsymbol{v}_3, \boldsymbol{v}_2) - (\boldsymbol{v}_3, \boldsymbol{v}_1) = -4,$$

$$(\boldsymbol{w}_2, \boldsymbol{w}_2) = (\boldsymbol{v}_2, \boldsymbol{v}_2) - 2(\boldsymbol{v}_1, \boldsymbol{v}_2) + (\boldsymbol{v}_1, \boldsymbol{v}_1) = 2 - 2 + 1 = 1$$

なので，

$$\begin{aligned}\boldsymbol{w}_3 &= \boldsymbol{v}_3 - (\boldsymbol{v}_3, \boldsymbol{v}_1)(\boldsymbol{v}_1, \boldsymbol{v}_1)^{-1}\boldsymbol{v}_1 - (\boldsymbol{v}_3, \boldsymbol{w}_2)(\boldsymbol{w}_2, \boldsymbol{w}_2)^{-1}\boldsymbol{w}_2 \\ &= \boldsymbol{v}_3 - 3\boldsymbol{v}_1 + 4\boldsymbol{w}_2 = \boldsymbol{v}_3 - 3\boldsymbol{v}_1 + 4(\boldsymbol{v}_2 - \boldsymbol{v}_1) \\ &= -7\boldsymbol{v}_1 + 4\boldsymbol{v}_2 + \boldsymbol{v}_3\end{aligned}$$

とすれば $(\boldsymbol{w}_3, \boldsymbol{v}_1) = (\boldsymbol{w}_3, \boldsymbol{w}_2) = 0$ である．

さらに

$$\begin{aligned}(\boldsymbol{w}_3, \boldsymbol{w}_3) &= 49(\boldsymbol{v}_1, \boldsymbol{v}_1) + 16(\boldsymbol{v}_2, \boldsymbol{v}_2) + (\boldsymbol{v}_3, \boldsymbol{v}_3) \\ &\qquad - 56(\boldsymbol{v}_1, \boldsymbol{v}_2) - 14(\boldsymbol{v}_1, \boldsymbol{v}_3) + 8(\boldsymbol{v}_2, \boldsymbol{v}_3) \\ &= 49 + 32 + 27 - 56 - 42 - 8 = 2\end{aligned}$$

なので，$(\boldsymbol{w}_1, \boldsymbol{w}_1) = (\boldsymbol{w}_2, \boldsymbol{w}_2) = 1$，$(\boldsymbol{w}_3, \boldsymbol{w}_3) = 2$. よって $\{\boldsymbol{w}_1, \boldsymbol{w}_2, \frac{1}{\sqrt{2}}\boldsymbol{w}_3\}$ は V の正規直交基底である． ◇

8.3 共役と直交行列

ここでも $\mathbb{R}$ 上のベクトル空間のみ考える．

定義 8.3.1. V をベクトル空間，$(*, *)$ を V 上の内積，$T : V \to V$ を線形写像とする．もし線形写像 $S : V \to V$ があり，

$$(T(\boldsymbol{v}), \boldsymbol{w}) = (\boldsymbol{v}, S(\boldsymbol{w}))$$

がすべての $\boldsymbol{v}, \boldsymbol{w} \in V$ に対して成り立てば，S を T の $(*, *)$ に関する**共役**という．T が自分自身と共役なら**自己共役**という．$A, B \in \mathrm{M}(n, n)_{\mathbb{R}}$ であるとき，$\mathbb{R}^n$ の標準的な内積に関して T_B が T_A の共役なら，B は A の共役であるという．また，A が自分自身と共役なら自己共役という． ◇

共役は，もしあれば一意的である．なぜなら，もし S' も共役なら

$$(T(\boldsymbol{v}), \boldsymbol{w}) = (\boldsymbol{v}, S(\boldsymbol{w})) = (\boldsymbol{v}, S'(\boldsymbol{w}))$$

なので，$(\boldsymbol{v},(S-S')(\boldsymbol{w}))=0$ である．これがすべての $\boldsymbol{v}$ に対し成り立つので，特に $\boldsymbol{v}=(S-S')(\boldsymbol{w})$ とおくと，$((S-S')(\boldsymbol{w}),(S-S')(\boldsymbol{w}))=0$ である．よって $(S-S')(\boldsymbol{w})=\boldsymbol{0}$ である．$\boldsymbol{w}$ は任意なので，$S=S'$ である．

${}^tA=A$ という性質を満たす行列を対称行列ということは 1.2 節で述べた．対称行列は次の重要な性質をもつ．

> **命題 8.3.2.** $A\in \mathrm{M}(n,n)_{\mathbb{R}}$ に対し ${}^tA$ は A の共役である．したがって，$A\in \mathrm{M}(n,n)_{\mathbb{R}}$ が対称行列なら，自己共役である．

証明. $A=(a_{ij})$ とすれば ${}^tA=(a_{ji})$ である．

$$\boldsymbol{x}=[x_1,\ldots,x_n],\ \boldsymbol{y}=[y_1,\ldots,y_n]\in\mathbb{R}^n$$

なら，

$$(A\boldsymbol{x},\boldsymbol{y})=\sum_{i=1}^n\sum_{j=1}^n a_{ij}x_jy_i=\sum_{j=1}^n\sum_{i=1}^n x_ja_{ij}y_i$$

となる．$\sum_{i=1}^n a_{ij}y_i$ は ${}^tA\boldsymbol{y}$ の第 j-成分なので，これは $(\boldsymbol{x},{}^tA\boldsymbol{y})$ である． □

対称行列は対角化可能であることを 8.6 節で示すが，それにはこの自己共役という性質が本質的に関わってくる．

定義 8.3.3. $(*,*)$ を $V=\mathbb{R}^n$ 上の標準的な内積とする．$A\in\mathrm{M}(n,n)_{\mathbb{R}}$ がすべての $\boldsymbol{v},\boldsymbol{w}\in V$ に対し $(A\boldsymbol{v},A\boldsymbol{w})=(\boldsymbol{v},\boldsymbol{w})$ という条件を満たすとき，A を**直交行列**という．直交行列の全体を $O(n)$ と書く． ◇

以下，$(*,*)$ は $\mathbb{R}^n$ の標準的な内積とする．

> **命題 8.3.4.** $A\in\mathrm{M}(n,n)_{\mathbb{R}}$ が直交行列であることと，条件 ${}^tAA=I_n$ は同値である．

証明. A が直交行列なら，

$$(A\boldsymbol{v},A\boldsymbol{w})=(\boldsymbol{v},{}^tAA\boldsymbol{w})=(\boldsymbol{v},\boldsymbol{w})\Longrightarrow(\boldsymbol{v},({}^tAA-I_n)\boldsymbol{w})=0$$

がすべての $\boldsymbol{v},\boldsymbol{w}\in V$ に対して成り立つ．特に $\boldsymbol{v}=({}^tAA-I_n)\boldsymbol{w}$ に対しても成り立つので，$(({}^tAA-I_n)\boldsymbol{w},({}^tAA-I_n)\boldsymbol{w})=0$ である．よって $({}^tAA-I_n)\boldsymbol{w}=\boldsymbol{0}$ である．$\boldsymbol{w}$ は任意なので，${}^tAA=I_n$ である．逆も同様である． □

例 8.3.5. $\theta \in \mathbb{R}$ に対し

$$k(\theta) = \begin{pmatrix} \cos\theta & -\sin\theta \\ \sin\theta & \cos\theta \end{pmatrix}$$

とおく.

$${}^t k(\theta) k(\theta) = \begin{pmatrix} \cos^2\theta + \sin^2\theta & -\cos\theta\sin\theta + \sin\theta\cos\theta \\ -\sin\theta\cos\theta + \cos\theta\sin\theta & \sin^2\theta + \cos^2\theta \end{pmatrix} = I_2$$

なので, $k(\theta)$ は直交行列である. $T_{k(\theta)}$ は 角度 θ の回転である.

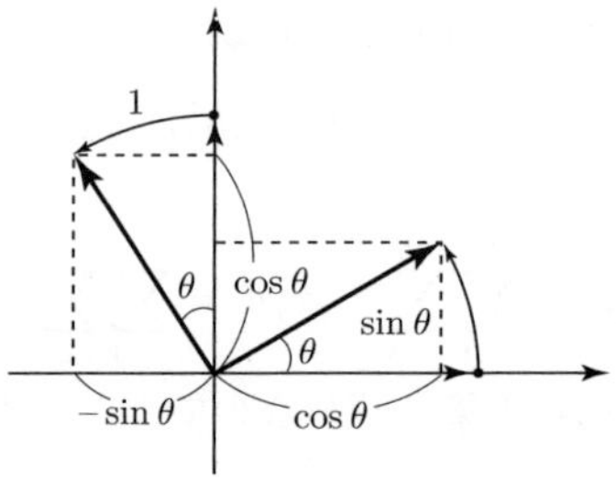

◇

命題 8.3.6. $A = (\boldsymbol{v}_1 \ \cdots \ \boldsymbol{v}_n) \in \mathrm{M}(n,n)_{\mathbb{R}}$ とする. A が直交行列であることは, $\{\boldsymbol{v}_1, \ldots, \boldsymbol{v}_n\}$ が $\mathbb{R}^n$ の正規直交基底であることと同値である.

証明. A が直交行列なら,

$$(\mathbb{e}_i, \mathbb{e}_j) = (A\mathbb{e}_i, A\mathbb{e}_j) = (\boldsymbol{v}_i, \boldsymbol{v}_j)$$

なので $(\boldsymbol{v}_i, \boldsymbol{v}_j) = \delta_{ij}$ である. よって $\{\boldsymbol{v}_1, \ldots, \boldsymbol{v}_n\}$ は正規直交基底である. 逆に $\{\boldsymbol{v}_1, \ldots, \boldsymbol{v}_n\}$ が正規直交基底なら, 上の等式が成り立つ. $\boldsymbol{x} = [x_1, \ldots, x_n]$, $\boldsymbol{y} = [y_1, \ldots, y_n]$ なら,

$$(\boldsymbol{x}, \boldsymbol{y}) = x_1 y_1 + \cdots + x_n y_n = \sum_{i,j=1}^{n} x_i y_j (\mathbb{e}_i, \mathbb{e}_j) = \sum_{i,j=1}^{n} x_i y_j (A\mathbb{e}_i, A\mathbb{e}_j)$$
$$= \left(A \sum_{i=1}^{n} x_i \mathbb{e}_i, A \sum_{j=1}^{n} y_j \mathbb{e}_j \right) = (A\boldsymbol{x}, A\boldsymbol{y})$$

となるので, A は直交行列である. □

命題 8.3.7. (1) $A \in O(n)$ なら，A は正則であり $A^{-1}, {}^tA$ も直交行列である．
(2) $A, B \in O(n)$ なら，AB も直交行列である．

証明. (1) ${}^tAA = I_n$ なので，命題 1.9.13 より A は正則である．${}^t({}^tA){}^tA = A\,{}^tA = I_n$ ともなるので，${}^tA$ も直交行列である．この両辺の逆行列は $(A\,{}^tA)^{-1} = ({}^tA)^{-1}A^{-1} = {}^t(A^{-1})A^{-1} = I_n$ なので，A^{-1} も直交行列である．

(2) $\boldsymbol{v}, \boldsymbol{w} \in \mathbb{R}^n$ なら，

$$(AB\boldsymbol{v}, AB\boldsymbol{w}) = (B\boldsymbol{v}, B\boldsymbol{w}) = (\boldsymbol{v}, \boldsymbol{w})$$

である．よって AB も直交行列である． □

$A = (a_{ij}) = (\boldsymbol{v}_1 \ \cdots \ \boldsymbol{v}_n)$ を正則行列とする．この $\{\boldsymbol{v}_1, \ldots, \boldsymbol{v}_n\}$ に定理 8.2.7 を適用して，正規直交基底 $\{\boldsymbol{w}_1, \ldots, \boldsymbol{w}_n\}$ をつくる．$k = (\boldsymbol{w}_1 \ \cdots \ \boldsymbol{w}_n)$ とおくと，つくりかたから $b_{ij} \in \mathbb{R}$ $(i \geqq j)$ があり，

$$k = A \begin{pmatrix} b_{11} & b_{21} & \cdots & b_{n1} \\ & b_{22} & \cdots & b_{n2} \\ & & \ddots & \vdots \\ & & & b_{nn} \end{pmatrix}$$

となる．(この b_{ij} は定理 8.2.7 の a_{ij} に対応する．)

$\{\boldsymbol{w}_1, \ldots, \boldsymbol{w}_n\}$ が正規直交基底なので，k は直交行列である．したがって，上三角行列 b があり $k = Ab$ となる．よって $A = kb^{-1}$ である．b^{-1} も上三角行列なので，b^{-1} を b と改めておくと，次の定理を得る．

定理 8.3.8 (岩澤分解). 任意の正則行列 A に対し，直交行列 k と上三角行列 b があり，$A = kb$ となる．

上の定理の $A = kb$ を**岩澤分解**という．なお，b として下三角にとることもできる．それは，${}^tA^{-1} = kb$ (b は上三角) とすると $A = {}^tk^{-1}\,{}^tb^{-1}$ となるが，${}^tk^{-1}$ は直交行列で ${}^tb^{-1}$ は下三角になるからである．

8.4 エルミート内積

8.4, 8.5 節では $\mathbb{C}$ 上のベクトル空間のみ考える (無限次元でもよい).

定義 8.4.1. 写像 $(*,*) : V \times V \to \mathbb{C}$ が次の条件を満たすとき**エルミート (Hermite) 内積**という.

(1) 任意の $\boldsymbol{v}, \boldsymbol{v}_1, \boldsymbol{v}_2, \boldsymbol{w}, \boldsymbol{w}_1, \boldsymbol{w}_2 \in V$, $r \in \mathbb{C}$ に対し

$$(\boldsymbol{v}_1 + \boldsymbol{v}_2, \boldsymbol{w}) = (\boldsymbol{v}_1, \boldsymbol{w}) + (\boldsymbol{v}_2, \boldsymbol{w}), \quad (r\boldsymbol{v}, \boldsymbol{w}) = r(\boldsymbol{v}, \boldsymbol{w}),$$

$$(\boldsymbol{v}, \boldsymbol{w}_1 + \boldsymbol{w}_2) = (\boldsymbol{v}, \boldsymbol{w}_1) + (\boldsymbol{v}, \boldsymbol{w}_2), \quad (\boldsymbol{v}, r\boldsymbol{w}) = \overline{r}(\boldsymbol{v}, \boldsymbol{w}) \quad \textbf{(ここは注意)}$$

である.

(2) 任意の $\boldsymbol{v}, \boldsymbol{w} \in V$ に対し $(\boldsymbol{v}, \boldsymbol{w}) = \overline{(\boldsymbol{w}, \boldsymbol{v})}$ (複素共役) である.

(3) 任意の $\boldsymbol{v} \in V \setminus \{\boldsymbol{0}\}$ に対し $(\boldsymbol{v}, \boldsymbol{v}) > 0$ である. ◇

なお, (2) より $(\boldsymbol{v}, \boldsymbol{v}) \in \mathbb{R}$ であることに注意する.

V がエルミート内積をもつベクトル空間の場合にも, $\boldsymbol{v} \in V$ に対し $\|\boldsymbol{v}\| = \sqrt{(\boldsymbol{v}, \boldsymbol{v})}$ とおき, v の**長さ**という. また $\boldsymbol{v}, \boldsymbol{w} \in V$, $(\boldsymbol{v}, \boldsymbol{w}) = 0$ なら, $\boldsymbol{v}, \boldsymbol{w}$ は**直交する**という.

例 8.4.2. $\boldsymbol{x} = [x_1, \ldots, x_n]$, $\boldsymbol{y} = [y_1, \ldots, y_n] \in \mathbb{C}^n$ に対し

$$(\boldsymbol{x}, \boldsymbol{y}) = x_1\overline{y}_1 + \cdots + x_n\overline{y}_n$$

と定義すると, 定義 8.4.1(1), (2) は満たされ, $\boldsymbol{x} \neq \boldsymbol{0}$ なら $(\boldsymbol{x}, \boldsymbol{x}) = |x_1|^2 + \cdots + |x_n|^2 > 0$ となるので, (3) も満たされる. よって $(\boldsymbol{x}, \boldsymbol{y})$ はエルミート内積である. これを**標準的なエルミート内積**という. ◇

V がエルミート内積 $(*,*)$ をもつベクトル空間, $W \subset V$ が部分空間なら, $\mathbb{R}$ 上のベクトル空間の場合と同様に, $(*,*)$ を W に制限することにより, W 上のエルミート内積を得る.

定義 8.4.3. $A = (a_{ij}) \in \mathrm{M}(n,n)_{\mathbb{C}}$ とする.

(1) $A^* = {}^t\overline{A}$ ($\overline{A}$ は複素共役) と定義する.

(2) $A^* = A$ が成り立つとき, $A = (a_{ij})$ を**エルミート行列**という. ◇

$A = (a_{ij})$ として, (2) を成分の性質でいい換えると, $\overline{a}_{ji} = a_{ij}$ と同値である. 特に, 対角成分は実数である.

例 8.4.4. 行列 A, B を

$$A = \begin{pmatrix} 2 & 1+\sqrt{-1} \\ 1-\sqrt{-1} & 1 \end{pmatrix}, \quad B = \begin{pmatrix} \sqrt{-1} & 3-2\sqrt{-1} \\ 3+2\sqrt{-1} & 1 \end{pmatrix}$$

とする．A はエルミート行列である．B は $(1,1)$-成分が実数でないので，エルミート行列ではない． ◇

A^* には次の性質がある．証明は明らかである．

命題 8.4.5. $A, B \in \mathrm{M}(m,n)$, $r \in \mathbb{C}$ に対し，次の性質が成り立つ．

(1) $(A+B)^* = A^* + B^*$.

(2) $(rA)^* = \overline{r}A^*$.

(3) $(A^*)^* = A$.

(4) $(A^{-1})^* = (A^*)^{-1}$.

定義 8.4.6. V を n 次元ベクトル空間，$(*,*)$ を V 上のエルミート内積とする．$S = \{\boldsymbol{v}_1, \ldots, \boldsymbol{v}_n\}$ が V の基底で $(\boldsymbol{v}_i, \boldsymbol{v}_j) = \delta_{ij}$ なら，S を $(*,*)$ に関する**正規直交基底**という． ◇

$S = \{\boldsymbol{v}_1, \ldots, \boldsymbol{v}_n\}$ が正規直交基底なら，$x = x_1\boldsymbol{v}_1 + \cdots + x_n\boldsymbol{v}_n$ のとき

$$(\boldsymbol{v}, \boldsymbol{v}) = |x_1|^2 + \cdots + |x_n|^2$$

となる．

定理 8.4.7 (グラム・シュミットのプロセス (エルミート内積の場合)). V を n 次元ベクトル空間，$S = \{\boldsymbol{v}_1, \ldots, \boldsymbol{v}_n\}$ を V の基底，$(*,*)$ を V 上のエルミート内積とする．このとき，

$$\boldsymbol{w}_1 = a_{11}\boldsymbol{v}_1, \quad \boldsymbol{w}_2 = a_{21}\boldsymbol{v}_1 + a_{22}\boldsymbol{v}_2, \quad \cdots, \quad \boldsymbol{w}_n = a_{n1}\boldsymbol{v}_1 + \cdots + a_{nn}\boldsymbol{v}_n,$$

$$\forall i,j \ \ a_{ij} \in \mathbb{C}, \ \ a_{11}, \ldots, a_{nn} \neq 0$$

という形の元が存在し，$\{\boldsymbol{w}_1, \ldots, \boldsymbol{w}_n\}$ は V の正規直交基底になる．

証明は定理 8.2.7 と同様である．

8.5 エルミート共役とユニタリ行列

ここでも $\mathbb{C}$ 上のベクトル空間のみ考える.

定義 8.5.1. V をベクトル空間, $(*,*)$ を V 上のエルミート内積, $T: V \to V$ を線形写像とする. もし線形写像 $S: V \to V$ があり,

$$(T(\boldsymbol{v}), \boldsymbol{w}) = (\boldsymbol{v}, S(\boldsymbol{w}))$$

がすべての $\boldsymbol{v}, \boldsymbol{w} \in V$ に対して成り立てば, S を T の $(*,*)$ に関する**共役**という. T が自分自身と共役なら**自己共役**であるという. $A, B \in \mathrm{M}(n,n)_{\mathbb{C}}$ であるとき, $\mathbb{C}^n$ の標準的なエルミート内積に関して T_B が T_A の共役なら, B は A の共役であるという. また, A が自分自身と共役なら自己共役という. ◇

共役が一意的であることは $\mathbb{R}$ 上のベクトル空間上の内積の場合と同様である.

命題 8.5.2. $A \in \mathrm{M}(n,n)_{\mathbb{C}}$ に対し A^* は A の共役である. したがって, $A \in \mathrm{M}(n,n)_{\mathbb{R}}$ がエルミート行列なら, 自己共役である.

証明は命題 8.3.2 と同様である.

定義 8.5.3. $(*,*)$ は $V = \mathbb{C}^n$ 上の標準的なエルミート内積とする. $A \in \mathrm{M}(n,n)_{\mathbb{C}}$ がすべての $\boldsymbol{v}, \boldsymbol{w} \in V$ に対し $(A\boldsymbol{v}, A\boldsymbol{w}) = (\boldsymbol{v}, \boldsymbol{w})$ という条件を満たすとき, A を**ユニタリ行列**という. ユニタリ行列の全体を $U(n)$ と書く. ◇

命題 8.5.4. (1) $A = (\boldsymbol{v}_1 \ \cdots \ \boldsymbol{v}_n) \in \mathrm{M}(n,n)_{\mathbb{C}}$ がユニタリ行列であることと, $\{\boldsymbol{v}_1, \ldots, \boldsymbol{v}_n\}$ が $\mathbb{C}^n$ の標準的なエルミート内積に関して正規直交基底であることは同値である.

(2) $A \in \mathrm{M}(n,n)_{\mathbb{C}}$ がユニタリ行列であるための条件は $A^*A = I_n$ である. また A がユニタリ行列なら, A は正則であり A^{-1}, A^* もユニタリ行列である.

(3) $A, B \in U(n)$ なら, AB もユニタリ行列である.

証明は命題 8.3.4, 8.3.6, 8.3.7 と同様である.

8.6 対称行列, 正規行列と対角化

以下,『$\mathbb{R}$ 上の』という代わりに『実』と,『$\mathbb{C}$ 上の』という代わりに『複素』ともいうことにする. 内積やエルミート内積を定義し, 共役との関係について解説してきたが, これらの概念と対角化との関連について解説する.

命題 8.6.1. $A \in \mathrm{M}(n,n)_{\mathbb{C}}$ がエルミート行列なら, A の固有値はすべて実数である.

証明. $(*,*)$ を $\mathbb{C}^n$ 上の標準的なエルミート内積とする. $\lambda \in \mathbb{C}$ を A の固有値, $\boldsymbol{v} \neq \boldsymbol{0}$ を固有ベクトルとするとき,

$$(A\boldsymbol{v},\boldsymbol{v}) = (\lambda\boldsymbol{v},\boldsymbol{v}) = \lambda(\boldsymbol{v},\boldsymbol{v}) = (\boldsymbol{v},A^*\boldsymbol{v}) = (\boldsymbol{v},A\boldsymbol{v}) = (\boldsymbol{v},\lambda\boldsymbol{v}) = \overline{\lambda}(\boldsymbol{v},\boldsymbol{v})$$

である. $(\boldsymbol{v},\boldsymbol{v}) > 0$ なので, $\lambda = \overline{\lambda}$ である. よって $\lambda \in \mathbb{R}$ となる. □

実対称行列はエルミート行列でもある. したがって, 上の命題の特別な場合として次の系を得る.

系 8.6.2. $A \in \mathrm{M}(n,n)_{\mathbb{R}}$ が対称行列なら, A の固有値はすべて実数である.

以下, 実対称行列について考える. $\mathbb{R}^n$ 上では常に標準的な内積 $(*,*)$ を考えるものとする.

命題 8.6.3. $A \in \mathrm{M}(n,n)_{\mathbb{R}}$ なら, 次の 2 つの条件は同値である.
(1) $\mathbb{R}^n$ の正規直交基底で A の固有ベクトルよりなるものがある.
(2) 直交行列 P で $P^{-1}AP$ が対角行列になるものがある.

証明. $\{\boldsymbol{v}_1,\ldots,\boldsymbol{v}_n\}$ を正規直交基底で, A の固有ベクトルよりなるものとする. $P = (\boldsymbol{v}_1 \ \cdots \ \boldsymbol{v}_n)$ とおくと, 命題 8.3.6 より P は直交行列である. $A\boldsymbol{v}_i = \lambda_i\boldsymbol{v}_i$ とし, Λ を対角成分が $\lambda_1,\ldots,\lambda_n$ である対角行列とする.

$$AP\mathbb{e}_i = A\boldsymbol{v}_i = \lambda_i\boldsymbol{v}_i = P\Lambda\mathbb{e}_i$$

がすべての i に対して成り立つので, $AP = P\Lambda$ である. P は正則行列なので, $P^{-1}AP = \Lambda$ となる. 逆も同様である. □

$\lambda \in \mathbb{C},\ A \in \mathrm{M}(n-1, n-1)_{\mathbb{C}}$ に対し

$$d(\lambda, A) = \begin{pmatrix} \lambda & 0 & \cdots & 0 \\ 0 & & & \\ \vdots & & A & \\ 0 & & & \end{pmatrix} \tag{8.6.4}$$

とおく.

補題 8.6.5. $\lambda, \mu \in \mathbb{C},\ A, B \in \mathrm{M}(n-1, n-1)_{\mathbb{C}}$ なら, $d(\lambda, A)d(\mu, B) = d(\lambda\mu, AB)$ である. したがって, $\lambda \neq 0$ で A が正則なら, $d(\lambda, A)$ も正則となり, $d(\lambda, A)^{-1} = d(\lambda^{-1}, A^{-1})$ である.

証明. $A = (a_{ij}),\ B = (b_{jk})$ とする.

$$d(\lambda, A)d(\mu, B)\mathbb{e}_1 = d(\lambda, A)\mu\mathbb{e}_1 = \lambda\mu\mathbb{e}_1$$

なので, $d(\lambda, A)d(\mu, B)$ の第 1 列は $\lambda\mu\mathbb{e}_1$ である. ${}^t\mathbb{e}_1 d(\lambda, A)d(\mu, B)$ を考え $d(\lambda, A)d(\mu, B)$ の第 1 行が $\lambda\mu\,{}^t\mathbb{e}_1$ であることもわかる.

$2 \leqq i, k \leqq n$ なら $d(\lambda, A)d(\mu, B)$ の (i, k)-成分は

$$0 + \sum_{j=1}^{n-1} a_{i-1j} b_{jk-1}$$

なので, これは AB の $(i-1, k-1)$-成分であることがわかる. □

なお, この補題は演習問題 1.10 の特別な場合である.

定理 8.6.6. $A \in \mathrm{M}(n, n)_{\mathbb{R}}$ なら, A が対称行列であることと, A が命題 8.6.3 の条件を満たすことは同値である.

証明. A が対称行列であると仮定する. 系 8.6.2 より A は実数の固有値 λ_1 をもつ. $\boldsymbol{v}_1 \in \mathbb{R}^n$ を λ_1 に関する固有ベクトルとする. $\|\boldsymbol{v}_1\|^{-1}\boldsymbol{v}_1$ を考えることにより, $\|\boldsymbol{v}_1\| = 1$ と仮定してよい.

$\{\boldsymbol{v}_1\}$ は 1 次独立なので, $\mathbb{R}^n$ の基底 $\{\boldsymbol{v}_1, \boldsymbol{v}'_2, \ldots, \boldsymbol{v}'_n\}$ に拡張できる. グラム・シュミットのプロセスをこの基底に適用すると, 新しい基底の最初のベクトルは $\boldsymbol{v}_1$ である. したがって, $\boldsymbol{v}_1$ を含む $\mathbb{R}^n$ の正規直交基底 $\{\boldsymbol{v}_1, \ldots, \boldsymbol{v}_n\}$ が存在する. $P = (\boldsymbol{v}_1\ \cdots\ \boldsymbol{v}_n)$ とおくと, 命題 8.3.6 より P は直交行列である.

$B = P^{-1}AP$ とおくと，$PB = AP$ である．

$$PB\mathbb{e}_1 = AP\mathbb{e}_1 = A\boldsymbol{v}_1 = \lambda_1\boldsymbol{v}_1 = P(\lambda_1\mathbb{e}_1)$$

である．P は正則行列なので，$B\mathbb{e}_1 = \lambda_1\mathbb{e}_1$ である．よって B の第 1 列は $\lambda_1\mathbb{e}_1$ である．したがって，B は

$$B = \begin{pmatrix} \lambda_1 & b_{12} & \cdots & b_{1n} \\ 0 & & & \\ \vdots & & C & \\ 0 & & & \end{pmatrix}$$

という形をしている．

A は対称行列で $P^{-1} = {}^tP$ なので，

$${}^tB = {}^t({}^tPAP) = {}^tP\,{}^tA\,{}^t({}^tP) = {}^tP\,{}^tAP = {}^tPAP = B$$

となり，B も対称行列である．したがって，$b_{12} = \cdots = b_{1n} = 0$，$C$ は対称行列で，$B = d(\lambda_1, C)$ である．

帰納法により，$Q \in O(n-1)$ で $Q^{-1}CQ$ が対角行列になるものがある．

$${}^td(1,Q)d(1,Q) = d(1, {}^tQQ) = d(1, I_{n-1}) = I_n$$

なので，$d(1,Q) \in O(n)$ である．

$$d(1,Q)^{-1} = d(1, Q^{-1})$$

なので，

$$\begin{aligned}(Pd(1,Q))^{-1}A(Pd(1,Q)) &= d(1,Q)^{-1}Bd(1,Q) \\ &= d(1,Q)^{-1}d(\lambda_1, C)d(1,Q) \\ &= d(\lambda_1, Q^{-1}CQ)\end{aligned}$$

は対角行列である．命題 8.3.7(2) より $Pd(1,Q)$ は直交行列なので，A は命題 8.6.3 の条件を満たす．

逆に P が直交行列，Λ が対角行列で，$A = P\Lambda P^{-1} = P\Lambda{}^tP$ なら，

$${}^tA = {}^t(P\Lambda{}^tP) = {}^t({}^tP){}^t\Lambda{}^tP = P\Lambda{}^tP = A$$

である．よって A は対称行列になる．□

命題 8.6.7. A を対称行列，λ を A の固有値とする．また，$\{\boldsymbol{v}_1, \ldots, \boldsymbol{v}_n\}$ を $\mathbb{R}^n$ の基底，$\boldsymbol{v}_1, \ldots, \boldsymbol{v}_n$ をそれぞれ固有値 $\lambda_1, \ldots, \lambda_n \in \mathbb{R}$ に関する固有ベクトルとする．この中で固有値が λ であるものを $\boldsymbol{v}_1, \ldots, \boldsymbol{v}_p$ とする．$\boldsymbol{v} = \sum_i a_i \boldsymbol{v}_i$ $(a_i \in \mathbb{R})$ なら，$\boldsymbol{v} \in E(A, \lambda)$ であることと，$a_i = 0$ $(i = p+1, \ldots, n)$ であることは同値である．

証明. $\boldsymbol{v} = \sum_i a_i \boldsymbol{v}_i$ で $a_i = 0$ $(i = p+1, \ldots, n)$ なら，$\boldsymbol{v} \in E(A, \lambda)$ であることは明らかである．逆に $\boldsymbol{v} \in E(A, \lambda)$ なら，

$$\mathbf{0} = A\boldsymbol{v} - \lambda\boldsymbol{v} = \sum_{i=p+1}^{n} a_i(\lambda_i - \lambda)\boldsymbol{v}_i$$

である．$\{\boldsymbol{v}_1, \ldots, \boldsymbol{v}_n\}$ は 1 次独立なので，$a_i(\lambda_i - \lambda) = 0$ $(i = p+1, \ldots, n)$ である．$\lambda_i \neq \lambda$ なので，$a_i = 0$ である． □

この命題から，$E(A, \lambda)$ は $\{\boldsymbol{v}_1, \ldots, \boldsymbol{v}_n\}$ の中で固有値 λ に対応するもので張られていることがわかる．$\lambda_1 \neq \lambda_2$ が固有値なら，$\{\boldsymbol{v}_1, \ldots, \boldsymbol{v}_n\}$ は正規直交基底なので，$\boldsymbol{v} \in E(A, \lambda_1)$, $\boldsymbol{w} \in E(A, \lambda_2)$ のとき，$(\boldsymbol{v}, \boldsymbol{w}) = 0$ であることがわかる．$(*, *)$ を $E(A, \lambda)$ に制限したものは $E(A, \lambda)$ 上の内積なので，グラム・シュミットのプロセスで正規直交基底を見つけることができる．したがって，次の系がわかる．

系 8.6.8 (対称行列の直交対角化). A が対称行列なら，各固有値 λ に対して $E(A, \lambda)$ の正規直交基底を求め，それらを集めれば，$\mathbb{R}^n$ の正規直交基底で固有ベクトルよりなるものができる．特に，異なる固有値に関する固有ベクトルは直交する．

例 8.6.9. 行列 A を

$$A = \begin{pmatrix} 3 & 2 \\ 2 & 3 \end{pmatrix}$$

とする．特性多項式は $p_A(t) = (t-3)(t-3) - 4 = (t-1)(t-5)$ である．よって固有値は $t = 1, 5$.

$$E - A = \begin{pmatrix} -2 & -2 \\ -2 & -2 \end{pmatrix} \to \begin{pmatrix} 1 & 1 \\ 0 & 0 \end{pmatrix}, \quad 5E - A = \begin{pmatrix} 2 & -2 \\ -2 & 2 \end{pmatrix} \to \begin{pmatrix} 1 & -1 \\ 0 & 0 \end{pmatrix}$$

なので，$E(A, 1)$, $E(A, 5)$ はそれぞれ $[1, -1]$, $[1, 1]$ で張られている．どちらも

長さは $\sqrt{2}$ なので，

$$P = \frac{1}{\sqrt{2}}\begin{pmatrix} 1 & 1 \\ -1 & 1 \end{pmatrix}, \quad \Lambda = \begin{pmatrix} 1 & 0 \\ 0 & 5 \end{pmatrix}$$

とすれば，P は直交行列で $A = P\Lambda P^{-1} = P\Lambda\, {}^t\!P$ である．◇

以下，複素行列について考える．

定義 8.6.10. $A \in \mathrm{M}(n,n)_{\mathbb{C}}$ が A^* と可換である，つまり $A^*A = AA^*$ であるとき，A を**正規行列**という．◇

以下，$\mathbb{C}^n$ 上では常に標準的なエルミート内積 $(*,*)$ を考えるものとする．

命題 8.6.11. $A \in \mathrm{M}(n,n)_{\mathbb{C}}$ なら，次の 2 つの条件は同値である．
(1) $\mathbb{C}^n$ の正規直交基底で A の固有ベクトルよりなるものがある．
(2) ユニタリ行列 P で $P^{-1}AP$ が対角行列になるものがある．

証明は命題 8.6.3 と同様である．

定理 8.6.12 (ティープリッツ (Toeplitz) の定理). $A \in \mathrm{M}(n,n)_{\mathbb{C}}$ なら，A が正規行列であることと，A が命題 8.6.11 の条件を満たすことは同値である．

証明. A が正規行列とする．A は固有値をもつので，$\lambda_1 \in \mathbb{C}$ を固有値，$\boldsymbol{v}_1$ を λ_1 に関する長さ 1 の固有ベクトルとする．定理 8.6.6 の証明と同様に，グラム・シュミットのプロセスにより，$\boldsymbol{v}_1$ を含む $\mathbb{C}^n$ の正規直交基底 $\{\boldsymbol{v}_1, \dots, \boldsymbol{v}_n\}$ が存在する．$P = (\boldsymbol{v}_1 \ \cdots \ \boldsymbol{v}_n)$ とおけば，P はユニタリ行列である．

$B = P^{-1}AP$ とおくと $P^{-1} = P^*$ なので，

$$B^* = (P^*AP)^* = P^*A^*(P^*)^* = P^*A^*P = P^{-1}A^*P$$

である．したがって，$BB^* = P^{-1}AA^*P = P^{-1}A^*AP = B^*B$ となり，B も正規行列である．

定理 8.6.6 の証明と同様に

$$B = \begin{pmatrix} \lambda_1 & b_{12} & \cdots & b_{1n} \\ 0 & & & \\ \vdots & & C & \\ 0 & & & \end{pmatrix} \Longrightarrow B^* = \begin{pmatrix} \overline{\lambda}_1 & 0 & \cdots & 0 \\ \overline{b}_{12} & & & \\ \vdots & & C^* & \\ \overline{b}_{1n} & & & \end{pmatrix}$$

と，B, B^* の形がわかる．

BB^* と B^*B の $(1,1)$-成分を計算すると

$$|\lambda_1|^2 + |b_{12}|^2 + \cdots + |b_{1n}|^2 = |\lambda_1|^2$$

となるので，$b_{12} = \cdots = b_{1n} = 0$ である．よって $B = d(\lambda_1, C)$ である．

$$BB^* = d(|\lambda_1|^2, CC^*), \qquad B^*B = d(|\lambda_1|^2, C^*C)$$

なので，C も正規行列である．

帰納法により，$Q \in U(n-1)$ で $Q^{-1}CQ$ が対角行列になるものがある．

$$d(1,Q)^*d(1,Q) = d(1,Q^*)d(1,Q) = d(1,Q^*Q) = I_n$$

なので，$d(1,Q)$ はユニタリ行列である．$d(1,Q)^{-1} = d(1,Q^{-1})$ なので，

$$\begin{aligned}(Pd(1,Q))^{-1}A(Pd(1,Q)) &= d(1,Q)^{-1}Bd(1,Q) \\ &= d(1,Q)^{-1}d(\lambda_1,C)d(1,Q) \\ &= d(\lambda_1, Q^{-1}CQ)\end{aligned}$$

は対角行列である．命題 8.5.4(3) より $Pd(1,Q)$ はユニタリ行列なので，A は命題 8.6.11 の条件を満たす．

逆に P がユニタリ行列，Λ が対角行列で，$A = P\Lambda P^{-1} = P\Lambda P^*$ なら，

$$A^* = (P\Lambda P^*)^* = P\Lambda^* P^* = P\Lambda^* P^{-1}$$

なので，

$$\begin{aligned}AA^* &= P\Lambda P^{-1}P\Lambda^*P^{-1} = P\Lambda\Lambda^*P^{-1} = P\Lambda^*\Lambda P^{-1} \\ &= P\Lambda^*P^{-1}P\Lambda P^{-1} = A^*A\end{aligned}$$

となり，A は正規行列である．□

正規行列の場合も系 8.6.8 と同様に次の命題が証明できる (証明は略)．

命題 8.6.13 (正規行列のユニタリ対角化). A が正規行列なら，各固有値 λ に対して $E(A,\lambda)$ の $(*,*)$ の制限に関する正規直交基底を求め，それらを集めれば，$\mathbb{C}^n$ の正規直交基底で固有ベクトルよりなるものができる．特に，A の異なる固有値に関する固有ベクトルは直交する．

例 8.6.14. 行列 A を

$$A = \begin{pmatrix} 1 & 2 \\ -2 & 1 \end{pmatrix}$$

とする．計算により A は正規行列であることがわかる．特性多項式は $p_A(t) = (t-1)^2 + 4$ である．よって固有値は $t = 1 \pm 2\sqrt{-1}$.

$$\begin{pmatrix} \pm 2\sqrt{-1} & -2 \\ 2 & \pm\sqrt{-1} \end{pmatrix} \to \begin{pmatrix} \pm\sqrt{-1} & -1 \\ 0 & 0 \end{pmatrix}.$$

よって $E(A, 1 \pm 2\sqrt{-1})$ は $[1, \pm\sqrt{-1}]$ で張られる．$\|[1, \pm\sqrt{-1}]\| = \sqrt{2}$ なので，

$$P = \frac{1}{\sqrt{2}} \begin{pmatrix} 1 & 1 \\ \sqrt{-1} & -\sqrt{-1} \end{pmatrix}, \quad \Lambda = \begin{pmatrix} 1 + 2\sqrt{-1} & 0 \\ 0 & 1 - 2\sqrt{-1} \end{pmatrix}$$

とすれば，P はユニタリ行列で，$A = P\Lambda P^{-1} = P\Lambda P^*$ である．◇

8.7　2 次形式の標準形

V は $\mathbb{R}$ 上のベクトル空間とする．ここでは対称行列に関連して，2 次形式とその標準形について解説する．また，どうして標準形を考えるかという理由の 1 つを注 8.7.11 で解説する．

定義 8.7.1. $\mathbb{R}^n$ 上の **2 次形式**とは，$\boldsymbol{x} = [x_1, \ldots, x_n] \in \mathbb{R}^n$ の 2 次斉次式 (つまり，すべての項の次数が 2 である多項式)

$$Q(\boldsymbol{x}) = \sum_{1 \leqq i \leqq j \leqq n}^{n} q_{ij} x_i x_j \qquad (q_{ij} \in \mathbb{R})$$

で表される関数のことである．◇

命題 8.7.2. 2 次形式 $Q(\boldsymbol{x})$ に対し，n 次対称行列 A が存在し $Q(\boldsymbol{x}) = {}^t\boldsymbol{x}A\boldsymbol{x}$ となる．

証明. $Q(\boldsymbol{x})$ が上で定義された 2 次形式とする．$i = j$ なら $a_{ii} = q_{ii}$，$i < j$ なら $a_{ij} = a_{ji} = \frac{1}{2}q_{ij}$ とおくと，$a_{ij}x_ix_j + a_{ji}x_jx_i = q_{ij}x_ix_j$ なので，

$$Q(\boldsymbol{x}) = \sum_{i,j=1}^{n} a_{ij} x_i x_j$$

となる．$A=(a_{ij})$ とおくと，A は実対称行列である．この A は $Q(\boldsymbol{x})={}^t\boldsymbol{x}A\boldsymbol{x}$ を満たす． □

定義 8.7.3. 実対称行列 A と $\boldsymbol{x}\in\mathbb{R}^n$ に対し $A[\boldsymbol{x}]={}^t\boldsymbol{x}A\boldsymbol{x}$ と定義する． ◇

例 8.7.4. $n=3$ なら，

$$Q(\boldsymbol{x})=x_1^2+2x_2^2-x_3^2+2x_1x_2-3x_1x_3+5x_2x_3$$

は2次形式である．行列 A を

$$A=\begin{pmatrix}1 & 1 & -\frac{3}{2}\\ 1 & 2 & \frac{5}{2}\\ -\frac{3}{2} & \frac{5}{2} & -1\end{pmatrix}$$

とおくと $Q(\boldsymbol{x})=A[\boldsymbol{x}]$ である． ◇

さて，2次形式をできるだけ簡単な形に変形することを考える．P を正則行列，$\boldsymbol{x}=P\boldsymbol{y}$ $(\boldsymbol{x},\boldsymbol{y}\in\mathbb{R}^n)$ とすれば，$\boldsymbol{y}=P^{-1}\boldsymbol{x}$ なので，$\boldsymbol{x}$ と $\boldsymbol{y}$ は1対1に対応する．これを**変数変換**とよぶことにする．

命題 8.7.5. $Q(\boldsymbol{x})=A[\boldsymbol{x}]$ を2次形式とすると，変数変換 $\boldsymbol{x}=P\boldsymbol{y}$，$\boldsymbol{y}=[y_1,\ldots,y_n]$ により，

(8.7.6) $$Q(P\boldsymbol{y})=y_1^2+\cdots+y_p^2-y_{p+1}^2-\cdots-y_{p+q}^2$$

という形にできる．さらに p,q は変数変換によらず Q によって定まり，それぞれ A の特性方程式の，重複度も含めた正，負の解の個数である．

証明. まず P の存在を示す．定理 8.6.6 より直交行列 P があり，$PA\,{}^tP$ は対角行列になる．$Q({}^tP\boldsymbol{y})={}^t\boldsymbol{y}PA\,{}^tP\boldsymbol{y}$ である．よって $B=PA\,{}^tP$ は対角行列としてよい．b_i を B の (i,i)-成分とすると，$Q(\boldsymbol{y})=b_1y_1^2+\cdots+b_ny_n^2$ である．また ${}^tP=P^{-1}$ なので，命題 7.4.4 より A の特性多項式は B の特性多項式と等しく，$\prod_{i=1}^n(t-b_i)$ である．このとき，

$$b_1,\ldots,b_p>0,\quad b_{p+1},\ldots,b_{p+q}<0,\quad b_{p+q+1}=\cdots=b_n=0$$

としてよい．したがって，p,q はそれぞれ A の特性方程式の，重複度も含めた正，負の解の個数である．$y_i=\sqrt{|b_i|}^{\,-1}z_i$ $(i=1,\ldots,p+q)$, $y_i=z_i$ $(i=p+q+1,\ldots,n)$ とすれば，

$$Q(\boldsymbol{y}) = z_1^2 + \cdots + z_p^2 - z_{p+1}^2 - \cdots - z_{p+q}^2$$

である．

後は p, q が Q にのみ依存することを示せばよい．

P_1, P_2 を正則行列，$\boldsymbol{y} = [y_1, \ldots, y_n]$, $\boldsymbol{z} = [z_1, \ldots, z_n] \in \mathbb{R}^n$ として，

$$Q(P_1\boldsymbol{y}) = y_1^2 + \cdots + y_p^2 - y_{p+1}^2 - \cdots - y_{p+q}^2,$$
$$Q(P_2\boldsymbol{z}) = z_1^2 + \cdots + z_r^2 - z_{r+1}^2 - \cdots - z_{r+s}^2$$

とする．$(p,q) \neq (r,s)$ として矛盾を導く．

$B = {}^tP_1AP_1$, $C = {}^tP_2AP_2$ とおけば，$p+q, r+s$ はそれぞれ B, C の 0 でない対角成分の個数である．P_1, P_2 は正則なので，系 4.6.6 より B, C の階数は A の階数と等しい．B, C は対角行列なので，階数はそれぞれ $p+q, r+s$ である．したがって，$p+q = r+s$ である．

$(p,q) \neq (r,s)$ なので，$p \neq r$ である．議論は同様なので，$p < r$ と仮定する．$\boldsymbol{x} \in \mathbb{R}^n$ に対し $\boldsymbol{x} = P_1\boldsymbol{y} = P_2\boldsymbol{z}$ とおく．P_1, P_2 は正則なので，条件

$$y_1 = \cdots = y_p = z_{r+1} = \cdots = z_n = 0$$

は $\boldsymbol{x}$ に関する斉次連立 1 次方程式で，方程式の数は $n-1$ 以下である．よって自明でない解 $\boldsymbol{x} \neq \boldsymbol{0}$ が存在する．しかし

$$-y_{p+1}^2 - \cdots - y_{p+q}^2 = z_1^2 + \cdots + z_r^2$$

となり，左辺は 0 以下で右辺は 0 以上なので，$z_1 = \cdots = z_r = 0$ となる．よって $\boldsymbol{z} = \boldsymbol{0}$ である．$\boldsymbol{x} = P_2\boldsymbol{z} = \boldsymbol{0}$ なので，$\boldsymbol{x}$ が自明でない解であることに矛盾する．よって $p = r$ である．$p+q = r+s$ なので，$q = s$ でもある．□

(8.7.6) を 2 次形式 $Q(\boldsymbol{x})$ の**標準形**という．また，上の命題で『p, q が変数変換によらない』という部分は**シルベスター (Sylvester) の慣性法則**という．

A が対称行列の場合，Maple によりすべての固有値の近似値を求めることができるので，2 次形式の標準形を決定することは容易である．命題 8.7.5 の証明には固有値による対角化を使ったが，手計算で 2 次形式の標準形を決定するには，グラム・シュミットのプロセスの類似の方法が効率的である．

2次形式の標準形 (グラム・シュミットのプロセスの類似)

$$Q(\boldsymbol{x}) = \sum_{i \leqq j} a_{ij} x_i x_j \neq \boldsymbol{0}$$

とする．もし $a_{11} \neq 0$ なら，

$$y_1 = a_{11} x_1 + \frac{1}{2} \sum_{i=2}^{n} a_{11}^{-1} a_{1i} x_i, \quad y_i = x_i \quad (i = 2, \ldots, n)$$

とおく．すると

$$Q(\boldsymbol{x}) = a_{11} y_1^2 + \sum_{2 \leqq i \leqq j} b_{ij} y_i y_j \tag{8.7.7}$$

という形をしている．もしすべての i に対して $a_{ii} = 0$ なら，$a_{ij} \neq 0$ である $i \neq j$ を選び，$y_1 = x_i + x_j$, $y_2 = x_i - x_j$, $y_3, \ldots, y_n$ を x_i, x_j 以外の $x_1, \ldots, x_n$ とおく．すると $x_i = \frac{1}{2}(y_1 + y_2)$, $x_j = \frac{1}{2}(y_1 - y_2)$ なので，$Q(\boldsymbol{y})$ における y_1^2 の係数は $\frac{1}{4} a_{ij}$ である．したがって，最初の場合に帰着する．

(8.7.7) において $\sum_{2 \leqq i \leqq j} b_{ij} y_i y_j$ は変数の数が1つ減っているので，これを繰り返せば標準形に変形できる．

例 8.7.8.

$$Q(\boldsymbol{x}) = 4x_1 x_2 + 4x_1 x_3 - 8x_2 x_3$$

とする．$y_1 = x_1 + x_2$, $y_2 = x_1 - x_2$ とおくと，$x_1 = \frac{1}{2}(y_1 + y_2)$, $x_2 = \frac{1}{2}(y_1 - y_2)$ なので，

$$\begin{aligned} Q(\boldsymbol{x}) &= y_1^2 - y_2^2 + 2(y_1 + y_2)x_3 - 4(y_1 - y_2)x_3 \\ &= (y_1 - x_3)^2 - y_2^2 + 6y_2 x_3 - x_3^2 \\ &= (y_1 - x_3)^2 - (y_2 - 3x_3)^2 + 8x_3^2. \end{aligned}$$

したがって，$z_1 = x_1 + x_2 - x_3$, $z_2 = 2\sqrt{2} x_3$, $z_3 = x_1 - x_2 - 3x_3$ とおけば，$Q(\boldsymbol{x}) = z_1^2 + z_2^2 - z_3^2$ である． ◇

2次形式の応用のために次の概念を導入する．

定義 8.7.9. 2次形式 $Q(\boldsymbol{x}) = A[\boldsymbol{x}]$ がすべての $\boldsymbol{x} \neq 0$ に対し $Q(\boldsymbol{x}) > 0$ であるとき，**正定値**であるという．また，すべての $\boldsymbol{x} \neq 0$ に対し $Q(\boldsymbol{x}) < 0$ であるとき，**負定値**であるという． ◇

命題 8.7.10. 2 次形式 $Q(\boldsymbol{x}) = A[\boldsymbol{x}]$ が正定値であることと，A のすべての固有値が正であることは同値である．また，$Q(\boldsymbol{x}) = A[\boldsymbol{x}]$ が負定値であることと，A のすべての固有値が負であることは同値である．

証明. p, q をそれぞれ A の特性方程式の，重複度も含めた正，負の解の個数とすると，命題 8.7.5 より

$$Q(\boldsymbol{x}) = x_1^2 + \cdots + x_p^2 - x_{p+1}^2 - \cdots - x_{p+q}^2$$

であるとしてよい．$p = n$, $q = 0$ なら，Q は明らかに正定値である．逆に Q が正定値とする．$p + q < n$ なら，$\boldsymbol{x} = [0, \ldots, 0, 1]$ のとき，$Q(\boldsymbol{x}) = 0$ なので矛盾である．$q > 0$ なら，$x_{p+1} = 1, x_i = 0$ $(i \neq p+1)$ とすると，$Q(\boldsymbol{x}) < 0$ なので矛盾である．よって $p = n$ である．負定値の場合も同様である．　□

注 8.7.11. $f(x_1, \ldots, x_n)$ を何回でも微分可能な関数とする．このとき，f の極値を決定するのは解析では基本的な問題である．例えば $n = 2$ の場合に次の 3 つの関数

(a) $f(x_1, x_2) = x_1^2 + x_2^2$,　(b) $f(x_1, x_2) = x_1^2 - x_2^2$,　(c) $f(x_1, x_2) = -x_1^2 - x_2^2$

を考えよう．これらの関数のグラフを描くと下の図のようになるなる．f がこれらの関数の場合，原点で (a) なら極小，(b) なら極値でない，(c) なら極大であることは明らかである．

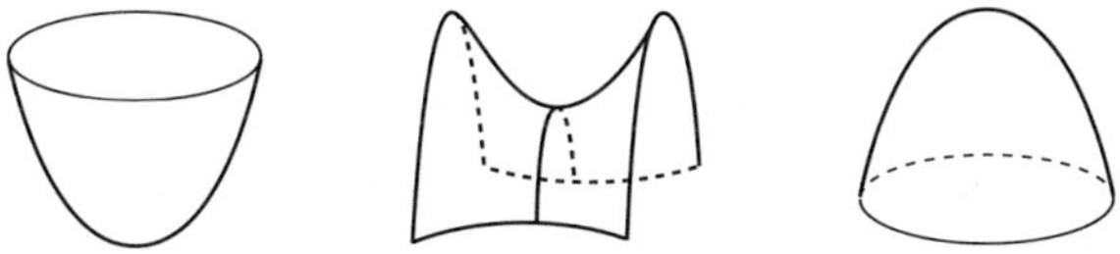

(a)　(b)　(c)

一般には，$f(x_1, \ldots, x_n)$ が点 P で極値をとるなら，P での偏微分はすべて 0 である．その場合極値であるかどうか判断するのに，行列

$$Q(\boldsymbol{x}) = \sum_{i,j=1}^{n} \frac{\partial^2 f}{\partial x_i \partial x_j}(P) x_i x_j$$

が役に立つ．$\dfrac{\partial^2 f}{\partial x_i \partial x_j}(P)$ に成分をもつ行列を，f の点 P でのヘシアン **(Hessian)** といい $H(f)(P)$ と書く．これは対称行列である．次の定理はよく知られていて，解析の一般的な教科書で証明されている．

定理 8.7.12. f の偏微分が点 P ですべて 0 で，$H(f)(P)$ が正則行列とする．このとき，$H(f)(P)$ が正定値なら，f は原点で極小値をとり，$H(f)(P)$ が負定値なら，f は原点で極大値をとる．$H(f)(P)$ が正定値でも負定値でもなければ，f は原点で極値をとらない．

$H(f)(P)$ が正則でないときには，これだけの情報では極値かどうかは判定できない．このように，2 次形式の標準形は関数の極値問題に応用がある． ◇

8.8 角度の解釈*

$(*,*)$ を $V=\mathbb{R}^n$ 上の標準的な内積とする．$\boldsymbol{x},\boldsymbol{y}\in V\setminus\{\boldsymbol{0}\}$ なら，$\boldsymbol{x},\boldsymbol{y}$ の角度は (8.2.2) で定義したが，これは直観的な定義，つまり弧度法による定義と一致するだろうか？ 答えは Yes である．以下，これについて解説する．

$F(\boldsymbol{x},\boldsymbol{y})=\{t\boldsymbol{x}+s\boldsymbol{y}\mid t,s\geqq 0\}$ という集合を考えると，直観的には以下のような扇である．

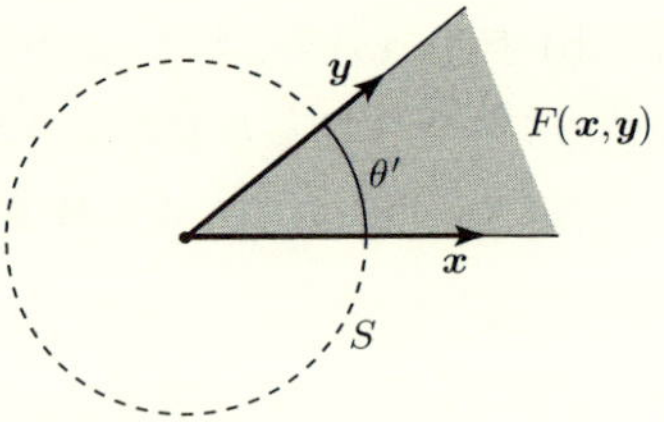

$S=\{\boldsymbol{x}\mid \|\boldsymbol{x}\|=1\}$ を**単位球面**という．$S\cap F(\boldsymbol{x},\boldsymbol{y})$ は半径 1 の円の一部である．その長さを $\boldsymbol{x},\boldsymbol{y}$ の角 θ' と定義したら，これは (8.2.2) による定義と一致するだろうか？

定理 8.8.1. 2 つのベクトルに対して，上のように弧度法により定義した角度 θ' は，内積により定義した角度 θ ((8.2.2) 参照) と一致する．

証明.

$$\cos\theta'=\frac{(\boldsymbol{x},\boldsymbol{y})}{\|\boldsymbol{x}\|\|\boldsymbol{y}\|}$$

であることを証明すればよい．もし余弦定理が $\mathbb{R}^n$ でも成り立つなら，$\mathbb{R}^3$ の場合と同じ議論ができるが，それは明らかではないので，直交行列を使って，$n=2$ の場合に帰着させることにする．

まず曲線の長さだが，パラメータ $t \in [a,b]$ によって

$$C : \boldsymbol{w}(t) = [w_1(t), \ldots, w_n(t)] \qquad (w_1(t), \ldots, w_n(t) \text{ は連続微分可能})$$

と表された曲線に対して

$$l(C) = \int_a^b \|\boldsymbol{w}'(t)\|\, dt \qquad (\boldsymbol{w}'(t) = [w_1'(t), \ldots, w_n'(t)])$$

と定義する．上のような曲線の有限個の和についても積分の和で長さを定義する．

$A \in O(n)$ とする．A は内積を変えないので長さも変えない．よって

$$(A\boldsymbol{x}, A\boldsymbol{y}) = (\boldsymbol{x}, \boldsymbol{y}), \quad \|A\boldsymbol{x}\| = \|\boldsymbol{x}\|, \quad \|A\boldsymbol{y}\| = \|\boldsymbol{y}\|$$

であり，A は単位球面 S を不変にする．$S \cap F(\boldsymbol{x}, \boldsymbol{y})$ が上のようにパラメータ化される曲線になることは後で示す．A により $\boldsymbol{x}(t)$ は $A\boldsymbol{x}(t)$ に移る．

$$(A\boldsymbol{x}(t))' = A\boldsymbol{x}'(t), \qquad \|A\boldsymbol{x}'(t)\| = \|\boldsymbol{x}'(t)\|$$

なので，A により $S \cap F(\boldsymbol{x}, \boldsymbol{y})$ が $S \cap F(A\boldsymbol{x}, A\boldsymbol{y})$ に移る．$(\boldsymbol{x}, \boldsymbol{y})$ 等も変わらないので，$\boldsymbol{x}, \boldsymbol{y}$ を考える代わりに $A\boldsymbol{x}, A\boldsymbol{y}$ を考えてもよい．

そこで次の補題を示す．

補題 8.8.2. $\boldsymbol{x}, \boldsymbol{y} \in V \setminus \{\boldsymbol{0}\}$ なら，$A \in O(n)$ が存在して $A\boldsymbol{x}$ の第 2 成分以降と $A\boldsymbol{y}$ の第 3 成分以降を 0 にできる．

証明. まず $\boldsymbol{x} = [x_1, \ldots, x_n]$ について考える．行列 $R_i(t)$ を

$$R_i(t) = \begin{pmatrix} 1 & & & & & \\ & \ddots & & & & \\ & & \cos t & -\sin t & & \\ & & \sin t & \cos t & & \\ & & & & \ddots & \\ & & & & & 1 \end{pmatrix}$$

とおく．ただし，$\begin{pmatrix} \cos t & -\sin t \\ \sin t & \cos t \end{pmatrix}$ は $(i,i), (i,i+1), (i+1,i), (i+1,i+1)$-成分に入っているとする．$R_i(t) \in O(n)$ である．

$x_n \neq 0$ なら

$$R_{n-1}(t)\boldsymbol{x} = [*, \ldots, *, -(\sin t)x_{n-1} + (\cos t)x_n]$$

なので，$R_{n-1}(t)\boldsymbol{x}$ の第 n 成分が 0 であることと，$\cot t = x_{n-1}x_n^{-1}$ であることは同値である．このような t は存在するから，$x_n = 0$ とできる．これを繰り返せば $\boldsymbol{x} = [x_1, 0, \ldots, 0]$ とできる．

次に $\boldsymbol{x}$ の形を変えずに $\boldsymbol{y}$ を変える．$\boldsymbol{x}$ の形を変えないためには，$A \in O(n)$ の第 1 列が $[1, 0, \ldots, 0]$ の定数倍である必要がある．だから上のような $R_i(t)$ を考える場合，$\cos t, \sin t$ のブロックが 2 列以降にあればよい．よって $\boldsymbol{y}$ の第 3 成分以降は 0 にできる．□

定理 8.8.1 の証明にもどる．補題 8.8.2 によって

$$\boldsymbol{x} = [x_1, 0, \ldots, 0], \qquad \boldsymbol{y} = [y_1, y_2, 0, \ldots, 0]$$

としてよい．$\boldsymbol{x}, \boldsymbol{y}$ に正の実数をかけても $F(\boldsymbol{x}, \boldsymbol{y}), (\boldsymbol{x}, \boldsymbol{y})/(\|\boldsymbol{x}\|\|\boldsymbol{y}\|)$ は変わらない．したがって，$\|\boldsymbol{x}\| = \|\boldsymbol{y}\| = 1$ と仮定してよい．直交行列

$$\begin{pmatrix} -1 & & & \\ & 1 & & \\ & & \ddots & \\ & & & 1 \end{pmatrix} \in O(n)$$

をかけて，$\boldsymbol{x} = [1, 0, \ldots, 0]$ としてよい．

この時点で $F(\boldsymbol{x}, \boldsymbol{y}) \cap S$ は平面内の円の一部である．それは $(t, \sqrt{1-t^2})$ などとパラメータ化できる．直交行列 A を使って移したものがこれなので，最初の $F(\boldsymbol{x}, \boldsymbol{y}) \cap S$ はこれに A^{-1} を施したものである．よって，最初の $F(\boldsymbol{x}, \boldsymbol{y}) \cap S$ もパラメータ化できたことになる．

さて $\cos\theta'$ の定義だが,『平面で原点を中心とする半径 1 の円の一部で $[1, 0]$ からの長さが θ' である点の第 1 座標を $\cos\theta'$ とする』を定義と考え，この定義に忠実に従うと,

$$\cos\theta' = y_1, \qquad \cos\theta = \frac{(\boldsymbol{x}, \boldsymbol{y})}{\|\boldsymbol{x}\|\|\boldsymbol{y}\|} = y_1$$

である．したがって，θ は弧度法によって定義した角度 θ' と一致する．□

8.9 関数の空間での内積と直交射影 ⋆

ここでは $V = \mathrm{Per}(2\pi)$ での内積，直交射影の例を解説する．

例 8.9.1. $V = \mathrm{Per}(2\pi)$ を例 5.4.10 で定義した空間とする．$f, g \in V$ に対し

$$(f,g) = \frac{1}{\pi}\int_0^{2\pi} f(x)g(x)\,dx$$

と定義する．これは対称双線形形式である．『$f \neq 0 \Longrightarrow (f,f) > 0$』を証明すればこの形式が内積であることがわかる．

$f(x)^2 \geqq 0$ は常に成り立つ．$f(x_0) \neq 0$ とする．議論は同様なので，$f(x_0) > 0$ と仮定する．$A = f(x_0)$ とおく．f の連続性から，x_0 を含む区間 $I = [c,d] \subset [0,2\pi]$ $(d > c)$ が存在して，$x \in [c,d]$ に対しては $f(x) \geqq \frac{A}{2}$ となる．すると

$$\begin{aligned}\frac{1}{\pi}\int_0^{2\pi} f(x)^2\,dx &= \frac{1}{\pi}\int_0^{c} f(x)^2\,dx + \frac{1}{\pi}\int_c^{d} f(x)^2\,dx + \frac{1}{\pi}\int_d^{2\pi} f(x)^2\,dx \\ &\geqq \frac{1}{\pi}\int_c^{d} f(x)^2\,dx \geqq \frac{A^2}{4\pi}\int_c^d dx \\ &= (d-c)\frac{A^2}{4\pi} > 0.\end{aligned}$$

よって $(f,f) > 0$ である． ◇

命題 8.2.3 で直交射影を定義したが，これを関数の空間の場合に考えてみよう．V とその上の内積 $(*,*)$ を例 8.9.1 のものとする．明らかに $\sin x \in V$ である．$f(x) \in V$ としたとき，f の $\sin x$ への直交射影は何だろうか?

$$\begin{aligned}(\sin x, \sin x) &= \frac{1}{\pi}\int_0^{2\pi} \sin^2 x\,dx = \frac{1}{\pi}\int_0^{2\pi} \frac{1-\cos 2x}{2}\,dx \\ &= \frac{1}{2\pi}\left[x - \frac{1}{2}\sin 2x\right]_0^{2\pi} \\ &= 1\end{aligned}$$

である．

$$(f, \sin x) = \frac{1}{\pi}\int_0^{2\pi} f(x)\sin x\,dx$$

なので，$f(x)$ の $\sin x$ への直交射影は

$$\left(\frac{1}{\pi}\int_0^{2\pi} f(x)\sin x\,dx\right)\sin x$$

である．

実は

$$f_n(x) = \sin nx, \quad g_n(x) = \cos nx \ (n \neq 0), \quad h_0(x) = \frac{1}{\sqrt{2}}$$

とおくと

$$(f_n, f_m) = \delta_{nm}, \quad (f_n, g_m) = (f_n, h_0) = 0, \quad (g_n, g_m) = \delta_{nm},$$
$$(g_n, h_0) = 0, \quad (h_0, h_0) = 1$$

という正規直交基底のような性質を満たすことが知られている(これは積分の演習問題である).

もし V が内積をもつ n 次元実ベクトル空間で, $\{\boldsymbol{v}_1, \ldots, \boldsymbol{v}_n\}$ が正規直交基底なら, $\boldsymbol{b} = x_1\boldsymbol{v}_1 + \cdots + x_n\boldsymbol{v}_n$ のとき $(\boldsymbol{b}, \boldsymbol{v}_i) = x_i$ となるので,

$$\boldsymbol{b} = \sum_{i=1}^{n} (\boldsymbol{b}, \boldsymbol{v}_i)\boldsymbol{v}_i$$

であり, $(\boldsymbol{b}, \boldsymbol{v}_i)\boldsymbol{v}_i$ が $\boldsymbol{b}$ の $\boldsymbol{v}_i$ への直交射影である.

上の $V = \mathrm{Per}(2\pi)$ の場合はどうだろう? 実は任意の $f(x) \in V$ に対して $a_n, b_n \in \mathbb{R}$ $(n = 1, 2, \ldots)$ と $c \in \mathbb{R}$ があり,

$$f(x) = \sum_{n=1}^{\infty} a_n \sin nx + \sum_{n=1}^{\infty} b_n \cos nx + \frac{c}{\sqrt{2}} \tag{8.9.2}$$

となることが知られている. 上の和は無限和なので, 収束の問題もあり, 代数的な線形代数の範囲を越えているが, 乱暴に類似を考えると

$$a_n = (f(x), \sin nx), \quad b_n = (f(x), \cos nx), \quad c = (f(x), 1/\sqrt{2})$$

である. (8.9.2) は $V = \mathrm{Per}(2\pi)$ の元 $f(x)$ に対し, 上の a_n, b_n, c によって成り立つことが知られていて, $f(x)$ の**フーリエ (Fourier) 展開**という. なお, 収束の問題は, C^∞ よりもっと弱い仮定で大丈夫だが, それは解析の教科書を参照されたい.

このように直交射影のような直観的なことも, 一般化すると周期関数の空間上ではフーリエ展開に対応するという類似が成り立つ. フーリエ展開の概念は純粋数学でも (整数論を含む!) 応用数学でも非常に有用である.

8 章の演習問題

[A]

8.1. $\boldsymbol{x} = [x_1, x_2],\ \boldsymbol{y} = [y_1, y_2] \in \mathbb{R}^2$ に対して

(1) $(\boldsymbol{x}, \boldsymbol{y}) = x_1y_1 + 3(x_1y_2 + x_2y_1) + 9x_2y_2$

(2) $(\boldsymbol{x}, \boldsymbol{y}) = 3x_1y_1 + 3(x_1y_2 + x_2y_1) + 9x_2y_2$

とする．(1), (2) はそれぞれ内積か?

8.2. $\mathbb{R}^4$ の標準的な内積を考える．次の (1), (2) の場合に $\boldsymbol{v}_2$ の $\boldsymbol{v}_1$ への直交射影を求めよ．

(1) $\boldsymbol{v}_1 = [1, 2, 3, 4],\ \boldsymbol{v}_2 = [3, -2, 4, 5]$.

(2) $\boldsymbol{v}_1 = [2, 1, 1, 4],\ \boldsymbol{v}_2 = [1, 3, 2, 2]$.

8.3. V は $\mathbb{R}$ 上 3 次元ベクトル空間で，内積 $(*, *)$ が定義されているとする．さらに，$\{\boldsymbol{v}_1, \boldsymbol{v}_2, \boldsymbol{v}_3\}$ は V の基底である．次の (1), (2) の条件を考える．

(1) $\begin{aligned} &(\boldsymbol{v}_1, \boldsymbol{v}_1) = 3, \quad (\boldsymbol{v}_1, \boldsymbol{v}_2) = 3, \quad (\boldsymbol{v}_1, \boldsymbol{v}_3) = 3, \\ &(\boldsymbol{v}_2, \boldsymbol{v}_2) = 4, \quad (\boldsymbol{v}_2, \boldsymbol{v}_3) = -2, \quad (\boldsymbol{v}_3, \boldsymbol{v}_3) = 30. \end{aligned}$

(2) $\begin{aligned} &(\boldsymbol{v}_1, \boldsymbol{v}_1) = 5, \quad (\boldsymbol{v}_1, \boldsymbol{v}_2) = 10, \quad (\boldsymbol{v}_1, \boldsymbol{v}_3) = 3, \\ &(\boldsymbol{v}_2, \boldsymbol{v}_2) = 24, \quad (\boldsymbol{v}_2, \boldsymbol{v}_3) = 4, \quad (\boldsymbol{v}_3, \boldsymbol{v}_3) = 10. \end{aligned}$

(1), (2) の各々の状況でグラム・シュミットのプロセスによって正規直交基底を求めよ．

8.4 (ルジャンドル多項式). $K = \mathbb{R}$ 上で $V = P_2$ を考える．$f, g \in P_2$ に対し

$$(f, g) = \frac{1}{2}\int_{-1}^{1} f(x)g(x)\,dx$$

とおくとこれは内積である．基底 $\{1, x, x^2\}$ からグラム・シュミットのプロセスによって正規直交基底を求めよ．

8.5 (エルミート多項式). $K = \mathbb{R}$ 上で $V = P_2$ を考える．$f, g \in P_2$ に対し

$$(f, g) = \frac{1}{\sqrt{\pi}}\int_{-\infty}^{\infty} e^{-x^2} f(x)g(x)\,dx$$

とおくとこれは内積である．基底 $\{1, x, x^2\}$ からグラム・シュミットのプロセスによって正規直交基底を求めよ．なお，

$$\int_{-\infty}^{\infty} e^{-x^2}\,dx = \sqrt{\pi}$$

は認める．

8.6. 次の行列 A_1, A_2, A_3 を直交行列によって対角化せよ．

(1) $A_1 = \begin{pmatrix} 2 & 6 \\ 6 & 7 \end{pmatrix}$ (2) $A_2 = \begin{pmatrix} 10 & 4 \\ 4 & -5 \end{pmatrix}$ (3) $A_3 = \begin{pmatrix} 2 & 3 \\ 3 & 4 \end{pmatrix}$

8.7. 次の行列 A_1, A_2, A_3 をユニタリ行列によって対角化せよ．

(1) $A_1 = \begin{pmatrix} 3 & 1 + \sqrt{-1} \\ 1 - \sqrt{-1} & 2 \end{pmatrix}$ (2) $A_2 = \begin{pmatrix} 5 & 2\sqrt{-1} \\ -2\sqrt{-1} & 2 \end{pmatrix}$

(3) $A_3 = \begin{pmatrix} 2 & 1 \\ -1 & 2 \end{pmatrix}$

8.8. 次の 2 次形式 (1)–(4) の標準形を求めよ．(4) には Maple を用いよ．(1)–(3) については，標準形を実現する変数変換も求めよ．

(1) $f(x,y,z) = x^2 + 5y^2 + z^2 + 4xy + 6xz + 8yz$
(2) $f(x,y,z) = -3x^2 - 11y^2 - 4z^2 + 12xy + 6xz + 4yz$
(3) $f(x,y,z) = 4xy - 6xz + 8yz$
(4) $f(x,y,z) = 35x^2 + 23y^2 + 134z^2 + 54xy - 126xz - 4yz$

8.9. (1) $V = \mathbb{R}^n$, $\mathbb{R}^n \ni \boldsymbol{a} \neq \boldsymbol{0}$ とするとき $T : V \to V$ を

$$T(\boldsymbol{v}) = \boldsymbol{v} - 2\frac{(\boldsymbol{v}, \boldsymbol{a})}{(\boldsymbol{a}, \boldsymbol{a})}\boldsymbol{a}$$

と定義する．このとき，T は線形写像であることを証明せよ．この写像には幾何学的にはどういう意味があるか?

(2) T の固有値と固有空間を求めよ．

[B]

8.10. $u \in \mathbb{R}$ に対して

$$n(u) = \begin{pmatrix} 1 & 0 \\ u & 1 \end{pmatrix}$$

とおく．$n(u)$ の岩澤分解を求めよ．つまり，直交行列 k と上三角行列 b によって $n(u) = kb$ と表せ．

8.11. $A \in \mathrm{M}(n,n)_{\mathbb{C}}$ が正規行列であるとき，A がエルミート行列であることと，A の固有値がすべて実数であることは同値であることを証明せよ．

8.12. $A \in \mathrm{M}(n,n)_{\mathbb{C}}$ が正規行列であるとき，A がユニタリ行列であることと，A の固有値の絶対値がすべて 1 であることは同値であることを証明せよ．

8.13. (1) $\mathbb{R}^{n-1}$ を $\{[x_1, \ldots, x_{n-1}, 0] \mid x_1, \ldots, x_{n-1} \in \mathbb{R}\} \subset \mathbb{R}^n$ と同一視する．$\mathbb{R}^n$ の $n-1$ 個のベクトル $\boldsymbol{v}_1, \ldots, \boldsymbol{v}_{n-1}$ に対して直交行列 A があり，$A\boldsymbol{v}_1, \ldots, A\boldsymbol{v}_{n-1} \in \mathbb{R}^{n-1}$ となることを証明せよ．

(2) 行列式の絶対値が対応する平行体の体積であることを (1) と『底面×高さ』の議論で証明せよ．ただし，体積が直交行列で変わらないことと，体積が『底面の体積×高さ』であることは認める．

8.14 (エルミート定数).

$$A = \begin{pmatrix} a & b \\ b & c \end{pmatrix}, \quad a, b, c, d \in \mathbb{Z}$$

で，$\det A = 1$ であり，任意の $\boldsymbol{x} = [x_1, x_2] \in \mathbb{R}^2 \setminus \{\boldsymbol{0}\}$ に対し ${}^t\boldsymbol{x}A\boldsymbol{x} > 0$ とする．

(1) $a > 0$ であることを証明せよ．
(2) $\boldsymbol{x} = [x_1, 1]$, $x_1 \in \mathbb{Z}$ で ${}^t\boldsymbol{x}A\boldsymbol{x} \leqq \frac{a}{4} + \frac{1}{a}$ となるものがあることを示せ．
(3) $a \geqq 2$ なら，整数に成分をもつ 2×2 行列 P で $\det P = 1$ であり，${}^tPAP$ の $(1,1)$-成分が a より真に小さいものがあることを証明せよ．

(4) (3) を用い整数を成分にもつ 2×2 行列 P で $\det P=1$ であり，${}^tPAP$ の $(1,1)$-成分が 1 であるものがあることを証明せよ．

(5) 整数に成分をもつ 2×2 行列 P で $\det P=1$ であり，${}^tPAP=I_2$ となるものがあることを証明せよ．つまり，A によって定まる内積は整数の範囲で標準的な内積に変換できる．

このような議論を使い，同様なことを 7×7 行列まで証明することができる．8×8 行列では整数の範囲で対角化できないものがあるが，それは次の問題である．なお，$\det A>1$ なら，2×2 行列でも対角化できないものがある．

8.15.

$$A=\begin{pmatrix} 2 & 1 & & & & & & \\ 1 & 2 & 1 & & & & & \\ & 1 & 2 & 1 & & & & 1 \\ & & 1 & 2 & 1 & & & \\ & & & 1 & 2 & 1 & & \\ & & & & 1 & 2 & 1 & \\ & & & & & 1 & 2 & \\ & & 1 & & & & & 2 \end{pmatrix}$$

とする．

(1) Maple を用いて $\det A=1$ であることを確かめよ．

(2) $\boldsymbol{x}=[x_1,\ldots,x_8]$ で $x_1,\ldots,x_8\in\mathbb{Z}$ なら，${}^t\boldsymbol{x}A\boldsymbol{x}$ は偶数であることを示せ．

(3) P は整数に成分をもつ行列で $\det P=1$ とする．このとき，$PA\,{}^tP$ は対角行列にはならないことを証明せよ．(これは有名な行列で『E_8 型リー環のカルタン行列』とよばれているものである．)

8.16. K は標数 2 の体とする．K 上の行列

$$A=\begin{pmatrix} 0 & 1 \\ 1 & 0 \end{pmatrix}$$

はどのような正則行列 P に対しても ${}^tPAP$ が対角行列にならないことを証明せよ．

8.17. V を $\mathbb{Z}$ 上の複素数値関数 a で，有限個の n を除いて $a(n)=0$ であるものの集合とする．関数としての和，スカラー倍を考えることにより，V は複素ベクトル空間になる．$T,S:V\to V$ を $T(a)(n)=a(n-1)$, $S(a)(n)=a(n+1)$ と定義すると，T,S は線形写像である．$a,b\in V$ に対し $(a,b)=\sum_{-\infty}^{\infty}a(n)\overline{b(n)}$ とおく．仮定より (a,b) は有限和なので，well-defined である．$(*,*)$ が V 上のエルミート内積であることは認める．

(1) S は T の共役で，$TS=ST=I_V$ であることを示せ．

(2) T は固有値をもたないことを示せ．

9章　ジョルダン標準形

行列によっては対角化できないものもあるが，そのような場合でも，標準形を考えることができる．それがジョルダン標準形である．この章ではその定式化と計算方法，証明について解説する．

9.1　ジョルダン標準形：定理*

ここでは $K = \mathbb{C}$ とする (数学専攻の読者なら K は任意の代数閉体)．以下，ベクトル空間はすべて K 上のベクトル空間なので,『K 上の』といちいち書かない．

p 次正方行列 $J(\lambda, p)$ が

$$J(\lambda, p) = \begin{pmatrix} \lambda & 1 & & \\ & \ddots & \ddots & \\ & & \lambda & 1 \\ & & & \lambda \end{pmatrix}$$

という形をしているとき**ジョルダンブロック**といい，p をその**サイズ**という．

次の定理を理解することがここでの主な目標である．

定理 9.1.1 (ジョルダン (Jordan) 標準形). A を n 次正方行列とするとき，次が成り立つ．

(1) 正則行列 P があり，$J(A) = P^{-1}AP$ は次の形をしている．

$$J(A) = \begin{pmatrix} J(\lambda_1, p_1) & & \\ & \ddots & \\ & & J(\lambda_m, p_m) \end{pmatrix}.$$

(2) $J(A)$ はジョルダンブロックの順序を除き，A によって一意的に決まる．

この $J(A)$ を A のジョルダン (Jordan) 標準形という．

この定理については，証明よりも先に，上の定理を仮定した上で，どのように計算するかということを解説する．その計算方法は証明方法を暗示しているので，一般の読者はその後の証明を読む必要はないだろう．

9.2 ジョルダン標準形の計算方法*

定理 9.1.1 の P の列をジョルダンブロックに合わせて

$$\boldsymbol{v}_{11}, \ldots, \boldsymbol{v}_{1p_1}, \boldsymbol{v}_{21}, \ldots, \boldsymbol{v}_{2p_2}, \ldots, \boldsymbol{v}_{mp_1}, \ldots, \boldsymbol{v}_{mp_m} \tag{9.2.1}$$

とする．このとき，

$$\begin{aligned} (A - \lambda_i I_n)\boldsymbol{v}_{i1} &= \boldsymbol{0}, \\ (A - \lambda_i I_n)\boldsymbol{v}_{i2} &= \boldsymbol{v}_{i1}, \\ &\vdots \\ (A - \lambda_i I_n)\boldsymbol{v}_{ip_i} &= \boldsymbol{v}_{ip_i-1} \end{aligned} \tag{9.2.2}$$

である．例えば

$$\begin{aligned} AP\mathbb{e}_{p_1+\cdots+p_{i-1}+p_i} &= A\boldsymbol{v}_{ip_i} = PJ(A)\mathbb{e}_{p_1+\cdots+p_{i-1}+p_i} \\ &= P(\lambda_i \mathbb{e}_{p_1+\cdots+p_{i-1}+p_i} + \mathbb{e}_{p_1+\cdots+p_{i-1}+p_i-1}) \\ &= \lambda_i \boldsymbol{v}_{ip_i} + \boldsymbol{v}_{ip_i-1} \end{aligned}$$

である．

逆に P の列が (9.2.1) で，それらが K^n の基底であり，(9.2.2) が成り立っているとする．すると

$$AP\mathbb{e}_{p_1+\cdots+p_{i-1}+j} = PJ(A)\mathbb{e}_{p_1+\cdots+p_{i-1}+j} \tag{9.2.3}$$

がすべての i, j に対して成り立つので，$A = PJ(A)P^{-1}$ である．だからジョルダン標準型と P を求めるためには，(9.2.2) を満たすような基底を求めればよい．

$W_i = \langle \boldsymbol{v}_{i1}, \ldots, \boldsymbol{v}_{ip_i} \rangle$ とすると，上の関係式より $T_A(W_i) \subset W_i$ であることがわかる．この W_i のこともジョルダンブロックとよぶことにする．

さて，A のジョルダンブロックが 1 つしかない場合に，A と P の列ベクトルとの関係を考えてみる．定理 9.1.1 で $J(A) = J(\lambda, p)$, $P = (\boldsymbol{v}_1 \ \cdots \ \boldsymbol{v}_p)$ とする．

(9.2.2) より，$A-\lambda I_p$ をかけるという操作によって，基底の元が

$$\begin{array}{c} \boldsymbol{v}_p \\ \downarrow \\ \vdots \\ \downarrow \\ \boldsymbol{v}_1 \\ \downarrow \\ \mathbf{0} \end{array} \tag{9.2.4}$$

というように移り合う．このように，ジョルダンブロック1つに対し，1つこのような系列ができることになる．この意味で $\boldsymbol{v}_p$ をこのブロックの生成元とよぶことにする．

ではジョルダンブロックが複数あったらどうなるだろう．簡単のために A が唯一の固有値 λ をもつ場合を考える．例えばジョルダンブロックのサイズが $5,5,5,3,3,2,1$ なら，次のように系列ができる．

$$\begin{array}{ccccccc} * & * & * & & & & \\ \downarrow & \downarrow & \downarrow & & & & \\ * & * & * & & & & \\ \downarrow & \downarrow & \downarrow & & & & \\ * & * & * & * & * & & \\ \downarrow & \downarrow & \downarrow & \downarrow & \downarrow & & \\ * & * & * & * & * & * & \\ \downarrow & \downarrow & \downarrow & \downarrow & \downarrow & \downarrow & \\ * & * & * & * & * & * & * \\ \downarrow & \downarrow & \downarrow & \downarrow & \downarrow & \downarrow & \downarrow \\ \mathbf{0} & \mathbf{0} & \mathbf{0} & \mathbf{0} & \mathbf{0} & \mathbf{0} & \mathbf{0} \end{array} \tag{9.2.5}$$

上の図の水平な各層にどれだけ1次独立な元があるか決定できれば，ジョルダンブロックのサイズが決定できる．それは大ざっぱにいって，$A-\lambda I_n$ を各基底の元に何回施せば $\mathbf{0}$ になるか，というようなことに依存しているので，次の定義をする．後で固有値が複数ある場合にも必要になるので，次の定義では A の固有値は $\lambda_1,\ldots,\lambda_m$ であるとする．

定義 9.2.6. (1) $k\in\mathbb{N}$ に対し

$$V(A,\lambda_i,k)=\{\boldsymbol{v}\in K^n \mid (A-\lambda_i I_n)^k\boldsymbol{v}=\mathbf{0}\}$$

と定義する．

(2) $V(A,\lambda_i)=\bigcup_{k=1}^{\infty} V(A,\lambda_i,k)=\{\boldsymbol{v}\in K^n \mid \exists k>0\ \ (A-\lambda_i I_n)^k\boldsymbol{v}=\boldsymbol{0}\}$. ◇

再び A の固有値は λ だけと仮定する．(9.2.5) では一番下の層だけが $V(A,\lambda,1)$ に属し，一番下の層と下から二番目の層が $V(A,\lambda,2)$ に属し，などとなるので，

$$\begin{aligned}
\dim V(A,\lambda,5)&=24,\\
\dim V(A,\lambda,4)&=21,\\
\dim V(A,\lambda,3)&=18,\\
\dim V(A,\lambda,2)&=13,\\
\dim V(A,\lambda,1)&=7
\end{aligned}$$

となる．これらの情報は A から求められるものである．そして

$$\begin{aligned}
&\dim V(A,\lambda,5)-\dim V(A,\lambda,4)=24-21=3,\\
&\dim V(A,\lambda,4)-\dim V(A,\lambda,3)=21-18=3,\\
&\dim V(A,\lambda,3)-\dim V(A,\lambda,2)=18-13=5,\\
&\dim V(A,\lambda,2)-\dim V(A,\lambda,1)=13-7=6,\\
&\dim V(A,\lambda,1)=7
\end{aligned}$$

が得られ，これらは (9.2.5) の各層の基底の元の数に対応している．だから，サイズ 5 のジョルダンブロックは 3 つあり，次元の差が 3 から初めて真に大きくなるのが下から 3 番目の層なので，サイズ 3 のジョルダンブロックは $5-3=2$ 個ある．同様にサイズ 2, 1 のジョルダンブロックが 1 個ずつあることがわかる．したがって，ジョルダンブロックのサイズが 5, 5, 5, 3, 3, 2, 1 と決定できた．

一般の場合を考える．A の固有値は $\lambda_1,\ldots,\lambda_m$ であるとする．$(A-\lambda_i I_n)^k\boldsymbol{v}=\boldsymbol{0}$ なら

$$(A-\lambda_i I_n)^{k+1}\boldsymbol{v}=(A-\lambda_i I_n)(A-\lambda_i I_n)^k\boldsymbol{v}=\boldsymbol{0}$$

なので，$V(A,\lambda_i,k)\subset V(A,\lambda_i,k+1)$ である．

$$N(A,\lambda_i,k)=\dim V(A,\lambda_i,k)-\dim V(A,\lambda_i,k-1) \tag{9.2.7}$$

とおく．

定理 9.1.1 を認めれば，V の基底で，固有値 λ_i の固有ベクトルを含むジョルダンブロック 1 つ 1 つに対し，$A-\lambda_i I_n$ により (9.2.4) のように移り合う基底の存在はわかっている．したがって，その最大のサイズを $p_{i,1}$ とすれば，$p_{i,1}$

は $N(A, \lambda_i, k) > 0$ となる最大の k である.

固有値 λ_i, サイズ p のジョルダンブロックを考えると, $k \leqq p$ である限り $V(A, \lambda_i, k-1)$ の基底に 1 つ元を加えて $V(A, \lambda_i, k)$ の基底になるようにできる. だから k が減少していくとき, このブロックにより $N(A, \lambda_i, k)$ は $k = p$ のときにちょうど 1 つ増加し, それ以外は (そのブロックによっては) それ以上は増加しない. したがって, ジョルダン標準形の求めかたは以下のようになる.

9.3 ジョルダン標準形の計算方法のまとめと例*

ジョルダン標準形の計算方法のまとめ

A を n 次正方行列とする.

(1) 固有値 $\lambda_1, \ldots, \lambda_m$ と $\dim V(A, \lambda_i, k)$ をすべて求める.

(2) $N(A, \lambda_i, k) = \dim V(A, \lambda_i, k) - \dim V(A, \lambda_i, k-1)$ を計算する.

(3) $N(A, \lambda_i, 1) \geqq \cdots \geqq N(A, \lambda_i, p_{i,1}) > N(A, \lambda_i, p_{i,1}+1) = 0$ となり, 真の不等号である部分の, $N(A, \lambda_i, k)$ の k を大きい順に並べ

$$p_{i,1} > p_{i,2} > \cdots$$

とすると, それらが固有値 λ_i のジョルダンブロックのサイズである. サイズが $p_{i,j}$ のジョルダンブロックの数は $N(A, \lambda_i, p_{i,j}) - N(A, \lambda_i, p_{i,j}+1)$ である.

(4) $V(A, \lambda_i, p_{i,1}-1)$ の基底に元を加えて $V(A, \lambda_i, p_{i,1})$ の基底になるようにする. その加えた元から系列 (9.2.4) をつくる. $V(A, \lambda_i, p_{i,2})$ の基底を $V(A, \lambda_i, p_{i,2}-1)$ の基底を拡張してつくるが, その際, 基底をサイズ $p_{i,1}$ のジョルダンブロックの生成元からつくられたものに加える形でつくる (次ページの図 (9.3.1) 参照). その加えたものがサイズ $p_{i,2}$ のジョルダンブロックの生成元である. これを繰り返すと定理 9.1.1 の P が求まる.

(9.2.5) の場合, 次の図 (9.3.1) で横線以下が $V(A, \lambda_i, p_{i,2}-1)$ に対応する. 縦線より左はサイズ $p_{i,1}$ のジョルダンブロックから得られる部分である. よって 3 行目の四角で囲まれた部分の基底がサイズ $p_{i,2}$ のジョルダンブロックの生成元である.

$$
\begin{array}{ccc|cccc}
* & * & * & & & & \\
\downarrow & \downarrow & \downarrow & & & & \\
* & * & * & & & & \\
\downarrow & \downarrow & \downarrow & & & & \\
* & * & * & \multicolumn{2}{c}{\boxed{* \quad *}} & & \\
\downarrow & \downarrow & \downarrow & \downarrow & \downarrow & & \\
\hline
* & * & * & * & * & * & \\
\downarrow & \downarrow & \downarrow & \downarrow & \downarrow & \downarrow & \\
* & * & * & * & * & * & * \\
\downarrow & \downarrow & \downarrow & \downarrow & \downarrow & \downarrow & \downarrow \\
\mathbf{0} & \mathbf{0} & \mathbf{0} & \mathbf{0} & \mathbf{0} & \mathbf{0} & \mathbf{0}
\end{array}
\tag{9.3.1}
$$

なお，ジョルダンブロックの生成元は一意的ではない．なぜなら，$\boldsymbol{v}_1, \boldsymbol{v}_2$ が同じサイズのジョルダンブロックの生成元なら，これらを $\boldsymbol{v}_1 + \boldsymbol{v}_2, \boldsymbol{v}_2$ で置き換えることもできるからである．

ジョルダン標準形から特性多項式もわかる．

命題 9.3.2. n 次正方行列 A のジョルダン標準形が定理 9.1.1(1) の形をしているとする．このとき，A の特性多項式は

$$p_A(t) = \prod_{i=1}^{m} (t - \lambda_i)^{p_i}$$

である．

証明． $A = PJ(A)P^{-1}$ なので，命題 7.4.4 より

$$p_A(t) = p_{J(A)}(t)$$

である．$tI_n - J(A)$ は上三角行列なので，その行列式は対角成分の積である．対角成分には $t - \lambda_i$ が p_i 個あるので，

$$p_A(t) = \prod_{i=1}^{m} (t - \lambda_i)^{p_i}$$

である． □

上の命題より，固有値 λ_i の特性方程式における重複度は，λ_i に関するジョルダンブロックのサイズの和になることがわかる．

例 9.3.3. 最初に $V(A,\lambda,k)$ の次元からジョルダン標準形を決定する例を考える．17 次行列 A は 固有値 2 のみをもち，

$$\begin{aligned}\dim V(A,2,4)&=17,\\ \dim V(A,2,3)&=15,\\ \dim V(A,2,2)&=12,\\ \dim V(A,2,1)&=7\end{aligned}$$

であるとする．すると

$$\begin{aligned}N(A,2,5)&=0,\\ N(A,2,4)&=2,\\ N(A,2,3)&=3,\\ N(A,2,2)&=5,\\ N(A,2,1)&=7\end{aligned}$$

なので，

$$\begin{array}{cccccccc}
2 & \fbox{$* \quad *$} & & & & & & \\
 & \downarrow \quad \downarrow & & & & & & \\
3 & * \quad * & \fbox{$*$} & & & & & \\
 & \downarrow \quad \downarrow & \downarrow & & & & & \\
5 & * \quad * & * & \fbox{$* \quad *$} & & & & \\
 & \downarrow \quad \downarrow & \downarrow & \downarrow \quad \downarrow & & & & \\
7 & * \quad * & * & * \quad * & \fbox{$* \quad *$} & & & \\
 & \downarrow \quad \downarrow & \downarrow & \downarrow \quad \downarrow & \downarrow \quad \downarrow & & & \\
 & \mathbf{0} \quad \mathbf{0} & \mathbf{0} & \mathbf{0} \quad \mathbf{0} & \mathbf{0} \quad \mathbf{0} & & &
\end{array}$$

という系列になる．したがって，ジョルダンブロックは

$$J(2,4), \quad J(2,4), \quad J(2,3), \quad J(2,2), \quad J(2,2), \quad J(2,1), \quad J(2,1)$$

となる． ◇

例 9.3.4. 次に，実際に与えられた A からジョルダン標準形と，それを与える基底を決定する例を考える．行列 A を

$$A = \begin{pmatrix} 1 & 1 & 2 & 0 \\ 0 & 1 & 0 & 1 \\ 0 & 0 & 1 & -1 \\ 0 & 0 & 0 & 2 \end{pmatrix}$$

とする．特性多項式は $(t-1)^3(t-2)$ で，固有値は $1, 2$ である．

固有値 2 に対しては $J(2,1)$ があるだけである．固有値 1 に対してはジョルダンブロックは，$J(1,3)$, $J(1,2)$, $J(1,1)$，または $J(1,1), J(1,1), J(1,1)$ となる．したがって，すべての k に対して $\dim V(A,1,k) \leqq 3$ が成り立つ．

$V(A,2,1)$ を求める．$A - 2I_4$ の rref は

$$A - 2I_4 = \begin{pmatrix} -1 & 1 & 2 & 0 \\ 0 & -1 & 0 & 1 \\ 0 & 0 & -1 & -1 \\ 0 & 0 & 0 & 0 \end{pmatrix} \to \begin{pmatrix} -1 & 1 & 0 & -2 \\ 0 & -1 & 0 & 1 \\ 0 & 0 & -1 & -1 \\ 0 & 0 & 0 & 0 \end{pmatrix}$$

$$\to \begin{pmatrix} -1 & 0 & 0 & -1 \\ 0 & -1 & 0 & 1 \\ 0 & 0 & -1 & -1 \\ 0 & 0 & 0 & 0 \end{pmatrix} \to \begin{pmatrix} 1 & 0 & 0 & 1 \\ 0 & 1 & 0 & -1 \\ 0 & 0 & 1 & 1 \\ 0 & 0 & 0 & 0 \end{pmatrix}$$

である．よって $V(A,2,1)$ は $\boldsymbol{v}_4 = [-1, 1, -1, 1]$ で張られる．

$V(A,1,k)$ を求める．$A - I_4$, $(A - I_4)^2$ の rref は

$$A - I_4 = \begin{pmatrix} 0 & 1 & 2 & 0 \\ 0 & 0 & 0 & 1 \\ 0 & 0 & 0 & -1 \\ 0 & 0 & 0 & 1 \end{pmatrix} \to \begin{pmatrix} 0 & 1 & 2 & 0 \\ 0 & 0 & 0 & 1 \\ 0 & 0 & 0 & 0 \\ 0 & 0 & 0 & 0 \end{pmatrix},$$

$$(A - I_4)^2 = \begin{pmatrix} 0 & 0 & 0 & -1 \\ 0 & 0 & 0 & 1 \\ 0 & 0 & 0 & -1 \\ 0 & 0 & 0 & 1 \end{pmatrix} \to \begin{pmatrix} 0 & 0 & 0 & 1 \\ 0 & 0 & 0 & 0 \\ 0 & 0 & 0 & 0 \\ 0 & 0 & 0 & 0 \end{pmatrix}$$

である．よって $\boldsymbol{x} = [x_1, x_2, x_3, x_4] \in V(A,1,1)$ なら，

$$\boldsymbol{x} = \begin{pmatrix} x_1 \\ -2x_3 \\ x_3 \\ 0 \end{pmatrix} = x_1 \begin{pmatrix} 1 \\ 0 \\ 0 \\ 0 \end{pmatrix} + x_3 \begin{pmatrix} 0 \\ -2 \\ 1 \\ 0 \end{pmatrix}.$$

したがって，$\dim V(A,1,1)=2$ であり，$V(A,1,1)$ は

$$\{[1,0,0,0],\ [0,2,-1,0]\}$$

を基底にもつ．$(A-I_4)^2$ の rref より $\dim V(A,1,2)=3$ であり，$V(A,1,2)$ は $\{\mathbb{e}_1,\mathbb{e}_2,\mathbb{e}_3\}$ を基底にもつ．よって $N(A,1,2)=1$, $N(A,1,1)=2$ であり，

$$\begin{array}{cc} * & \\ \downarrow & \\ * & * \\ \downarrow & \downarrow \\ \mathbf{0} & \mathbf{0} \end{array}$$

という系列になる．したがって，ジョルダンブロックは $J(1,2), J(1,1)$ である．$J(1,2)$ の生成元を与えるには，$V(A,1,2)\setminus V(A,1,1)$ の元を選べばよい．例えば $\boldsymbol{v}_2=[0,1,0,0]\notin V(A,1,1)$ である．$\boldsymbol{v}_1=(A-I_4)\boldsymbol{v}_2=[1,0,0,0]$ となるので，$\boldsymbol{v}_3=[0,2,-1,0]$ とおけば，(9.2.3) と同様の考察により

$$A=P\begin{pmatrix}1&1&0&0\\0&1&0&0\\0&0&1&0\\0&0&0&2\end{pmatrix}P^{-1},\qquad P=\begin{pmatrix}1&0&0&-1\\0&1&2&1\\0&0&-1&-1\\0&0&0&1\end{pmatrix}$$

となる． ◇

9.4 特性多項式とケーリー・ハミルトンの定理*

ジョルダン標準形にはさまざまな応用があるが，その一つとしてケーリー・ハミルトンの定理を証明する．ただし，ケーリー・ハミルトンの定理はもっと初等的な証明も可能である．

ケーリー・ハミルトンの定理は基本的には上三角行列の考察に帰着するので，まず次の補題を証明する．

補題 9.4.1. N を次の n 次行列とする．

$$N=\begin{pmatrix}0&1&&\\&0&\ddots&\\&&\ddots&1\\&&&0\end{pmatrix}.$$

このとき，$N^n = \mathbf{0}$ である．

証明. 便宜上 $i \leqq 0$ なら $\mathbb{e}_i = \mathbf{0}$ とおくと，$N\mathbb{e}_i = \mathbb{e}_{i-1}$ がすべての $i \leqq n$ に対して成り立つ．したがって，$N^j\mathbb{e}_i = \mathbb{e}_{i-j}$ である．$j = n$ なら $i - n \leqq 0$ となってしまうので，$N^n\mathbb{e}_i = \mathbf{0}$ がすべての i に対して成り立つ．したがって，$N^n = \mathbf{0}$ である． □

V をベクトル空間，$T : V \to V$ を線形写像とするとき，線形写像 $T^n : V \to V$ を，T を写像として n 回合成したものと定義する．$f(x) = a_n x^n + \cdots + a_0$ を K 係数の多項式とするとき，$f(T) = a_n T^n + \cdots + a_0 I_V$ と定義する．ただし I_V は V の恒等写像で，和の部分は線形写像としての和である．$g(x)$ をもう 1 つの多項式，$h(x) = f(x)g(x)$ とすると，$h(T) = f(T) \circ g(T) = g(T) \circ f(T)$ (線形写像の合成) である．これは一般の 2 つの線形写像 $T, S : V \to V$ に対して，$T \circ S = S \circ T$ は必ずしも成り立たないが，$T^i \circ T^j = T^{i+j} = T^j \circ T^i$ は成り立つからである．**以降このような T の多項式の合成の場合，$f(T)g(T)$ などと $\circ$ なしで書くことにする．**

同様に A が n 次正方行列で，$f(x) = a_m x^m + \cdots + a_0$ が K 係数の多項式なら，$f(A) = a_m A^m + \cdots + a_0 I_n$ と定義する．**(定数項は $a_0 I_n$ で置き換えたことに注意する．)** このとき，$g(x)$ をもう 1 つの多項式，$h(x) = f(x)g(x)$ とすると，$h(A) = f(A)g(A) = g(A)f(A)$ (行列の積) となる．

> **定理 9.4.2 (ケーリー・ハミルトン (Cayley–Hamilton) の定理)．** A を n 次正方行列，$p_A(t)$ を特性多項式とする．このとき，$p_A(A) = \mathbf{0}$ である．

証明. J を A のジョルダン標準形とすると，正則行列 P があり $A = PJP^{-1}$ である．$p_A(t) = p_J(t)$ であることはすでに示した．$A^k = PJ^kP^{-1}$ なので，任意の多項式 f に対し $f(A) = Pf(J)P^{-1}$ である．

$$p_A(A) = p_J(A) = Pp_J(J)P^{-1}$$

なので，A がジョルダン標準形の場合に証明すればよい．

J が定理 9.1.1(1) の形をしていると仮定する．

$$\boldsymbol{v}_{i,1} = \mathbb{e}_{p_1+\cdots+p_{i-1}+1}, \quad \cdots, \quad \boldsymbol{v}_{i,p_i} = \mathbb{e}_{p_1+\cdots+p_i}, \quad N = \begin{pmatrix} 0 & 1 & & \\ & 0 & \ddots & \\ & & \ddots & 1 \\ & & & 0 \end{pmatrix}$$

とおくと (N のサイズは p_i),

$$(J-\lambda_i I_n)\boldsymbol{v}_{i,1}=\mathbf{0},\quad (J-\lambda_i I_n)\boldsymbol{v}_{i,2}=\boldsymbol{v}_{i,1},\quad \cdots,\quad (J-\lambda_i I_n)\boldsymbol{v}_{i,p_i}=\boldsymbol{v}_{i,p_i-1}$$

なので,

$$(J-\lambda_i I_n)\begin{pmatrix}\boldsymbol{v}_{i,1} & \cdots & \boldsymbol{v}_{i,p_i}\end{pmatrix}=\begin{pmatrix}\boldsymbol{v}_{i,1} & \cdots & \boldsymbol{v}_{i,p_i}\end{pmatrix}N$$

となる．よって

$$(J-\lambda_i I_n)^{p_i}\begin{pmatrix}\boldsymbol{v}_{i,1} & \cdots & \boldsymbol{v}_{i,p_i}\end{pmatrix}=\begin{pmatrix}\boldsymbol{v}_{i,1} & \cdots & \boldsymbol{v}_{i,p_i}\end{pmatrix}N^{p_i}=\mathbf{0}$$

である．なお，最後のステップで補題 9.4.1 を使った．

命題 9.3.2 より，$(t-\lambda_i)^{p_i}$ は $p_J(t)$ を割り切るので，

$$p_J(J)\boldsymbol{v}_{i,1}=\cdots=p_J(J)\boldsymbol{v}_{i,p_i}=\mathbf{0}$$

である．これがすべての i に対して成り立つので，

$$p_J(J)\mathbb{e}_1=\cdots=p_J(J)\mathbb{e}_n=\mathbf{0}$$

である．したがって，$p_J(J)=\mathbf{0}$ である． □

9.5 ジョルダン標準形: 存在と一意性の証明 *

ここではジョルダン標準形の存在と一意性を証明するが，証明の都合上，線形写像の言葉でいい換えた次の形の定理を証明する．

定理 9.5.1. V を n 次元ベクトル空間，$T: V \to V$ を線形写像とする．

(1) V の基底 S があり，T の S に関する表現行列は

$$J(T)=\begin{pmatrix}J(\lambda_1,p_1) & & \\ & \ddots & \\ & & J(\lambda_m,p_m)\end{pmatrix}$$

という形である．

(2) $J(T)$ はジョルダンブロックの現れる順序を除き，T によって一意的に決まる．

この $J(T)$ を線形写像 T の**ジョルダン標準形**という．定理 9.5.1 を証明するが，まずそれに必要な概念を定義する．

定義 9.5.2. $V_1, \ldots, V_l$ を ベクトル空間とする．集合の直積 $V_1 \times \cdots \times V_l$ を考え，$(\boldsymbol{v}_1, \ldots, \boldsymbol{v}_l)$, $(\boldsymbol{v}'_1, \ldots, \boldsymbol{v}'_l) \in V_1 \times \cdots \times V_l$, $r \in K$ に対し，

$$(\boldsymbol{v}_1, \ldots, \boldsymbol{v}_l) + (\boldsymbol{v}'_1, \ldots, \boldsymbol{v}'_l) = (\boldsymbol{v}_1 + \boldsymbol{v}'_1, \ldots, \boldsymbol{v}_l + \boldsymbol{v}'_l),$$

$$r(\boldsymbol{v}_1, \ldots, \boldsymbol{v}_l) = (r\boldsymbol{v}_1, \ldots, r\boldsymbol{v}_l)$$

と定義する．$V_1 \times \cdots \times V_l$ にこれらの演算を考えたものを $V_1 \oplus \cdots \oplus V_l$ と定義する．$V_1 \oplus \cdots \oplus V_l$ はベクトル空間になり，これを $V_1, \ldots, V_l$ の**直和**という．◇

V_i の元 $\boldsymbol{v}_i$ を $(\boldsymbol{0}, \ldots, \boldsymbol{v}_i, \ldots, \boldsymbol{0}) \in V_1 \oplus \cdots \oplus V_l$ と同一視することにより，V_i を $V_1 \oplus \cdots \oplus V_l$ の部分集合とみなすことができる．さらにこの同一視により，V_i は $V_1 \oplus \cdots \oplus V_l$ の部分空間になる．

次の命題の証明はほぼ明らかなので，証明なしに述べるだけにする．

命題 9.5.3. $V_1, \ldots, V_l$ が有限次元ベクトル空間で $S_1, \ldots, S_l$ が $V_1, \ldots, V_l$ の基底なら，$S_1 \cup \cdots \cup S_l$ は $V_1 \oplus \cdots \oplus V_l$ の基底になる．よって

$$\dim V_1 \oplus \cdots \oplus V_l = \dim V_1 + \cdots + \dim V_l$$

である．

次の命題は，ベクトル空間が与えられた部分空間の直和であることの判定条件を与える．

命題 9.5.4. V はベクトル空間，$V_1, \ldots, V_l \subset V$ は部分空間であり，次の条件 (1), (2) が成り立つとする．

(1) V の任意の元 $\boldsymbol{v}$ は，$\boldsymbol{v}_1 \in V_1, \ldots, \boldsymbol{v}_l \in V_l$ により $\boldsymbol{v} = \boldsymbol{v}_1 + \cdots + \boldsymbol{v}_l$ と書ける (つまり，$V_1 \cup \cdots \cup V_l$ は V を張る).

(2) $\boldsymbol{v}_1 \in V_1, \ldots, \boldsymbol{v}_l \in V_l$ で $\boldsymbol{v}_1 + \cdots + \boldsymbol{v}_l = \boldsymbol{0}$ なら，$\boldsymbol{v}_1 = \cdots = \boldsymbol{v}_l = \boldsymbol{0}$ である．

このとき，ベクトル空間として $V \cong V_1 \oplus \cdots \oplus V_l$ である．

証明. $V_1 \oplus \cdots \oplus V_l$ から V への写像 T を

$$T(\boldsymbol{v}_1, \ldots, \boldsymbol{v}_l) = \boldsymbol{v}_1 + \cdots + \boldsymbol{v}_l$$

と定める．これが線形写像であることは明らかで，(1) は T が全射であることを意味し，(2) は $\mathrm{Ker}(T) = \{\boldsymbol{0}\}$ であることを意味している．よって T は同型である．□

次の概念はベクトル空間の『商』に対応するものだが，商のことは 10 章で解説する．以下，定義 9.5.5 と命題 9.5.6 では V をベクトル空間，W をその部分空間とする．

定義 9.5.5. (1) $S = \{\boldsymbol{v}_1, \ldots, \boldsymbol{v}_m\} \subset V$ が **mod $\boldsymbol{W}$ で 1 次独立**とは，

$$a_1, \ldots, a_m \in K, \quad [a_1, \ldots, a_m] \neq \mathbf{0}$$

なら，

$$a_1\boldsymbol{v}_1 + \cdots + a_m\boldsymbol{v}_m \notin W$$

となることである．

(2) $S = \{\boldsymbol{v}_1, \ldots, \boldsymbol{v}_m\} \subset V$ が **mod $\boldsymbol{W}$ で $\boldsymbol{V}$ の基底であるとは**，mod W で 1 次独立であり，$S \cup W$ が V を張ることである． ◇

命題 9.5.6. $S' = \{\boldsymbol{w}_1, \ldots, \boldsymbol{w}_l\} \subset W$ を W の基底とする．

(1) $S = \{\boldsymbol{v}_1, \ldots, \boldsymbol{v}_m\} \subset V$ が mod W で 1 次独立であることと，$S \cap S' = \emptyset$ であり，$S \cup S'$ が 1 次独立であることは同値である．

(2) $S = \{\boldsymbol{v}_1, \ldots, \boldsymbol{v}_m\} \subset V$ が mod W で V の基底であることと，$S \cap S' = \emptyset$ であり，$S \cup S'$ が V の基底であることは同値である．

証明. (1) $S = \{\boldsymbol{v}_1, \ldots, \boldsymbol{v}_m\} \subset V$ が mod W で 1 次独立であるとする．もし $\boldsymbol{v}_i \in S'$ なら，$\boldsymbol{v}_i \in W$ なので仮定に矛盾する．$a_1, \ldots, a_m, b_1, \ldots, b_l \in K$ で

$$a_1\boldsymbol{v}_1 + \cdots + a_m\boldsymbol{v}_m + b_1\boldsymbol{w}_1 + \cdots + b_l\boldsymbol{w}_l = \mathbf{0}$$

とする．

$$a_1\boldsymbol{v}_1 + \cdots + a_m\boldsymbol{v}_m = -(b_1\boldsymbol{w}_1 + \cdots + b_l\boldsymbol{w}_l) \in W$$

なので，$a_1 = \cdots = a_m = 0$ である．すると $b_1\boldsymbol{w}_1 + \cdots + b_l\boldsymbol{w}_l = \mathbf{0}$ となる．S' は W の基底なので，$b_1 = \cdots = b_l = 0$ である．だから $S \cup S'$ は 1 次独立である．

逆に $S \cap S' = \emptyset$ であり，$S \cup S'$ が 1 次独立であるとする．$a_1, \ldots, a_m \in K$ で

$$a_1\boldsymbol{v}_1 + \cdots + a_m\boldsymbol{v}_m \in W$$

とすると，$b_1, \ldots, b_l \in K$ があり

$$\begin{aligned}
&a_1\boldsymbol{v}_1 + \cdots + a_m\boldsymbol{v}_m = b_1\boldsymbol{w}_1 + \cdots + b_l\boldsymbol{w}_l \\
\Longrightarrow\ &a_1\boldsymbol{v}_1 + \cdots + a_m\boldsymbol{v}_m - (b_1\boldsymbol{w}_1 + \cdots + b_l\boldsymbol{w}_l) = \mathbf{0}
\end{aligned}$$

なので，$a_1 = \cdots = a_m = b_1 = \cdots = b_l = 0$ である．よって $S = \{\boldsymbol{v}_1, \ldots, \boldsymbol{v}_m\} \subset V$ が mod W で 1 次独立である．

(2) S' が W を張るので，$S \cup S'$ が V を張ることと，$S \cup W$ が V を張ることは同値である．(1) はすでに示したので，(2) が証明できた．　□

上の命題により，$S \subset V$ が mod W で 1 次独立のとき，$S \subset S'$ で mod W で V の基底になるものが存在する．

補題 9.5.7. V を $\lambda_1, \ldots, \lambda_m \in K$ を相異なる元とする．x を変数，$p_1, \ldots, p_m \geqq 1$ を正の整数とするとき，K 係数の多項式 $\alpha(x), \beta(x)$ が存在して

$$\alpha(x)(x-\lambda_1)^{p_1} + \beta(x)(x-\lambda_2)^{p_2} \cdots (x-\lambda_m)^{p_m} = 1$$

となる．

証明. $F(x) = (x-\lambda_2)^{p_2} \cdots (x-\lambda_m)^{p_m}$ とおく．$F(\lambda_1) \neq 0$ なので，$F(x)$ を $x - \lambda_1$ で割算して，$F(x) = -\gamma(x)(x-\lambda_1) + c$ ($\gamma(x)$ は多項式，$c \in K \setminus \{0\}$) と書くことができる．$F(x) + \gamma(x)(x-\lambda_1) = c$ なので，両辺を p_1 乗すると

$$F(x)^{p_1} + \cdots + p_1 F(x)\gamma(x)^{p_1-1}(x-\lambda_1)^{p_1} + \gamma(x)^{p_1}(x-\lambda_1)^{p_1} = c^{p_1}$$

となる．左辺で最後の項以外は $F(x)$ で割り切れるので，

$$\gamma(x)^{p_1}(x-\lambda_1)^{p_1} + \delta(x)F(x) = c^{p_1} \qquad (\delta(x) \text{ は多項式})$$

と書ける．$c^{p_1} \neq 0$ なので，$\alpha(x) = c^{-p_1}\gamma(x)^{p_1}, \beta(x) = c^{-p_1}\delta(x)$ とおけばよい．　□

定義 9.5.8. V を n 次元ベクトル空間，$T : V \to V$ を線形写像，$\lambda \in K$ とするとき，V の部分空間を次のように定義する．

(1) $V(T, \lambda, k) = \{\boldsymbol{v} \in V \mid (T - \lambda I_V)^k(\boldsymbol{v}) = \boldsymbol{0}\}$.

(2) $V(T, \lambda) = \bigcup_{k=1}^{\infty} V(T, \lambda, k) = \{\boldsymbol{v} \in V \mid \exists k > 0 \ (T - \lambda I_V)^k(\boldsymbol{v}) = \boldsymbol{0}\}$.　◇

これらは V の部分空間である．(2) の定義は表面的には無限和だが，実は有限和であることが後でわかる．A が行列であるとき，$T = T_A$ に対して上の定義を考えると，定義 9.2.6 と一致する．

命題 9.5.9. V を n 次元ベクトル空間, $T: V \to V$ を線形写像, T の固有値を $\lambda_1, \ldots, \lambda_m$ とする.

(1) $\lambda \in K$ が T の固有値でないなら, $V(T, \lambda) = \{\mathbf{0}\}$ である.

(2) 任意の $k > 0$ に対し $T(V(T, \lambda_i, k)) \subset V(T, \lambda_i, k)$ であり, $\lambda \neq \lambda_i$ なら, $T - \lambda I_V$ は $V(T, \lambda_i, k)$ 上逆写像をもつ.

(3) $V = V(T, \lambda_1) \oplus \cdots \oplus V(T, \lambda_m), \qquad V(T, \lambda_i) = \bigcup_{k=1}^{n} V(T, \lambda_i, k)$
である.

証明. (1) $V(T, \lambda) \neq \{\mathbf{0}\}$ とする. $V(T, \lambda) \ni \boldsymbol{v} \neq \mathbf{0}$ をとると, ある $k > 0$ があり, $(T - \lambda I_V)^k(\boldsymbol{v}) = \mathbf{0}$ である. そのような k で最小のものをとる. すると $\boldsymbol{w} = (T - \lambda I_V)^{k-1}(\boldsymbol{v})$ とおけば, $\boldsymbol{w} \neq \mathbf{0}$ で $(T - \lambda I_V)(\boldsymbol{w}) = (T - \lambda I_V)^k(\boldsymbol{v}) = \mathbf{0}$ である. $T(\boldsymbol{w}) = \lambda \boldsymbol{w}$ なので, $\boldsymbol{w}$ は固有ベクトルとなり, λ は固有値である.

(2) $\boldsymbol{v} \in V(T, \lambda_i, k)$ なら, $(T - \lambda_i I_V)^k T(\boldsymbol{v}) = T(T - \lambda_i I_V)^k(\boldsymbol{v}) = \mathbf{0}$ なので $T(\boldsymbol{v}) \in V(T, \lambda_i, k)$ である.

補題 9.5.7 より多項式 $\alpha(x), \beta(x)$ が存在して,

$$\alpha(x)(x - \lambda) + \beta(x)(x - \lambda_i)^k = 1$$

となる. $\boldsymbol{v} \in V(T, \lambda_i, k)$ なら $(T - \lambda_i I_V)^k(\boldsymbol{v}) = \mathbf{0}$ なので,

$$\begin{aligned} \boldsymbol{v} = I_V(\boldsymbol{v}) &= \alpha(T)(T - \lambda I_V)(\boldsymbol{v}) + \beta(T)(T - \lambda_i I_V)^k(\boldsymbol{v}) \\ &= \alpha(T)(T - \lambda I_V)(\boldsymbol{v}) \end{aligned}$$

である. よって $\alpha(T)$ が $T - \lambda I_V$ の逆写像になる.

(3) $\dim V = n$ なので, V の任意の $n+1$ 個のベクトルよりなる集合は 1 次従属である. だから $\boldsymbol{v} \in V$ とすると, $n+1$ 個のベクトル $\boldsymbol{v}, T(\boldsymbol{v}), \ldots, T^n(\boldsymbol{v})$ の集合は 1 次従属である. したがって, すべては 0 でない $a_0, \ldots, a_n \in K$ があり, $a_n T^n(\boldsymbol{v}) + \cdots + a_0 \boldsymbol{v} = \mathbf{0}$ となる. m を $a_m \neq 0$ であるような最大の自然数とする. $f(x) = a_m x^m + \cdots + a_0$ とおくと, $f(T)(\boldsymbol{v}) = \mathbf{0}$ である. $a_m = 1$ であるとしてよい. 相異なる $\mu_1, \ldots, \mu_l \in K$ があり, $f(x) = (x - \mu_1)^{p_1} \cdots (x - \mu_l)^{p_l}$ と因数分解できる. 補題 9.5.7 より

$$1 = \alpha(x)(x - \mu_1)^{p_1} + \beta(x)(x - \mu_2)^{p_2} \cdots (x - \mu_l)^{p_l} \tag{9.5.10}$$

となる多項式 $\alpha(x), \beta(x)$ がある. よって

$$\boldsymbol{v} = \alpha(T)(T - \mu_1 I_V)^{p_1}(\boldsymbol{v}) + \beta(T)(T - \mu_2 I_V)^{p_2} \cdots (T - \mu_l I_V)^{p_l}(\boldsymbol{v})$$

である．最初の項を $\boldsymbol{w}$，2 番目の項を $\boldsymbol{v}_1$ とおくと，

$$
\begin{aligned}
&(T-\mu_1)^{p_1}(\boldsymbol{v}_1) = \beta(T)(T-\mu_1)^{p_1}(T-\mu_2 I_V)^{p_2}\cdots(T-\mu_l I_V)^{p_l}(\boldsymbol{v}) = \boldsymbol{0},\\
&(T-\mu_2 I_V)^{p_2}\cdots(T-\mu_l I_V)^{p_l}(\boldsymbol{w})\\
&\quad = \alpha(T)(T-\mu_1)^{p_1}(T-\mu_2 I_V)^{p_2}\cdots(T-\mu_l I_V)^{p_l}(\boldsymbol{v})\\
&\quad = \boldsymbol{0}
\end{aligned}
$$

である．よって $\boldsymbol{v}_1 \in V(T,\mu_1,p_1)$ であり，$\boldsymbol{w}$ は因子の数が 1 つ以上少ない多項式 $g(x)$ に対し $g(T)(\boldsymbol{w}) = \boldsymbol{0}$ となる．したがって，$f(x)$ の因子の数に関する帰納法により，$\boldsymbol{v}$ は $V(T,\mu_1),\ldots,V(T,\mu_l)$ に属する元の和になる．μ_j が固有値でないような j に対しては，$V(T,\mu_j)=\{\boldsymbol{0}\}$ なので無視できる．よって $\boldsymbol{v}_i \in V(T,\lambda_i,k_i)$ $(i=1,\ldots,m,\ k_i>0)$ があり，$\boldsymbol{v}=\boldsymbol{v}_1+\cdots+\boldsymbol{v}_m$ となる．上の多項式 $f(x)$ の次数は n 以下なので，$k_1,\ldots,k_l \leqq n$ である．

$\boldsymbol{v}_i \in V(T,\lambda_i,k_i)$ $(i=1,\ldots,m)$ で $\boldsymbol{v}_1+\cdots+\boldsymbol{v}_m=\boldsymbol{0}$ と仮定する．$\boldsymbol{v}_i$ の中で $\boldsymbol{0}$ でないものがあったとして矛盾を導く．議論は同様なので，$\boldsymbol{v}_1 \neq \boldsymbol{0}$ と仮定する．$(T-\lambda_2 I_V)^{k_2}\cdots(T-\lambda_m I_V)^{k_m}$ をこの両辺に適用すると

$$(T-\lambda_2 I_V)^{k_2}\cdots(T-\lambda_m I_V)^{k_m}(\boldsymbol{v}_1)=\boldsymbol{0}$$

となる．$T-\lambda_2 I_V,\ldots,T-\lambda_m I_V$ は $V(T,\lambda_1,k_1)$ 上逆写像をもつので，$(T-\lambda_2 I_V)^{k_2}\cdots(T-\lambda_m I_V)^{k_m}$ も $V(T,\lambda_1,k_1)$ 上逆写像 S をもつ．すると，S を適用すると $\boldsymbol{v}_1=\boldsymbol{0}$ となり矛盾である．これで (3) が証明できた． □

定理 9.5.1 の証明. 以上で証明の準備が終わったので，ジョルダン標準型の存在と一意性を証明する．まず存在から示す．T を各 $V(T,\lambda_i)$ に制限してジョルダン標準形の存在を示せば，V に対してもジョルダン標準形の存在がいえるので，T は唯一の固有値 λ をもつと仮定してよい．

$$V(T,\lambda,1)\subset V(T,\lambda,2)\subset\cdots\subset V(T,\lambda,n)=V$$

である ($V=V(T,\lambda,n)$ は命題 9.5.9(3) より従う)．

$$N_k=\dim V(T,\lambda,k)-\dim V(T,\lambda,k-1) \qquad (k=1,\ldots,n+1)$$

とおく．ただし便宜上 $V(T,\lambda,0)=\{\boldsymbol{0}\}$ とおく．$N_{n+1}=0$ である．

補題 9.5.11. (1) $\{\boldsymbol{u}_1, \ldots, \boldsymbol{u}_l\} \subset V(T, \lambda, k)$ が mod $V(T, \lambda, k-1)$ で 1 次独立なら，$i = 0, \ldots, k-1$ に対し

$$\{(T - \lambda I_V)^i \boldsymbol{u}_1, \ldots, (T - \lambda I_V)^i \boldsymbol{u}_l\} \subset V(T, \lambda, k-i)$$

も mod $V(T, \lambda, k-i-1)$ で 1 次独立である．

(2) $N_1 \geqq N_2 \geqq \cdots \geqq N_n$ である．

証明. (1) $[a_1, \ldots, a_l] \neq \mathbf{0}$ なら，命題 9.5.6 より

$$a_1 \boldsymbol{u}_1 + \cdots + a_l \boldsymbol{u}_l \notin V(T, \lambda, k-1)$$

である．よって $(T - \lambda I_V)^{k-1}(a_1 \boldsymbol{u}_1 + \cdots + a_l \boldsymbol{u}_l) \neq \mathbf{0}$. これは

$$(T - \lambda I_V)^{k-i-1}(T - \lambda I_V)^i (a_1 \boldsymbol{u}_1 + \cdots + a_l \boldsymbol{u}_l) \neq \mathbf{0}$$

とも書ける．したがって，

$$a_1 (T - \lambda I_V)^i (\boldsymbol{u}_1) + \cdots + a_l (T - \lambda I_V)^i (\boldsymbol{u}_l) \notin V(T, \lambda, k-i-1).$$

よって (1) が示せた．なお，$(T - \lambda I_V)^i \boldsymbol{u}_j \in V(T, \lambda, k-i)$ は明らかである．

(2) $k \geqq 2$ とする．(1) より任意の $[a_1, \ldots, a_l] \neq \mathbf{0}$ に対して

$$a_1 (T - \lambda I_V)(\boldsymbol{u}_1) + \cdots + a_l (T - \lambda I_V)(\boldsymbol{u}_l) \notin V(T, \lambda, k-2)$$

である．命題 9.5.6(2) より $V(T, \lambda, k)$ の mod $V(T, \lambda, k-1)$ での基底の位数は N_k である．$\{\boldsymbol{u}_1, \ldots, \boldsymbol{u}_{N_k}\}$ を $V(T, \lambda, k)$ の mod $V(T, \lambda, k-1)$ での基底とすれば，命題 9.5.6 の証明後のコメントにより，$\{(T - \lambda I_V)\boldsymbol{u}_l, \ldots, (T - \lambda I_V)\boldsymbol{u}_{N_k}\}$ を拡張して，$V(T, \lambda, k-1)$ の mod $V(T, \lambda, k-2)$ での基底にできるので，$N_{k-1} \geqq N_k$ である． □

$N_1 \geqq \cdots \geqq N_n$ だが，これらが真の不等号である部分を，添字が大きい順に $p_1 > p_2 > \cdots > p_t$ とする．つまり，

$$\begin{aligned} N_1 = \cdots = N_{p_t} &> N_{p_t+1} = \cdots = N_{p_{t-1}} > \cdots \\ &> N_{p_2+1} = \cdots = N_{p_1} \\ &> N_{p_1+1} = \cdots = N_{n+1} = 0 \end{aligned}$$

である．また，便宜上 $p_0 = n+1$，$p_{t+1} = 0$ とおく．$j = 1, \ldots, t$ に対し $M_j = N_{p_j} - N_{p_{j-1}}$ $(= N_{p_j} - N_{p_j+1})$ とおく．

$\{\boldsymbol{u}_1, \ldots, \boldsymbol{u}_{N_{p_j+1}}\}$ を $V(T, \lambda, p_j+1)$ の mod $V(T, \lambda, p_j)$ の基底とすると，$V(T, \lambda, p_j+1)$ の元は $\boldsymbol{x} \in \langle \boldsymbol{u}_1, \ldots, \boldsymbol{u}_{N_{p_j+1}} \rangle, \boldsymbol{y} \in V(T, \lambda, p_j)$ により，$\boldsymbol{x}+\boldsymbol{y}$ という形をしている．$(T-\lambda I_V)(\boldsymbol{y}) \in V(T, \lambda, p_j-1)$ なので，

$$(9.5.12)\qquad \begin{aligned}&(T-\lambda I_V)(V(T, \lambda, p_j+1)) + V(T, \lambda, p_j-1)\\ &= (T-\lambda I_V)(\langle \boldsymbol{u}_1, \ldots, \boldsymbol{u}_{N_{p_j+1}} \rangle) + V(T, \lambda, p_j-1).\end{aligned}$$

$N_{p_j} = N_{p_j+1} + M_j$ なので，位数 M_j の部分集合 $\{\boldsymbol{v}_{j1}, \ldots, \boldsymbol{v}_{jM_j}\} \subset V(T, \lambda, p_j)$ を，$V(T, \lambda, p_j)$ の mod (9.5.12) の基底になるように選ぶことができる (定義 4.5.15，(9.3.1) 参照)．$\boldsymbol{v}_{jk}$ $(k=1, \ldots, M_j)$ から $S_{jk} = \{(T-\lambda I_V)^l(\boldsymbol{v}_{jk}) \mid l = 0, \ldots, p_j-1\}$ をつくる．S_{jk} で張られた部分空間を W_{jk} とする．

次の定理により，ジョルダン標準形の存在がわかる．

定理 9.5.13. (1) $T(W_{jk}) \subset W_{jk}$ である．したがって，T を W_{jk} に制限することができ，T は W_{jk} 上に線形写像を引き起こす．

(2) $\bigcup_{j,k} S_{jk}$ は V の基底である．

(3) 基底 S_{jk} に関する T の W_{jk} 上での表現行列は $J(\lambda, p_j)$ である．

証明. (1) 明らかに $(T-\lambda I_V)(W_{jk}) \subset W_{jk}$ となる．$\boldsymbol{v} \in W_{jk}$ なら，$(T-\lambda I_V)(\boldsymbol{v}) = T(\boldsymbol{v}) - \lambda\boldsymbol{v} \in W_{jk}$, $\boldsymbol{v} \in W_{jk}$ なので，$T(\boldsymbol{v}) \in W_{jk}$ である．

(2) $j = 1, \ldots, t$ に対し

$$B_m = \left\{ (T-\lambda I_V)^l(\boldsymbol{v}_{jk}) \,\middle|\, \begin{matrix} j=1, \ldots, m, k=1, \ldots, M_j, \\ l = 0, \ldots, p_j - p_{m+1} - 1 \end{matrix} \right\},$$

$$C_m = \{(T-\lambda I_V)^{p_j - p_{m+1} - 1}(\boldsymbol{v}_{jk}) \mid j = 1, \ldots, m, k = 1, \ldots, M_j\}$$

とおく．例えば下の図では，$m=2$ の場合，四角で囲まれた部分が C_2 で，それより上すべて (C_2 を含む) が B_2 である．

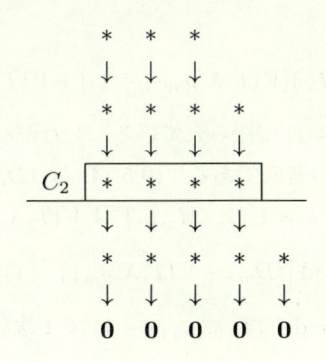

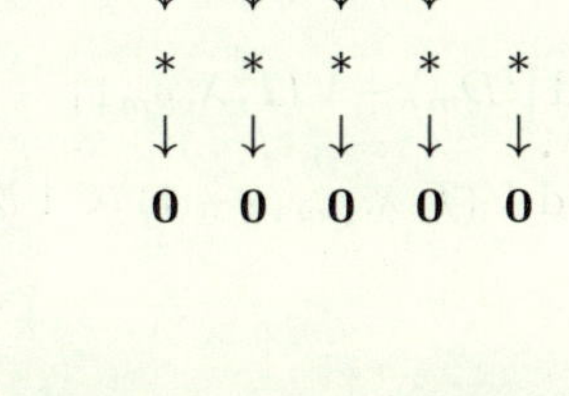

$m = 1, \ldots, t$ に対して次の主張を考える.

$(\mathrm{i})_m$ B_m が V の $\bmod V(T, \lambda, p_{m+1})$ での基底である.
$(\mathrm{ii})_m$ C_m が $V(T, \lambda, p_{m+1}+1)$ の $\bmod V(T, \lambda, p_{m+1})$ での基底である.

この $(\mathrm{i})_m$, $(\mathrm{ii})_m$ を m に関する帰納法で示す. $V(T, \lambda, 0) = \{\mathbf{0}\}$ なので, $(\mathrm{i})_t$ (なお, $p_{t+1} = 0$ とおいた) が示したいことである.

$m = 1$ のとき, 命題 9.5.11(1) より

$$\{(T - \lambda I_V)^l(\boldsymbol{v}_{1k}) \mid k = 1, \ldots, M_1 = N_{p_1}\} \subset V(T, \lambda, p_1 - l)$$

は, $\bmod V(T, \lambda, p_1 - l - 1)$ で 1 次独立である.

$$\begin{aligned}
&\dim V(T, \lambda, p_1) - \dim V(T, \lambda, p_1 - 1) \\
&\quad = \cdots \\
&\quad = \dim V(T, \lambda, p_2 + 1) - \dim V(T, \lambda, p_2) = M_1
\end{aligned}$$

なので, 上の集合を, $l = p_1 - p_2 - 1, \ldots, 0$ の順番に増やしていけば, $V(T, \lambda, p_1)$ の $\bmod V(T, \lambda, p_2)$ での基底が得られる. この $l = p_1 - p_2 - 1$ の部分が $(\mathrm{ii})_1$ であり, すべて含めれば $(\mathrm{i})_1$ になる.

$m < t$ とする. $(\mathrm{i})_m$, $(\mathrm{ii})_m$ を仮定し, $(\mathrm{i})_{m+1}$, $(\mathrm{ii})_{m+1}$ を証明する. $(\mathrm{ii})_m$ と命題 9.5.11 より

$$\begin{aligned}
D_m &= (T - \lambda I_V)(C_m) \qquad (\text{これを } D_m \text{ の定義とする.}) \\
&= \{(T - \lambda I_V)^{p_j - p_{m+1}}(\boldsymbol{v}_{jk}) \mid j = 1, \ldots, m,\ k = 1, \ldots, M_j\}
\end{aligned}$$

は $\bmod V(T, \lambda, p_{m+1} - 1)$ で 1 次独立で, $\# D_m = N_{p_{m+1}+1} = N_{p_m}$ である.

$V(T, \lambda, p_{m+1}+1)$ は C_m と $V(T, \lambda, p_{m+1})$ で張られている.

$$(T - \lambda I_V)(V(T, \lambda, p_{m+1})) \subset V(T, \lambda, p_{m+1} - 1)$$

なので,

$$(T - \lambda I_V)(V(T, \lambda, p_{m+1}+1)) + V(T, \lambda, p_{m+1} - 1) \tag{9.5.14}$$

は D_m と $V(T, \lambda, p_{m+1} - 1)$ で張られている. したがって, D_m は (9.5.14) の $\bmod V(T, \lambda, p_{m+1} - 1)$ の基底である. (9.5.14) は $\langle D_m \rangle + V(T, \lambda, p_{m+1} - 1)$ と等しいので, $\{\boldsymbol{v}_{m+1k} \mid k = 1, \ldots, M_{m+1}\}$ は $V(T, \lambda, p_{m+1})$ の

$$\bmod \left[\langle D_m \rangle + V(T, \lambda, p_{m+1} - 1)\right]$$

の基底である. D_m は $\bmod V(T, \lambda, p_{m+1} - 1)$ で 1 次独立なので,

(9.5.15) $$D_m \cup \{\boldsymbol{v}_{m+1k} \mid k = 1, \ldots, M_{m+1}\}$$

は $V(T, \lambda, p_{m+1})$ の mod $V(T, \lambda, p_{m+1} - 1)$ の基底である．命題 9.5.11 より，(9.5.15) に $(T - \lambda I_V)^l$ $(0 \leqq l \leqq p_{m+1} - p_{m+2} - 1)$ を適用したものは，mod $V(T, \lambda, p_{m+1} - l - 1)$ で 1 次独立である．さらに，これらを B_m に加えたものは B_{m+1} であり，$(T - \lambda I_V)^{p_{m+1} - p_{m+2} - 1}$ だけを適用したものは C_{m+1} である．

$$\begin{aligned}
\dim V(T, \lambda, p_{m+1}) &- \dim V(T, \lambda, p_{m+1} - 1) \\
&= \cdots \\
&= \dim V(T, \lambda, p_{m+2} + 1) - \dim V(T, \lambda, p_{m+2})
\end{aligned}$$

なので，各ステップで次元の増えかたはちょうど (9.5.15) の位数になる．したがって，$(\mathrm{i})_{m+1}$, $(\mathrm{ii})_{m+1}$ が成り立つ．特に，$(\mathrm{i})_t$ が正しいので (2) が示せた．

(3) S_{jk} に $T - \lambda I_V$ を適用すると，

$$\boldsymbol{v}_{jk} \to (T - \lambda I_V)(\boldsymbol{v}_{jk}) \to \cdots \to (T - \lambda I_V)^{p_j - 1}(\boldsymbol{v}_{jk}) \to \mathbf{0}$$

となるので，T の W_{jk} 上の表現行列は $J(\lambda, p_j)$ である．

なお各ステップでは，$U \subset W \subset V$ というような状況で，U の基底に W の mod U での基底を加えて構成しているので，$\bigcup_{jk} S_{jk}$ で元の重複はない． □

次に一意性を考える．命題 9.5.9(3) の $V(T, \lambda_1), \ldots, V(T, \lambda_m)$ は T によって自然に定まる対象である．λ_i を固有値にもつジョルダンブロックは $V(T, \lambda_i)$ に含まれるので，T を $V(T, \lambda_i)$ に制限して，T は唯一の固有値をもつと仮定してよい．

N_j を $N_j(V)$ と書く．N_j からジョルダンブロックのサイズが定まればよい．

$$V = V_1 \oplus \cdots \oplus V_l$$

とジョルダンブロックの直和になったとする．

$$N_j(V) = N_j(V_1) + \cdots + N_j(V_l)$$

である．V_i のサイズが p_i であれば，$N_{p_i}(V_i) = \cdots = N_1(V_i) = 1, N_{p+1}(V_i) = 0$ なので，サイズ p_i のジョルダンブロックが 1 つあるごとに $N_{p_i}(V) - N_{p_i+1}(V)$ が 1 つ増え，他では $N_j(V) = N_{j+1}(V)$ となる．よって，$N_j(V) - N_{j+1}(V)$ を考えれば，すべてのジョルダンブロックのサイズが決定できる．これで一意性の証明が完了した． □

9章の演習問題

[A]

9.1. A は 20 次正方行列で

$$\begin{aligned} &\dim V(A,1,4)=12, && \dim V(A,2,3)=8,\\ &\dim V(A,1,3)=11, && \dim V(A,2,2)=6,\\ &\dim V(A,1,2)=8, && \dim V(A,2,1)=4,\\ &\dim V(A,1,1)=4 && \end{aligned}$$

という条件が満たされているとする．A のジョルダンブロックをすべて決定せよ．

9.2. A は 20 次正方行列で

$$\begin{aligned} &\dim V(A,1,3)=11, && \dim V(A,2,5)=9,\\ &\dim V(A,1,2)=9, && \dim V(A,2,4)=8,\\ &\dim V(A,1,1)=5, && \dim V(A,2,3)=7,\\ & && \dim V(A,2,2)=5,\\ & && \dim V(A,2,1)=3 \end{aligned}$$

という条件が満たされているとする．A のジョルダンブロックをすべて決定せよ．

9.3.

$$(1)\ A_1=\begin{pmatrix}1&1&-4&-9\\0&1&1&5\\0&0&1&1\\0&0&0&1\end{pmatrix}\qquad (2)\ A_2=\begin{pmatrix}1&1&1&2\\0&1&0&-2\\0&0&1&6\\0&0&0&3\end{pmatrix}$$

$$(3)\ A_3=\begin{pmatrix}1&1&1&1\\0&1&1&4\\0&0&1&-3\\0&0&0&2\end{pmatrix}\qquad (4)\ A_4=\begin{pmatrix}1&1&1&-2\\0&1&0&-1\\0&0&1&1\\0&0&0&1\end{pmatrix}$$

とする．$i=1,\dots,4$ についてこれらの行列のジョルダン標準形 $J(A_i)$ と正則行列 P_i で $A_i=P_iJ(A_i)P_i^{-1}$ となるものを求めよ．

9.4.

$$(1)\ A_1=\begin{pmatrix}4&1&-1&-1\\-1&2&0&1\\1&1&1&0\\2&1&-1&1\end{pmatrix}\qquad (2)\ A_2=\begin{pmatrix}4&-10&-1&5\\0&1&-1&1\\-1&4&1&-1\\-1&4&0&0\end{pmatrix}$$

$$(3)\ A_3=\begin{pmatrix}2&-4&1&3\\3&-5&0&4\\3&-4&-1&4\\3&-3&-1&3\end{pmatrix}\qquad (4)\ A_4=\begin{pmatrix}-2&-3&3&-3\\6&7&-6&6\\5&5&-4&5\\2&2&-2&3\end{pmatrix}$$

とする．$i=1,\dots,4$ についてこれらの行列のジョルダン標準形 $J(A_i)$ と正則行列 P_i で $A_i=P_iJ(A_i)P_i^{-1}$ となるものを求めよ．手計算でもできるが，Maple を用いてもよい．手計算で行う場合は $t^4+\cdots=0$ という形の整数係数の方程式が整数解をもつ場合は，解は定数項の約数になることに注意せよ．

9.5.

$$A = \begin{pmatrix} 2 & 1 & 0 \\ 0 & 2 & 1 \\ 0 & 0 & 2 \end{pmatrix} = 2I_3 + \begin{pmatrix} 0 & 1 & 0 \\ 0 & 0 & 1 \\ 0 & 0 & 0 \end{pmatrix}$$

とする．A^n $(n \geqq 3)$ を求めよ．

9.6. (1) $z = t^k e^{2t}$ なら $z' - 2z = kt^{k-1}e^{2t}$ であることを示せ．

(2) 連立微分方程式

$$\begin{cases} \dfrac{dx}{dt} = 2x + y, \\ \dfrac{dy}{dt} = 2y \end{cases}$$

の一般解を求めよ．

[B]

9.7. $A \in \mathrm{M}(n,n)_{\mathbb{C}}$ がある $m > 0$ に対し $A^m = I_n$ となるなら，対角化可能であることを証明せよ．

9.8. $A \in \mathrm{M}(2,2)_{\mathbb{C}}$ をスカラー行列でない正則行列とし，

$$G = \{X \in \mathrm{M}(2,2)_{\mathbb{C}} \mid \det X \neq 0,\ AX = XA\}$$

とおく．$X, Y \in G$ なら $XY = YX$ であることを証明せよ．なお，この問題は『楕円曲線の虚数乗法論』ということに関係している．

9.9. $A \in \mathrm{M}(n,n)_{\mathbb{C}}$ とする．演習問題 6.7 で行列の指数関数を定義した．また，演習問題 1.9 で行列のトレースを定義した．

$$\det \exp(A) = \exp(\mathrm{tr}(A))$$

であることを証明せよ．

9.10. A を複素数に成分をもつ n 次正方行列とする．

(1) A のジョルダン標準形の対角成分を $\lambda_1, \ldots, \lambda_n$ とするとき，$\mathrm{tr}(A^k) = \lambda_1^k + \cdots + \lambda_n^k$ であることを示せ．

(2)

$$f_A(t) = \sum_{k=1}^{\infty} \frac{t^k}{k} \mathrm{tr}(A^k)$$

は十分小さい $t \in \mathbb{C}$ に対して収束し，

$$\exp(f_A(t)) = \frac{1}{\det(I_n - tA)}$$

となることを証明せよ．

なお，この問題は『合同ゼータ関数』というものが基本的には有理関数で表されることに関係している．

10章　双対空間，商空間，テンソル積*

10.1　双対空間

V を K 上のベクトル空間，V^* を V から K への線形写像全体の集合とする．V^* には $\boldsymbol{f}, \boldsymbol{g} \in V^*$, $r \in K$ なら，$(\boldsymbol{f}+\boldsymbol{g})(\boldsymbol{v}) = \boldsymbol{f}(\boldsymbol{v}) + \boldsymbol{g}(\boldsymbol{v})$, $(r\boldsymbol{f})(\boldsymbol{v}) = r\boldsymbol{f}(\boldsymbol{v})$ $(\boldsymbol{v} \in V)$ として，和とスカラー倍を定義する．これにより，V^* はベクトル空間になる．

定義 10.1.1. V^* を V の**双対空間**とよぶ．◇

V が有限次元の場合は V の基底に対して V^* の基底を自然に定めることができる．

命題 10.1.2. V を K 上のベクトル空間，$S = \{\boldsymbol{v}_1, \ldots, \boldsymbol{v}_n\} \subset V$ を V の基底とする．このとき，V^* の基底 $\{\boldsymbol{w}_1, \ldots, \boldsymbol{w}_n\}$ があり $\boldsymbol{w}_i(\boldsymbol{v}_j) = \delta_{ij}$ となる．よって $\dim V^* = n$ である．

証明. $1 \leqq i \leqq n$ なら，V^* の元 $\boldsymbol{w}_i$ を

$$\boldsymbol{w}_i(x_1\boldsymbol{v}_1 + \cdots + x_n\boldsymbol{v}_n) = x_i$$

と定義する．$\boldsymbol{v} = x_1\boldsymbol{v}_1 + \cdots + x_n\boldsymbol{v}_n$ に対し $x_1, \ldots, x_n$ が一意的に定まることは命題 7.1.1 で示した．だから $\boldsymbol{w}_i$ は写像として well-defined である．これが線形写像であることは明らかなので，$\boldsymbol{w}_i \in V^*$ である．もし $\boldsymbol{f} \in V^*$ なら，$\boldsymbol{v} = x_1\boldsymbol{v}_1 + \cdots + x_n\boldsymbol{v}_n$ に対し

$$\boldsymbol{f}(\boldsymbol{v}) = x_1\boldsymbol{f}(\boldsymbol{v}_1) + \cdots + x_n\boldsymbol{f}(\boldsymbol{v}_n) = \boldsymbol{f}(\boldsymbol{v}_1)\boldsymbol{w}_1(\boldsymbol{v}) + \cdots + \boldsymbol{f}(\boldsymbol{v}_n)\boldsymbol{w}_n(\boldsymbol{v})$$

となる．$a_1 = \boldsymbol{f}(\boldsymbol{v}_1), \ldots, a_n = \boldsymbol{f}(\boldsymbol{v}_n)$ とおけば

$$\boldsymbol{f}(\boldsymbol{v}) = a_1\boldsymbol{w}_1(\boldsymbol{v}) + \cdots + a_n\boldsymbol{w}_n(\boldsymbol{v})$$

となるので，$\boldsymbol{f}=a_1\boldsymbol{w}_1+\cdots+a_n\boldsymbol{w}_n$ である．したがって，$\boldsymbol{w}_1,\dots,\boldsymbol{w}_n$ は V^* を張る．

$$\boldsymbol{f}=a_1\boldsymbol{w}_1+\cdots+a_n\boldsymbol{w}_n=\boldsymbol{0} \qquad (a_1,\dots,a_n\in K)$$

なら，$\boldsymbol{f}(\boldsymbol{v}_i)=a_i=0$ がすべての i に対して成り立つので，$a_1=\cdots=a_n=0$ である．よって $\boldsymbol{w}_1,\dots,\boldsymbol{w}_n$ は 1 次独立であり，V^* の基底になる． □

定義 10.1.3. 命題 10.1.1 で与えられた V^* の基底 $\{\boldsymbol{w}_1,\dots,\boldsymbol{w}_n\}$ を V の基底 $\{\boldsymbol{v}_1,\dots,\boldsymbol{v}_n\}$ の**双対基底**という． ◇

$\boldsymbol{v}\in V$, $\boldsymbol{f}\in V^*$ なら $\boldsymbol{f}(\boldsymbol{v})\in K$ が定まるが，$\boldsymbol{v}$ を固定すると，

$$\boldsymbol{f}\to\boldsymbol{f}(\boldsymbol{v})$$

を V^* から K への写像とみなすことができる．この写像を $\phi(\boldsymbol{v})$ とおく．つまり，

$$\phi(\boldsymbol{v})(\boldsymbol{f})=\boldsymbol{f}(\boldsymbol{v})$$

である．$\boldsymbol{f},\boldsymbol{g}\in V^*$, $r\in K$ なら

$$\phi(\boldsymbol{v})(\boldsymbol{f}+\boldsymbol{g})=(\boldsymbol{f}+\boldsymbol{g})(\boldsymbol{v})=\boldsymbol{f}(\boldsymbol{v})+\boldsymbol{g}(\boldsymbol{v})=\phi(\boldsymbol{v})(\boldsymbol{f})+\phi(\boldsymbol{v})(\boldsymbol{g}),$$
$$\phi(\boldsymbol{v})(r\boldsymbol{f})=(r\boldsymbol{f})(\boldsymbol{v})=r\boldsymbol{f}(\boldsymbol{v})=r\phi(\boldsymbol{v})(\boldsymbol{f})$$

なので，$\phi(\boldsymbol{v})\in(V^*)^*$ である．

次の命題では $\dim V<\infty$ とする．

> **命題 10.1.4.** $V\ni v\to\phi(\boldsymbol{v})\in(V^*)^*$ は線形写像になり，同型である．

証明. $\boldsymbol{v},\boldsymbol{w}\in V$, $r\in K$ とする．

$$\phi(\boldsymbol{v}+\boldsymbol{w})(\boldsymbol{f})=\boldsymbol{f}(\boldsymbol{v}+\boldsymbol{w})=\boldsymbol{f}(\boldsymbol{v})+\boldsymbol{f}(\boldsymbol{w})=\phi(\boldsymbol{v})(\boldsymbol{f})+\phi(\boldsymbol{w})(\boldsymbol{f}),$$
$$\phi(r\boldsymbol{v})(\boldsymbol{f})=\boldsymbol{f}(r\boldsymbol{v})=r\boldsymbol{f}(\boldsymbol{v})=r\phi(\boldsymbol{v})(\boldsymbol{f})$$

なので，

$$\phi(\boldsymbol{v}+\boldsymbol{w})=\phi(\boldsymbol{v})+\phi(\boldsymbol{w}), \qquad \phi(r\boldsymbol{v})=r\phi(\boldsymbol{v})$$

である．よって $\phi: V\to(V^*)^*$ は線形写像である．$\dim V=\dim V^*=\dim(V^*)^*$ なので，$\mathrm{Ker}(\phi)=\{\boldsymbol{0}\}$ であることを示せば，次元公式 7.2.4 より ϕ が全射であることもわかり，ϕ が同型になる．

$\boldsymbol{v} \in \mathrm{Ker}(\phi)$ なら，

$$0 = \phi(\boldsymbol{v})(\boldsymbol{f}) = \boldsymbol{f}(\boldsymbol{v})$$

がすべての $\boldsymbol{f} \in V^*$ に対して成り立つ．$\{\boldsymbol{v}_1, \ldots, \boldsymbol{v}_n\}$ を V の基底，$\{\boldsymbol{w}_1, \ldots, \boldsymbol{w}_n\}$ をその双対基底とすれば，$\boldsymbol{v} = x_1\boldsymbol{v}_1 + \cdots + x_n\boldsymbol{v}_n$ のとき，$\boldsymbol{w}_i(\boldsymbol{v}) = x_i = 0$ がすべての i に対して成り立つ．よって $\boldsymbol{v} = \boldsymbol{0}$ である．これで $\mathrm{Ker}(\phi) = \{\boldsymbol{0}\}$ が示せた． □

$\dim V = \infty$ のときは $V \cong V^*$, $V \cong (V^*)^*$ 等は一般には成り立たない．この例は演習問題にする．

10.2 商空間

V を K 上のベクトル空間，$W \subset V$ を部分空間とする．定義 9.5.5 において $\mathrm{mod}\ W$ の基底を定義した．これは，実は商空間 V/W を考えて，その基底を考えていることになるのである．商空間という概念はこれまでの章では必要なかったが，純粋数学や応用数学では頻繁に必要になる．ここでは，その定義とごく基本的な性質だけ解説することにする．

ツォルンの補題について解説したときに，集合上での『関係』ということについて解説したが，商空間を定義するには，まず『同値関係』を定義する必要がある．復習するが，X が集合であるとき，X 上の関係とは $X \times X$ の部分集合 R のことである．$x, y \in X$ なら，$(x, y) \in R$ のとき，この関係があるという．例えば $R = \emptyset$ なら，どんな $x, y \in X$ も関係がない．一般に x, y に関係があるとき，何か記号 ($x \leqq y$, $x \prec y$, $x \circ y$, $x \sim y$ 等何でもよい) を使って表し，関係 R という代わりに関係 $\leqq$, $\prec$, $\circ$, $\sim$ などという．

定義 10.2.1. 集合 X 上の関係 $\sim$ が次の 3 つの条件を満たすとき，**同値関係**という．以下，x, y, z は X の元を表す．

(1) $x \sim x$.

(2) $x \sim y$ なら $y \sim x$.

(3) $x \sim y$, $y \sim z$ なら $x \sim z$. ◇

例 10.2.2. X を任意の集合とするとき，$x = y$ は同値関係である． ◇

例 10.2.3. $X = \mathbb{Z}$, p を素数とするとき，$x, y \in \mathbb{Z}$ に対し $x \sim y \Longleftrightarrow x - y \in p\mathbb{Z}$ と定義すると，$x \sim y$ は同値関係である． ◇

例 10.2.4. $X=\mathbb{R}$ とするとき，$x \geqq y$ は同値関係ではない．例えば $2 \geqq 1$ だが，$1 \geqq 2$ ではない． ◇

定義 10.2.5. $\sim$ が集合 X 上の同値関係とする．$x \in X$ なら，

$$C(x)=\{y \in X \mid y \sim x\}$$

とおき，x を含む**同値類**とよぶ． ◇

命題 10.2.6. 定義 10.2.5 の状況で $x,y \in X$ とするとき，$C(x) \cap C(y) \neq \emptyset$ なら，$C(x)=C(y)$ である．

証明. $z \in C(x) \cap C(y)$ とする．$w \in C(x)$ なら，$w \sim x$, $z \sim x$, $z \sim y$ である．よって

$$w \sim x,\ x \sim z,\ z \sim y \Longrightarrow w \sim z,\ z \sim y \Longrightarrow w \sim y$$

である．したがって，$w \in C(y)$ であり，$C(x) \subset C(y)$ がわかる．$C(x) \subset C(y)$ も同様なので，$C(x)=C(y)$ がわかる． □

I は集合で，$i \in I$ に対し部分集合 $X_i \subset X$ があり，

$$X=\bigcup_{i \in I} X_i, \quad X_i \cap X_j=\emptyset \qquad (i \neq j)$$

となるとき，X は $\{X_i\}$ の**直和**といい，$X=\coprod_{i \in I} X_i$ と書く．これは集合としての直和で，ベクトル空間の直和とは意味が異なる．

定義 10.2.7. $\sim$ が X 上の同値関係のとき，同値類 $C(x)$ の集合を $X/\sim$ と書き，同値関係 $\sim$ による**商**とよぶ． ◇

注 10.2.8. 上の定義で $C(x)=C(y)$ なら，同値類は重複して考えない． ◇

X の部分集合 R が各同値類の元をちょうど 1 つずつ含むとき，R は同値関係 $\sim$ の**代表系** という．R が代表系なら，上の考察より

$$X=\coprod_{x \in R} C(x)$$

である．

例 10.2.9. 例 10.2.3 の同値関係を考える．この場合，$x,y \in \mathbb{Z}$ は $x-y$ が p で割り切れれば $x \sim y$ なので，p で割った余りを考えることにより，$0,1,2,\ldots,p-1$ を含む同値類に分けることができる．この同値類の集合を $\mathbb{Z}/p\mathbb{Z}$ と書くが，5.1 節で定義した有限体 $\mathbb{F}_p$ は実は $\mathbb{Z}/p\mathbb{Z}$ のことである． ◇

最初の状況にもどって $W \subset V$ は部分空間とする．$\boldsymbol{x}, \boldsymbol{y} \in V$ に対し $\boldsymbol{x}-\boldsymbol{y} \in W$ のとき，$\boldsymbol{x} \sim \boldsymbol{y}$ と定義する．$\boldsymbol{x} \sim \boldsymbol{y}$ は関係である．$\boldsymbol{x}-\boldsymbol{x}=\boldsymbol{0} \in W$ なので，$\boldsymbol{x} \sim \boldsymbol{x}$ である．$\boldsymbol{x} \sim \boldsymbol{y}$ なら $\boldsymbol{x}-\boldsymbol{y} \in W$ である．このとき，$-(\boldsymbol{x}-\boldsymbol{y}) = \boldsymbol{y}-\boldsymbol{x} \in W$ なので，$\boldsymbol{y}-\boldsymbol{x} \in W$ である．$\boldsymbol{x} \sim \boldsymbol{y}$, $\boldsymbol{y} \sim \boldsymbol{z}$ なら $\boldsymbol{x}-\boldsymbol{y}$, $\boldsymbol{y}-\boldsymbol{z} \in W$ なので，$\boldsymbol{x}-\boldsymbol{z} = (\boldsymbol{x}-\boldsymbol{y})+(\boldsymbol{y}-\boldsymbol{z}) \in W$ となる．よって $\sim$ は同値関係である．この同値関係による商を V/W と書く．$\boldsymbol{x} \in V$ を含む同値類を**剰余類**とよび，$\overline{\boldsymbol{x}} = \boldsymbol{x}+W$ と書くことにする．$\boldsymbol{x}, \boldsymbol{y} \in V$, $r \in K$ なら，

$$\begin{aligned} \overline{\boldsymbol{x}} + \overline{\boldsymbol{y}} &= \overline{\boldsymbol{x}+\boldsymbol{y}} = \boldsymbol{x}+\boldsymbol{y}+W, \\ r\overline{\boldsymbol{x}} &= \overline{r\boldsymbol{x}} = r\boldsymbol{x}+W \end{aligned} \tag{10.2.10}$$

と定義する．ただし，定義が同値類の中での $\boldsymbol{x}$ のとりかたに依存するので，この定義が well-defined であることを示す必要がある．

もし $\boldsymbol{x}', \boldsymbol{y}' \in V$ で $\boldsymbol{x} \sim \boldsymbol{x}'$, $\boldsymbol{y} \sim \boldsymbol{y}'$ なら，$\boldsymbol{x}-\boldsymbol{x}'$, $\boldsymbol{y}-\boldsymbol{y}' \in W$ なので

$$\begin{aligned} (\boldsymbol{x}+\boldsymbol{y}) - (\boldsymbol{x}'+\boldsymbol{y}') &= (\boldsymbol{x}-\boldsymbol{x}') + (\boldsymbol{y}-\boldsymbol{y}') \in W, \\ r\boldsymbol{x} - r\boldsymbol{x}' &= r(\boldsymbol{x}-\boldsymbol{x}') \in W \qquad (r \in K) \end{aligned}$$

となり，和とスカラー倍は well-defined になる．したがって，(10.2.10) は well-defined である．これらの演算によって V/W がベクトル空間になることは容易にわかる．

定義 10.2.11. V/W に (10.2.10) で演算を定義したベクトル空間を，V の W による**商空間**とよぶ．　◇

$\dim V < \infty$ と仮定する．定義 9.5.5 で mod W で 1 次独立，基底であるという概念を定義したが，それは商空間の言葉では次の命題のようになる．

命題 10.2.12. $S = \{\boldsymbol{v}_1, \ldots, \boldsymbol{v}_m\} \subset V$ とする．

(1) S が mod W で 1 次独立であることと，$\boldsymbol{v}_1, \ldots, \boldsymbol{v}_m$ を含む剰余類の集合が V/W で 1 次独立であることは同値である．

(2) S が mod W で基底であることと，$\boldsymbol{v}_1, \ldots, \boldsymbol{v}_m$ を含む剰余類の集合が V/W の基底であることは同値である．

証明. $\boldsymbol{v}_1, \ldots, \boldsymbol{v}_m$ の剰余類を $\overline{\boldsymbol{v}}_1, \ldots, \overline{\boldsymbol{v}}_m$ と書く．$a_1, \ldots, a_m \in K$ とするとき，$a_1\boldsymbol{v}_1 + \cdots + a_m\boldsymbol{v}_m \notin W$ という条件は $a_1\overline{\boldsymbol{v}}_1 + \cdots + a_m\overline{\boldsymbol{v}}_m$ が V/W で $\boldsymbol{0}$ でないという条件と同値である．よって (1) が従う．

$\{\overline{\boldsymbol{v}}_1, \ldots, \overline{\boldsymbol{v}}_m\}$ が V/W を張るということは，任意の $\boldsymbol{v} \in V$ に対し K の元 $a_1, \ldots, a_m$ があり，$\boldsymbol{v} - (a_1\boldsymbol{v}_1 + \cdots + a_m\boldsymbol{v}_m) \in W$ となることである．これは $S \cup W$ が V を張るのと同値なので，(2) が従う．□

命題 10.2.13. $S_1 = \{\boldsymbol{v}_1, \ldots, \boldsymbol{v}_m\} \subset V$ が mod W で基底であり，$S_2 = \{\boldsymbol{w}_1, \ldots, \boldsymbol{w}_n\} \subset W$ が W の基底なら，$S_1 \cup S_2$ は V の基底である．したがって，$\dim V = \dim V/W + \dim W$ となる．

証明. 命題 9.5.6(2) より $S_1 \cup S_2$ は V の基底である．命題 10.2.12(2) より $\# S_1 = \dim V/W$ である．これより命題が従う．□

ベクトル空間の商は名前は商だが，数の加減乗除と比べると『引き算』に対応するものである．

10.3　テンソル積

ベクトル空間のテンソル積を定義する．これは数の加減乗除と比べると『積』に対応するものである．

V, W を K 上のベクトル空間とする．まずテンソル積の定義を与える．

定義 10.3.1. V, W の K 上の**テンソル積**とは，ベクトル空間 $V \otimes W$ と双線形写像 $\phi : V \times W \to V \otimes W$ の組で，次の性質を満たすものである．

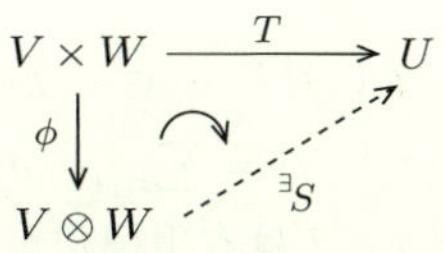

U が K 上のベクトル空間，$T : V \times W \to U$ が写像で，V, W に関して双線形，つまり任意の $\boldsymbol{v}, \boldsymbol{v}_1, \boldsymbol{v}_2, \boldsymbol{w}, \boldsymbol{w}_1, \boldsymbol{w}_2 \in V$, $r \in K$ に対し

$$T(\boldsymbol{v}_1 + \boldsymbol{v}_2, \boldsymbol{w}) = T(\boldsymbol{v}_1, \boldsymbol{w}) + T(\boldsymbol{v}_2, \boldsymbol{w}), \quad T(r\boldsymbol{v}, \boldsymbol{w}) = rT(\boldsymbol{v}, \boldsymbol{w}),$$
$$T(\boldsymbol{v}, \boldsymbol{w}_1 + \boldsymbol{w}_2) = T(\boldsymbol{v}, \boldsymbol{w}_1) + T(\boldsymbol{v}, \boldsymbol{w}_2), \quad T(\boldsymbol{v}, r\boldsymbol{w}) = rT(\boldsymbol{v}, \boldsymbol{w})$$

なら，$V \otimes W$ から U への線形写像 S で

$$S(\phi(\boldsymbol{v}, \boldsymbol{w})) = T(\boldsymbol{v}, \boldsymbol{w})$$

となるものが一意的に存在する．◇

このような定義を **universal な定義**という．上の定義はまだ well-defined ではない．以下，$V \otimes W$ が一意的に定まることと，その存在を示す．

一意性から示す．$\psi : V \times W \to X$ を定義 10.3.1 の性質を満たすベクトル空間とする．この ψ, X を定義 10.3.1 の T, U とすると，線形写像 $F : V \otimes W \to X$ で，$\psi(\boldsymbol{v}, \boldsymbol{w}) = F(\phi(\boldsymbol{v}, \boldsymbol{w}))$ であるものが一意的に存在する．同様に線形写像 $G : X \to V \otimes W$ で，$G(\psi(\boldsymbol{v}, \boldsymbol{w})) = \phi(\boldsymbol{v}, \boldsymbol{w})$ であるものが一意的に存在する．$G \circ F(\phi(\boldsymbol{v}, \boldsymbol{w})) = \phi(\boldsymbol{v}, \boldsymbol{w})$ であり，恒等写像 $I_{V \otimes W}$ も $G \circ F$ と同じ性質を満たす．したがって，一意性により $G \circ F = I_{V \otimes W}$ である．同様に $F \circ G$ も恒等写像 I_X であることがわかる．したがって，$X \cong V \otimes W$ である．

これで $V \otimes W$ の一意性が示せた．次に $V \otimes W$ の存在を証明するが，それには少し準備が必要である．

I を任意の集合とするとき，

$$\prod_I K = \{(x_i)_{i \in I} \mid x_i \in K\}$$

と定義する．これは I の元 $i \in I$ ごとに K を考え，その集合としての直積をとったものである．したがって，ここでは選択公理を仮定している．成分ごとに和とスカラー倍を考えることにより，$\prod_I K$ はベクトル空間になる．$\prod_I K$ の部分集合で，$(x_i)_{i \in I}$ という元で有限個の $i \in I$ を除き $x_i = 0$ であるようなもの全体の集合を $\bigoplus_I K$ と定義する．これも成分ごとに和とスカラー倍を考えることによりベクトル空間になり，$\prod_I K$ の部分空間である．$i \in I$ に対応する成分が 1 で，他の成分が 0 である $\prod_I K$ の元を $e(i)$ と書く．$\{e(i) \mid i \in I\}$ は $\bigoplus_I K$ の基底である．

U をベクトル空間とし，$i \in I$ に対し $a_i \in U$ が与えられているとする．このとき，$T : \bigoplus_I K \to U$ を $T((x_i)_{i \in I}) = \sum_{i \in I} x_i a_i$ と定める．これは見かけ上は無限和だが，$x_i \neq 0$ となる $i \in I$ は有限個しかないので，well-defined である．T が線形写像であることは明らかである．また，$T : \bigoplus_I K \to U$ が線形写像であれば，$a_i = T(e(i))$ とおくことにより，T は上のようにして定められる．このように，$\bigoplus_I K$ から U への線形写像を定めることと，I から U への写像を定めることは同じことである．$U = K$ の場合を考えれば，特に，$\bigoplus_I K$ の双対空間が $\prod_I K$ であることがわかる．

以上で準備ができたので，ベクトル空間 V, W のテンソル積を構成する．このような状況では，最初に非常に大きな対象を構成し，満たすべき性質を満たすように最低限の変形を行うというような方法をとることが多い．

$I = V \times W$, $X = \bigoplus_I K$ とする．(これは非常に大きなベクトル空間である．)

$i = (\boldsymbol{v}, \boldsymbol{w}) \in V \times W$ に対し，$e(i)$ の代わりに $e(\boldsymbol{v}, \boldsymbol{w})$ と書く．X の部分集合

$$Y_1 = \{e(\boldsymbol{v}_1 + \boldsymbol{v}_2, \boldsymbol{w}) - e(\boldsymbol{v}_1, \boldsymbol{w}) - e(\boldsymbol{v}_2, \boldsymbol{w}) \mid \boldsymbol{v}_1, \boldsymbol{v}_2 \in V,\ \boldsymbol{w} \in W\},$$
$$Y_2 = \{e(r\boldsymbol{v}, \boldsymbol{w}) - re(\boldsymbol{v}, \boldsymbol{w}) \mid \boldsymbol{v} \in V,\ \boldsymbol{w} \in W,\ r \in K\},$$
$$Y_3 = \{e(\boldsymbol{v}, \boldsymbol{w}_1 + \boldsymbol{w}_2) - e(\boldsymbol{v}, \boldsymbol{w}_1) - e(\boldsymbol{v}, \boldsymbol{w}_2) \mid \boldsymbol{v} \in V,\ \boldsymbol{w}_1,\ \boldsymbol{w}_2 \in W\},$$
$$Y_4 = \{e(\boldsymbol{v}, r\boldsymbol{w}) - re(\boldsymbol{v}, \boldsymbol{w}) \mid \boldsymbol{v} \in V,\ \boldsymbol{w} \in W,\ r \in K\}$$

を考える．$Y = \langle Y_1 \cup Y_2 \cup Y_3 \cup Y_4 \rangle$ としたとき，X/Y が定義 10.3.1 の性質を満たすことを証明する．

$\phi : V \times W \to X/Y$ を

$$\phi(\boldsymbol{v}, \boldsymbol{w}) = e(\boldsymbol{v}, \boldsymbol{w}) + Y$$

と定義する．ϕ は双線形である．例えば

$$\begin{aligned}\phi(\boldsymbol{v}_1 + \boldsymbol{v}_2, \boldsymbol{w}) &= e(\boldsymbol{v}_1 + \boldsymbol{v}_2, \boldsymbol{w}) + Y \\ &= e(\boldsymbol{v}_1, \boldsymbol{w}) + e(\boldsymbol{v}_2, \boldsymbol{w}) \\ &\quad + (e(\boldsymbol{v}_1 + \boldsymbol{v}_2, \boldsymbol{w}) - e(\boldsymbol{v}_1, \boldsymbol{w}) - e(\boldsymbol{v}_2, \boldsymbol{w})) + Y\end{aligned}$$

であり，$e(\boldsymbol{v}_1 + \boldsymbol{v}_2, \boldsymbol{w}) - e(\boldsymbol{v}_1, \boldsymbol{w}) - e(\boldsymbol{v}_2, \boldsymbol{w}) \in Y$ なので，

$$\phi(\boldsymbol{v}_1 + \boldsymbol{v}_2, \boldsymbol{w}) = e(\boldsymbol{v}_1, \boldsymbol{w}) + e(\boldsymbol{v}_2, \boldsymbol{w}) + Y = \phi(\boldsymbol{v}_1, \boldsymbol{w}) + \phi(\boldsymbol{v}_2, \boldsymbol{w})$$

である．他の関係式も同様である．

U はベクトル空間で $T : V \times W \to U$ は双線形写像とする．$\{e(\boldsymbol{v}, \boldsymbol{w}) \mid (\boldsymbol{v}, \boldsymbol{w}) \in V \times W\}$ は X の基底なので，線形写像 $\overline{S} : X \to U$ を

$$\overline{S}(e(\boldsymbol{v}, \boldsymbol{w})) = T(\boldsymbol{v}, \boldsymbol{w})$$

として定めることができる．T が双線形であることから次の補題がわかる．

補題 10.3.2. $\overline{S}(Y_i) = \{\boldsymbol{0}\}$ $(i = 1, 2, 3, 4)$ が成り立つ． ◇

$\overline{S}$ は線形写像なので，$\boldsymbol{x}_1, \ldots, \boldsymbol{x}_m \in X$, $a_1, \ldots, a_m \in K$ で $\overline{S}(\boldsymbol{x}_i) = \boldsymbol{0}$ $(i = 1, \ldots, m)$ なら，$\overline{S}(a_1\boldsymbol{x}_1 + \cdots + a_m\boldsymbol{x}_m) = \boldsymbol{0}$ である．Y は Y_1, Y_2, Y_3, Y_4 で張られた部分空間なので，$\overline{S}(Y) = \{\boldsymbol{0}\}$ である．

$S : X/Y \to U$ を

$$S(\boldsymbol{x} + Y) = \overline{S}(\boldsymbol{x})$$

と定義する．もし $\boldsymbol{x}' \in \boldsymbol{x} + Y$ なら，$\boldsymbol{x}' - \boldsymbol{x} \in Y$ なので $\overline{S}(\boldsymbol{x}' - \boldsymbol{x}) = \boldsymbol{0}$ である．

よって $\overline{S}(\boldsymbol{x}') = \overline{S}(\boldsymbol{x})$ なので，この定義は well-defined である．S が線形写像であることは容易にわかる．$\phi(\boldsymbol{v},\boldsymbol{w}) = e(\boldsymbol{v},\boldsymbol{w}) + Y$ なので，$S(\phi(\boldsymbol{v},\boldsymbol{w})) = T(\boldsymbol{v},\boldsymbol{w})$ である．また，この条件が満たされていれば，$S(e(\boldsymbol{v},\boldsymbol{w}) + Y) = T(\boldsymbol{v},\boldsymbol{w})$ であり，X/Y の任意の元は $\{e(\boldsymbol{v},\boldsymbol{w}) + Y \mid \boldsymbol{v} \in V, \boldsymbol{w} \in W\}$ の 1 次結合なので，S は定まってしまう．よって S は一意的である．これで $V \otimes W$ の構成が完了した．なお，$\phi(\boldsymbol{v},\boldsymbol{w})$ のことを $\boldsymbol{v} \otimes \boldsymbol{w}$ と書く．

以上の考察より次の定理を得る．

定理 10.3.3. V, W が K 上のベクトル空間なら，$V \otimes W$ は一意的に存在し，$\boldsymbol{v} \otimes \boldsymbol{w}$ $(\boldsymbol{v} \in V, \boldsymbol{w} \in W)$ という形の元の集合で張られている．

次に有限次元の場合を考える．$S_1 = \{\boldsymbol{v}_1, \ldots, \boldsymbol{v}_n\}$, $S_2 = \{\boldsymbol{w}_1, \ldots, \boldsymbol{w}_m\}$ をそれぞれ V, W の基底とする．したがって，$\dim V = n$, $\dim W = m$ である．

命題 10.3.4. $V \otimes W$ は $T = \{\boldsymbol{v}_i \otimes \boldsymbol{w}_j \mid 1 \leqq i \leqq n,\ 1 \leqq j \leqq m\}$ を基底にもつ．したがって，$\dim V \otimes W = nm$ である．

証明.

$$\boldsymbol{v} = \sum_{i=1}^{n} a_i \boldsymbol{v}_i, \qquad \boldsymbol{w} = \sum_{j=1}^{m} b_j \boldsymbol{w}_j$$

なら，$\boldsymbol{v} \otimes \boldsymbol{w} = \sum_{i,j} a_i b_j \boldsymbol{v}_i \otimes \boldsymbol{w}_j$ である．よって T が $V \otimes W$ を張る．したがって，T が 1 次独立であることを示せばよい．$\{\boldsymbol{\alpha}_1, \ldots, \boldsymbol{\alpha}_n\}$, $\{\boldsymbol{\beta}_1, \ldots, \boldsymbol{\beta}_m\}$ をそれぞれ S_1, S_2 の双対基底とする．$f_{ij} : V \times W \to K$ を $f_{ij}(\boldsymbol{v},\boldsymbol{w}) = \boldsymbol{\alpha}_i(\boldsymbol{v})\boldsymbol{\beta}_j(\boldsymbol{w})$ と定義すれば f_{ij} は双線形写像である．よって線形写像 $g_{ij} : V \otimes W \to K$ で $g_{ij}(\boldsymbol{v} \otimes \boldsymbol{w}) = f_{ij}(\boldsymbol{v},\boldsymbol{w})$ となるものがある．もし

$$\sum_{i,j} c_{ij} \boldsymbol{v}_i \otimes \boldsymbol{w}_j = \boldsymbol{0} \qquad (\forall i, j \ \ c_{ij} \in K)$$

なら，左辺に g_{ij} を適用すると，$c_{ij} = 0$ となる．よって T は 1 次独立になるので，$V \otimes W$ の基底である． □

10 章の演習問題

[B]

10.1. 次の (a), (b) は認める.

(a) $\mathbb{R}$ は $\mathbb{N}$ から $\{0,1\}$ への写像の集合と 1 対 1 に対応する.

(b) $\mathbb{R}$ から $\mathbb{Q}$ への単射な写像は存在しない.

これらを認めた上で, V と $(V^*)^*$ が同型になりえないベクトル空間があることを証明するのがこの問題である.

$V = \bigoplus_{\mathbb{N}} \mathbb{Q}$, つまり可算個の $\mathbb{Q}$ の直和とする. V は $\mathbb{Q}$ 上のベクトル空間である.

(1) V から $\mathbb{Q}$ への全単射な写像が存在することを証明せよ.

(2) V^* から V への単射な写像が存在しないことを証明せよ.

(3) $(V^*)^*$ から V への単射な写像が存在しないことを証明せよ.

10.2. V, W はベクトル空間, $U \subset V$ は部分空間, $\phi : V \to V/U$ を $x \in V$ に x の同値類を対応させる線形写像とする. $T : V \to W$ が線形写像であるとき, $U \subset \mathrm{Ker}(T)$ なら, 線形写像 $S : V/U \to W$ で $T = S \circ \phi$ となるものがあることを証明せよ.

10.3.

$$A = \begin{pmatrix} a & b \\ c & d \end{pmatrix},\ B = \begin{pmatrix} \alpha & \beta \\ \gamma & \delta \end{pmatrix} \in \mathrm{M}(2,2)_K$$

とする.

(1) $V = K^2 \otimes K^2$ から V への線形写像 T で, $T(x \otimes y) = Ax \otimes By$ となるものがあることを示せ.

(2) V の基底

$$\{\mathbb{e}_1 \otimes \mathbb{e}_1, \mathbb{e}_1 \otimes \mathbb{e}_2, \mathbb{e}_2 \otimes \mathbb{e}_1, \mathbb{e}_2 \otimes \mathbb{e}_2\}$$

に関する T の表現行列を求めよ.

10.4. V_1, V_2, V_3 が K 上のベクトル空間なら, $(V_1 \otimes V_2) \otimes V_3 \cong V_1 \otimes (V_2 \otimes V_3)$ であることを証明せよ.

演習問題の略解

注意：証明問題は考える過程に意義があるので，基本的には解答は載せない．証明の難しさには2種類あって，方法がわからないという場合と，方法は何となくわかるが解答の書きかたがよくわからないという場合がある．方法がわからないという場合は誰かと話すか，そうでなければ，基本的にはわかるまで考えるしかない．

証明の書きかたに関しては参考になるかもしれないので，**1.10** に限って解答を載せる．**1.10** は方法は何となくわかるがうまく書けないというような問題である．

なお，証明問題に対する姿勢だが，方法を思いついたあかつきには，『自分がわかっていることを先生に認めてもらうため』に書くのではなく，『自分よりわかっていない人にやさしく説明するつもりで』証明を書いてもらいたいものである． ◇

1 章

1.1 (1) $4D = 3C - 2A = \begin{pmatrix} 1 & 2 \\ 10 & 3 \end{pmatrix} \Longrightarrow D = \begin{pmatrix} \frac{1}{4} & \frac{1}{2} \\ \frac{5}{2} & \frac{3}{4} \end{pmatrix}$

(2) $AB - BC = \begin{pmatrix} 14 & -2 \\ 34 & -39 \end{pmatrix}$ (3) $v_1 v_2 = \begin{pmatrix} 2 & 1 \\ 8 & 4 \end{pmatrix}$ (4) ${}^t(Av_1) - 2v_2 = (5 \ \ 5)$

1.2 (1) rref は $\left(\begin{array}{cccc|c} 3 & 5 & 3 & 9 & 11 \\ 1 & 2 & 2 & 5 & 7 \\ 2 & 3 & 2 & 6 & 7 \end{array}\right) \to \begin{pmatrix} 1 & 2 & 2 & 5 & 7 \\ 3 & 5 & 3 & 9 & 11 \\ 2 & 3 & 2 & 6 & 7 \end{pmatrix} \to \begin{pmatrix} 1 & 2 & 2 & 5 & 7 \\ 0 & -1 & -3 & -6 & -10 \\ 0 & -1 & -2 & -4 & -7 \end{pmatrix}$

$\to \begin{pmatrix} 1 & 2 & 2 & 5 & 7 \\ 0 & 1 & 3 & 6 & 10 \\ 0 & 0 & 1 & 2 & 3 \end{pmatrix} \to \begin{pmatrix} 1 & 2 & 0 & 1 & 1 \\ 0 & 1 & 0 & 0 & 1 \\ 0 & 0 & 1 & 2 & 3 \end{pmatrix} \to \left(\begin{array}{cccc|c} 1 & 0 & 0 & 1 & -1 \\ 0 & 1 & 0 & 0 & 1 \\ 0 & 0 & 1 & 2 & 3 \end{array}\right).$

これを解き $x_1 = -x_4 - 1$, $x_2 = 1$, $x_3 = -2x_4 + 3$ ($x_4 \in \mathbb{R}$ は任意).

$x_4 = 0, 1, 10$ を代入し $[-1, 1, 3, 0]$, $[-2, 1, 1, 1]$, $[-11, 1, -17, 10]$ は解の例.

(2) rref は $\left(\begin{array}{cccc|c} 1 & 0 & 3 & 0 & -2 \\ 0 & 1 & -1 & 0 & 1 \\ 0 & 0 & 0 & 1 & 0 \end{array}\right).$

これを解き $x_1 = -3x_3 - 2$, $x_2 = x_3 + 1$, $x_4 = 0$ ($x_3 \in \mathbb{R}$ は任意).

$x_3 = 0, -1, -2$ を代入し $[-2, 1, 0, 0]$, $[1, 0, -1, 0]$, $[4, -1, -2, 0]$ は解の例.

(3) rref は $\left(\begin{array}{cccc|c} 1 & 0 & 0 & 2 & -3 \\ 0 & 1 & 0 & -3 & 3 \\ 0 & 0 & 1 & 1 & 2 \end{array}\right).$

これを解き $x_1 = -2x_4 - 3$, $x_2 = 3x_4 + 3$, $x_3 = -x_4 + 2$ ($x_4 \in \mathbb{R}$ は任意).

$x_4 = 0, 10, 100$ を代入し $[-3, 3, 2, 0]$, $[-23, 33, -8, 10]$, $[-203, 303, -98, 100]$ は解の例.

(4) rref は $\left(\begin{array}{cccc|c} 1 & 0 & -3 & 0 & 1 \\ 0 & 1 & 2 & 0 & 1 \\ 0 & 0 & 0 & 1 & -1 \end{array}\right).$

これを解き $x_1 = 3x_3 + 1$, $x_2 = -2x_3 + 1$, $x_4 = -1$ ($x_3 \in \mathbb{R}$ は任意).

$x_3 = 4, 5, 6$ を代入し $[13, -7, 4, -1]$, $[16, -9, 5, -1]$, $[19, -11, 6, -1]$ は解の例.

1.3 (1) $\begin{pmatrix} 1 & 0 & 0 & 0 \\ 0 & 1 & 0 & 0 \\ 0 & 0 & 4 & 0 \\ 0 & 0 & 0 & 1 \end{pmatrix}$ (2) $\begin{pmatrix} 1 & 0 & 0 \\ 0 & 1 & 0 \\ 0 & -2 & 1 \end{pmatrix}$ (3) $R_3 \to R_3 - 2R_1$

1.4 (1) $\frac{1}{13}\begin{pmatrix} 5 & 1 \\ -3 & 2 \end{pmatrix}$ (2) $\begin{pmatrix} -7 & 5 \\ 3 & -2 \end{pmatrix}$ (3) $\begin{pmatrix} -2 & -3 \\ -5 & -8 \end{pmatrix}$ (4) $\frac{1}{15}\begin{pmatrix} 2 & 1 \\ 7 & -4 \end{pmatrix}$

(5) $\left(\begin{array}{ccc|ccc} 1 & 3 & 1 & 1 & 0 & 0 \\ 2 & 2 & 1 & 0 & 1 & 0 \\ 4 & 3 & 2 & 0 & 0 & 1 \end{array}\right) \to \begin{pmatrix} 1 & 3 & 1 & 1 & 0 & 0 \\ 0 & -4 & -1 & -2 & 1 & 0 \\ 0 & -9 & -2 & -4 & 0 & 1 \end{pmatrix} \to \begin{pmatrix} 1 & 3 & 1 & 1 & 0 & 0 \\ 0 & -4 & -1 & -2 & 1 & 0 \\ 0 & 0 & \frac{1}{4} & \frac{1}{2} & -\frac{9}{4} & 1 \end{pmatrix}$

$\to \begin{pmatrix} 1 & 3 & 1 & 1 & 0 & 0 \\ 0 & -4 & -1 & -2 & 1 & 0 \\ 0 & 0 & 1 & 2 & -9 & 4 \end{pmatrix} \to \begin{pmatrix} 1 & 3 & 0 & -1 & 9 & -4 \\ 0 & -4 & 0 & 0 & -8 & 4 \\ 0 & 0 & 1 & 2 & -9 & 4 \end{pmatrix} \to \begin{pmatrix} 1 & 3 & 0 & -1 & 9 & -4 \\ 0 & 1 & 0 & 0 & 2 & -1 \\ 0 & 0 & 1 & 2 & -9 & 4 \end{pmatrix}$

$\to \left(\begin{array}{ccc|ccc} 1 & 0 & 0 & -1 & 3 & -1 \\ 0 & 1 & 0 & 0 & 2 & -1 \\ 0 & 0 & 1 & 2 & -9 & 4 \end{array}\right)$ なので，逆行列は $\begin{pmatrix} -1 & 3 & -1 \\ 0 & 2 & -1 \\ 2 & -9 & 4 \end{pmatrix}$.

(6) 可逆でない. (7) $\begin{pmatrix} 1 & -1 & 1 & -1 \\ 0 & 1 & -1 & 1 \\ 0 & 0 & 1 & -1 \\ 0 & 0 & 0 & 1 \end{pmatrix}$

1.5 (1) $A^{-1} = \begin{pmatrix} -3 & 0 & 2 \\ 10 & -2 & -3 \\ -4 & 1 & 1 \end{pmatrix}$, $B^{-1} = \begin{pmatrix} -4 & 15 & -1 \\ 5 & -19 & 2 \\ -2 & 8 & -1 \end{pmatrix}$.

(2) $[x_1, x_2, x_3] = A^{-1}[0, 1, 1] = [2, -5, 2]$, $[x_1, x_2, x_3] = {}^t(B^{-1})[1, 1, 0] = [1, -4, 1]$.

1.6 `with(linalg):` の後，行列を入力し `evalm(w &* a &* v); evalm(v &* w); evalm(b^(-1));` とすると次の結果を得る.

(1) $[10935]$ (2) $\begin{pmatrix} \frac{335}{5849} & -\frac{368}{5849} & -\frac{21}{5849} & -\frac{79}{5849} \\ \frac{415}{23396} & \frac{679}{23396} & -\frac{899}{23396} & \frac{955}{23396} \\ -\frac{115}{23396} & \frac{1785}{23396} & \frac{531}{23396} & \frac{581}{11698} \\ -\frac{1419}{23396} & \frac{1681}{23396} & -\frac{365}{23396} & \frac{2795}{11698} \end{pmatrix}$

1.7 rref は略. $x_1 = -\frac{147}{62}x_4 + \frac{107}{62}x_5 - \frac{99}{62}$, $x_2 = -\frac{857}{62}x_4 + \frac{133}{62}x_5 + \frac{5}{62}$, $x_3 = \frac{541}{62}x_4 - \frac{121}{62}x_5 - \frac{19}{62}$ ($x_4, x_5 \in \mathbb{R}$ 任意).

1.10 A_{ij} の (d,e)-成分を $a_{ij,de}$, B_{jk} の (e,f)-成分を $b_{jk,ef}$, C_{ik} の (d,f)-成分を $c_{ik,df}$ とする.

$$p_1 + \cdots + p_{i-1} < \alpha \leqq p_1 + \cdots + p_i,$$
$$r_1 + \cdots + r_{k-1} < \gamma \leqq r_1 + \cdots + r_k$$

であるとき $\overline{\alpha} = \alpha - p_1 - \cdots - p_{i-1}$, $\overline{\gamma} = \gamma - r_1 - \cdots - r_{k-1}$ とおく．このとき，A の第 α 行の成分は

$$a_{i1,\overline{\alpha}\,1}, \ldots, a_{i1,\overline{\alpha}\,q_1}, a_{i2,\overline{\alpha}\,1}, \ldots, a_{i2,\overline{\alpha}\,q_2}, \ldots, a_{im,\overline{\alpha}\,1}, \ldots, a_{im,\overline{\alpha}\,q_m}$$

であり，B の第 γ 列の成分は

$$b_{1k,1\,\overline{\gamma}}, \ldots, b_{1k,q_1\,\overline{\gamma}}, b_{2k,1\,\overline{\gamma}}, \ldots, b_{2k,q_2\,\overline{\gamma}}, \ldots, b_{mk,1\,\overline{\gamma}}, \ldots, b_{mk,q_m\,\overline{\gamma}}$$

である．これらを，対応する順序でかけて和をとると

$$\sum_{t=1}^{q_1} a_{i1,\overline{\alpha}\,t} b_{1k,t\,\overline{\gamma}} + \sum_{t=1}^{q_2} a_{i2,\overline{\alpha}\,t} b_{2k,t\,\overline{\gamma}} + \cdots + \sum_{t=1}^{q_m} a_{im,\overline{\alpha}\,t} b_{mk,t\,\overline{\gamma}}$$

となる.

これらの項は $A_{i1}B_{1k}, \ldots, A_{im}B_{mk}$ の $(\overline{\alpha}, \overline{\gamma})$-成分を加えたものなので，$A_{i1}B_{1k} + \cdots + A_{im}B_{mk}$ の $(\overline{\alpha}, \overline{\gamma})$-成分である．したがって，これが C の (α, γ)-成分である．C を問題のようにブロックに分けたとき，(i, k) 番目のブロック C_{ik} の $(\overline{\alpha}, \overline{\gamma})$-成分は C の中で考えると，

$$p_1 + \cdots + p_{i-1} + \overline{\alpha} = \alpha, \qquad r_1 + \cdots + r_{k-1} + \overline{\gamma} = \gamma$$

なので，C の (α, γ)-成分である．したがって，C_{ik} と $A_{i1}B_{1k} + \cdots + A_{im}B_{mk}$ の $(\overline{\alpha}, \overline{\gamma})$-成分は等しい．これが $1 \leqq \overline{\alpha} \leqq p_i$, $1 \leqq \overline{\beta} \leqq r_k$ に対して成り立つので，行列として $C_{ik} = A_{i1}B_{1k} + \cdots + A_{im}B_{mk}$ である.

注意：この証明の書きかたのポイントは 2 つほどある．

(a) 証明を書く際には，**ときには自分で記号を導入して整理する**必要がある．この問題はまさにそうで，問題ですでに l, m, n, p, q, r が使われてしまっているので，それらを避けながら，なおかつ体系的に記号を導入する必要があった．ここでは，全体の中での添字と，ブロックの中での添字と 2 種類必要だったので，$\alpha, \beta, \gamma, d, e, f$ と使ったが，もちろん体系的に選ぶ限り別の添字でもかまわない．ただ，何も記号を導入しなくてはこの証明は書けないだろう．

(b) この問題は，ある意味では『あたりまえ』といってしまえるような問題である．けれども，もし証明を書くとしたら，要するにつじつまがあっているということを何とかして説明しないと意味がない．だから，**文章で説明を書く**ということが必要になる．学生諸君の証明にありがちなこととして，数学の記号ばかりで説明が不十分ということがよくある．説明は十分なことが書いてあればいたずらに長くある必要はないが，この問題は，なにがしかの説明を書くことなしには証明にならないような問題である．ときにはいかに文章で説明を書くかということが，証明のポイントでもあり，自分自身の理解にもつながるものである． ◇

1.12 $\alpha = 6.11034 =$ (Okun 係数の推定値), $\beta = 2.98726\% =$ (潜在成長率の推定値).

2 章

2.1 (a) (1) $\|\boldsymbol{v}\| = \sqrt{4+1+1} = \sqrt{6}$, $\|\boldsymbol{w}\| = \sqrt{25+1+4} = \sqrt{30}$.

(2) $\boldsymbol{v} \cdot \boldsymbol{w} = 10 - 1 + 2 = 11$, $\cos\theta = 11/\sqrt{6}\sqrt{30} = 11/6\sqrt{5}$.

(3) $\boldsymbol{v} \times \boldsymbol{w} = [3, 1, -7]$, 面積は $\sqrt{59}$.　　(4) $(\boldsymbol{v}, \boldsymbol{w})/(\boldsymbol{w}, \boldsymbol{w})\boldsymbol{w} = \frac{11}{30}\boldsymbol{w}$

(b) (1) $\|\boldsymbol{v}\| = \sqrt{62}$, $\|\boldsymbol{w}\| = \sqrt{57}$.　　(2) $\cos\theta = 31/\sqrt{62}\sqrt{57}$

(3) $\boldsymbol{v} \times \boldsymbol{w} = [18, 20, -43]$, 面積は $\sqrt{2573}$.　　(4) $(\boldsymbol{v}, \boldsymbol{w})/(\boldsymbol{w}, \boldsymbol{w})\boldsymbol{w} = \frac{31}{57}\boldsymbol{w}$

(c) (1) `evalf(norm(v,2));` などとして $\|\boldsymbol{v}\| = 751.82$, $\|\boldsymbol{w}\| = 43.31$.

(2) `evalf(angle(v,w));` として 0.74.

(3) `evalf(norm(crossprod(v,w),2));` として面積は 22063.05.

(4) $(\boldsymbol{v}, \boldsymbol{w})/(\boldsymbol{w}, \boldsymbol{w})\boldsymbol{w} = 12.77\boldsymbol{w}$

2.2 (a) $45 + 96 + 84 - 48 - 72 - 105 = 0$ 平行六面体はつぶれている．

(b) $|6 - 8 + 6 - 16 + 2 - 9| = 19$　　(c) $|60 + 63 + 30 + 18 - 210 + 30| = 9$

2.3 (1) $[a, b, c] \cdot ([\alpha, \beta, \gamma] + t[a, b, c]) = d \implies t\|[a, b, c]\|^2 = d - [a, b, c] \cdot [\alpha, \beta, \gamma]$

$$\implies t = \frac{d - (a\alpha + b\beta + c\gamma)}{\|[a, b, c]\|^2}$$

(2) S は $[a, b, c]$ と直交するので，P と S との距離は，(1) の条件を満たす t により $\|t[a, b, c]\|$ である．(1) より $\|t[a, b, c]\| = \frac{|d - (a\alpha + b\beta + c\gamma)|}{\|[a, b, c]\|} = \frac{|a\alpha + b\beta + c\gamma - d|}{\sqrt{a^2 + b^2 + c^2}}$.

2.4 (a) (1) $Q - P = [-5, -4, -1]$, $R - P = [3, -2, 3]$,

$(Q - P) \times (R - P) = [-14, 12, 22]$

方程式は $-7(x - 2) + 6(y - 4) + 11(z - 3) = -7x + 6y + 11z - 43 = 0$.

(2) 距離は $|-7 + 12 + 11 - 43|/\sqrt{49 + 36 + 121} = 27/\sqrt{206}$.

(b) (1) 方程式は $18x + 15y - 7z - 141 = 0$.　(2) 距離は $100/\sqrt{598}$.

(c) (1) 方程式は $2x + 6y - 5z - 17 = 0$.　(2) 距離は $8/\sqrt{65}$.

2.5 (a) $[1,3,-1]\times[1,2,2]=[8,-3,-1]$,

$\left(\begin{smallmatrix}1&3&-1\\1&2&2\end{smallmatrix}\,\middle|\,\begin{smallmatrix}5\\3\end{smallmatrix}\right)\to\left(\begin{smallmatrix}1&3&-1&5\\0&-1&3&-2\end{smallmatrix}\right)\to\left(\begin{smallmatrix}1&0&8&-1\\0&-1&3&-2\end{smallmatrix}\right)\to\left(\begin{smallmatrix}1&0&8\\0&1&-3\end{smallmatrix}\,\middle|\,\begin{smallmatrix}-1\\2\end{smallmatrix}\right)$

$[-1,2,0]$ は直線上の点なので，$\frac{x+1}{8}=-\frac{y-2}{3}=-z$ が方程式.

(b) $\frac{x-1}{16}=\frac{y-2}{15}=\frac{z}{3}$　　　(c) $-\frac{x+1}{7}=\frac{y-1}{11}=\frac{z+1}{3}$

―――― 3 章 ――――

3.1 (1) σ_1:

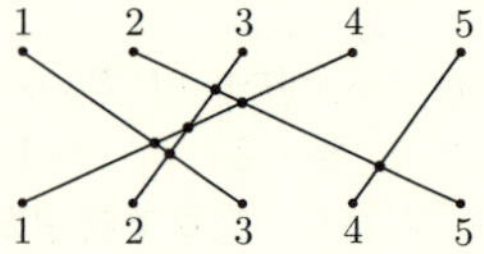

上の図で交差するのは $(1,3),(1,4),(2,3),(2,4),(2,5),(3,4)$ なので，長さは 6, $\mathrm{sgn}(\sigma_1)=1$.

σ_2: 長さは 7, $\mathrm{sgn}(\sigma_2)=-1$.　　　σ_3: 長さは 8, $\mathrm{sgn}(\sigma_3)=1$.

σ_4: 長さは 5, $\mathrm{sgn}(\sigma_4)=-1$.

(2) 上と下を取り換えて並べ換えるだけ. $\sigma_1^{-1}=\left(\begin{smallmatrix}3&5&2&1&4\\1&2&3&4&5\end{smallmatrix}\right)=\left(\begin{smallmatrix}1&2&3&4&5\\4&3&1&5&2\end{smallmatrix}\right)$,

$\sigma_2^{-1}=\left(\begin{smallmatrix}1&2&3&4&5\\5&1&4&3&2\end{smallmatrix}\right)$,　$\sigma_3^{-1}=\left(\begin{smallmatrix}1&2&3&4&5\\3&5&4&2&1\end{smallmatrix}\right)$,　$\sigma_4^{-1}=\left(\begin{smallmatrix}1&2&3&4&5\\5&1&3&2&4\end{smallmatrix}\right)$.

(3) $1\to3\to4,\ 2\to5\to2,\ 3\to2\to1,\ 4\to1\to5,\ 5\to4\to3$ なので,

$\sigma_1\sigma_2^{-1}=\left(\begin{smallmatrix}1&2&3&4&5\\4&2&1&5&3\end{smallmatrix}\right)$. 同様に $\sigma_2\sigma_3^{-1}\sigma_4=\left(\begin{smallmatrix}1&2&3&4&5\\1&2&4&5&3\end{smallmatrix}\right)$.

3.2 (1) $4\cdot5-7\cdot9=-43$　　(2) -31　　(3) -8

(4) $8+6-50-(60+8-5)=-99$　　(5) $48+0-18-(84+0+45)=-99$

3.3 (1) $\det\begin{pmatrix}1&2&0&1\\1000&2000&1&1002\\2000&3999&2&2005\\-3000&-5999&0&-3001\end{pmatrix}=\det\begin{pmatrix}1&2&0&1\\0&0&1&2\\0&-1&2&5\\0&1&0&-1\end{pmatrix}=\det\begin{pmatrix}0&1&2\\-1&2&5\\1&0&-1\end{pmatrix}$

$=\det\begin{pmatrix}0&1&2\\0&2&4\\1&0&-1\end{pmatrix}=\det\left(\begin{smallmatrix}1&2\\2&4\end{smallmatrix}\right)=0$

(2) -20　　(3) -5　　(4) -912　　(5) $2\times(-6)=-12$

(6) 行列を入力して (それを `a` とすると) `det(a);` その結果 35456.

3.4 (1) $\det\begin{pmatrix}g+2a&h+2b&i+2c\\a&b&c\\d&e&f\end{pmatrix}=\det\begin{pmatrix}g&h&i\\a&b&c\\d&e&f\end{pmatrix}=-\det\begin{pmatrix}a&b&c\\g&h&i\\d&e&f\end{pmatrix}=\det\begin{pmatrix}a&b&c\\d&e&f\\g&h&i\end{pmatrix}=3$

(2) 12

3.5 $\det\begin{pmatrix}1&1&1\\x&y&z\\x^3&y^3&z^3\end{pmatrix}=\det\begin{pmatrix}1&0&0\\x&y-x&z-x\\x^3&y^3-x^3&z^3-x^3\end{pmatrix}=\det\begin{pmatrix}y-x&z-x\\y^3-x^3&z^3-x^3\end{pmatrix}$

$=(y-x)(z-x)\det\begin{pmatrix}1&1\\y^2+xy+x^2&z^2+xz+x^2\end{pmatrix}=(y-x)(z-x)(z^2+xz-y^2-xy)$

$=-(x-y)(x-z)(y-z)(x+y+z)$

3.6 $(af-be+cd)^2$. $af-be+cd$ をこの場合のファフィアン (Pfaffian) という.

3.7 $v^n+a_1v^{n-1}+\cdots+a_n$. 試しに第 n 列の v 倍を 第 $n-1$ 列に加えてみよ.

3.8 $(\alpha_1-\beta_1)(\alpha_1-\beta_2)(\alpha_2-\beta_1)(\alpha_2-\beta_2)$ $(=A(\alpha,\beta)$ とおく.)

手計算でもできるが，Maple を使い行列を入力した後，`factor(det(*))`；などとしても計算できる. また，もっと理論的にも計算できる. もし $\alpha_1=\beta_1$ なら,

$$\det\begin{pmatrix}1&-\alpha_1-\alpha_2&\alpha_1\alpha_2&0\\0&1&-\alpha_1-\alpha_2&\alpha_1\alpha_2\\1&-\beta_1-\beta_2&\beta_1\beta_2&0\\0&1&-\beta_1-\beta_2&\beta_1\beta_2\end{pmatrix}=\det\begin{pmatrix}1&-\alpha_2&\alpha_1\alpha_2&0\\0&1&-\alpha_1-\alpha_2&\alpha_1\alpha_2\\1&-\beta_2&\alpha_1\beta_2&0\\0&1&-\alpha_1-\beta_2&\alpha_1\beta_2\end{pmatrix}$$

$$= \det \begin{pmatrix} 1 & -\alpha_2 & 0 & 0 \\ 0 & 1 & -\alpha_2 & \alpha_1\alpha_2 \\ 1 & -\beta_2 & 0 & 0 \\ 0 & 1 & -\beta_2 & \alpha_1\beta_2 \end{pmatrix} = 0$$

である．最後の等式は第 3,4 列が 1 次従属だからである．したがって，問題の行列式を $f(\alpha_1, \alpha_2, \beta_1, \beta_2)$ とおくと $f(\alpha_1, \alpha_2, \beta_1, \beta_2)$ は $\alpha_1 - \beta_1$ で割り切れる．この多項式は $\alpha_1 \leftrightarrow \alpha_2$，$\beta_1 \leftrightarrow \beta_2$ の交換で変わらないので，$A(\alpha, \beta)$ で割り切れる．b_2^2 の係数を比べて $A(\alpha, \beta)$ に等しいことがわかる．

3.9 $-(\alpha_1 - \alpha_2)^2(\alpha_1 - \alpha_3)^2(\alpha_2 - \alpha_3)^2$ Maple を用いて **3.7** と同じようにできるが，この問題も理論的に計算することが可能である．**3.7** を参考にして試されたい．

3.10 $v_1^3 + a_1 v_1^2 v_2 + a_2 v_1 v_2^2 + a_3 v_3^3$

3.11 $(\alpha_1 - \alpha_2)(\alpha_1 - \alpha_3)(\alpha_2 - \alpha_3)$

注意：$\mathfrak{S}_n$ はワイル (Weyl) 群とよばれるものの一つである．ワイル群に関する考察では，元の長さに関する帰納法を使うこともある．その際，**3.13**，**3.14** は (証明は載せないが) 長さに関する帰納法を使うのに必要な性質である． ◇

———— 4 章 ————

4.1 $T([-2,5]) = -2T([1,0]) + 5T([0,1]) = -2\begin{pmatrix} 1 & 2 \\ 3 & 4 \end{pmatrix} + 5\begin{pmatrix} 5 & 6 \\ 7 & 8 \end{pmatrix} = \begin{pmatrix} 23 & 26 \\ 29 & 32 \end{pmatrix}$

4.2 (1) $A = \begin{pmatrix} 2 & 5 \\ 0 & -1 \\ -2 & 3 \end{pmatrix}$ とすれば，$T = T_A$ (第 3 行の順序に注意せよ).

(2) $A = \begin{pmatrix} 2 & 5 & -3 \\ 5 & 0 & -6 \end{pmatrix}$ とすれば，$T = T_A$.

4.3 (1) $A = (-1\ \ 5\ \ 3)$ とすれば，$W = \mathrm{Ker}(T_A)$.

(2) $A = \begin{pmatrix} 2 & 0 & \sqrt{-1} & 2 \\ 0 & 3 & 0 & 1 \end{pmatrix}$ とすれば，$W = \mathrm{Ker}(T_A)$.

(3) $W = \langle [-3,2,5], [8,-1,3] \rangle$.

(4) $A_1 = \begin{pmatrix} 1 & 1 \\ 1 & 2 \end{pmatrix}$，$A_2 = \begin{pmatrix} 1 & -\sqrt{-1} \\ \sqrt{-1} & -1 \end{pmatrix}$ として $W = \langle A_1, A_2 \rangle$.

4.4 (1) $[1,1] \in W$ だが，$-[1,1] \notin W$ なので，部分空間ではない．

(2) $\mathbf{0}'' + \mathbf{0} = \mathbf{0}$ なので，$\mathbf{0} \in W$．ここで $f, g \in W$, $r \in \mathbb{R}$ なら，

$$(f+g)'' + (f+g) = (f'' + f) + (g'' + g) = \mathbf{0} + \mathbf{0} = \mathbf{0},$$

$$(rf)'' + (rf) = r(f'' + f) = r\mathbf{0} = \mathbf{0}$$

なので，$f + g$, $rf \in W$．よって部分空間．

4.5 (1) $\left(\begin{array}{cc|c} 2 & 3 & 5 \\ 1 & 2 & 6 \end{array}\right) \to \begin{pmatrix} 1 & 2 & 6 \\ 2 & 3 & 5 \end{pmatrix} \to \begin{pmatrix} 1 & 2 & 6 \\ 0 & -1 & -7 \end{pmatrix} \to \left(\begin{array}{cc|c} 1 & 0 & -8 \\ 0 & 1 & 7 \end{array}\right)$ なので，$\boldsymbol{v} = -8\boldsymbol{v}_1 + 7\boldsymbol{v}_2$.

(2) $\left(\begin{array}{cc|c} 1 & 2 & 4 \\ 2 & 3 & 2 \\ 3 & 5 & 1 \end{array}\right) \to \begin{pmatrix} 1 & 2 & 4 \\ 0 & -1 & -6 \\ 0 & -1 & -11 \end{pmatrix} \to \left(\begin{array}{cc|c} 1 & 2 & 4 \\ 0 & -1 & -6 \\ 0 & 0 & 5 \end{array}\right)$ なので，$\boldsymbol{v}_1, \boldsymbol{v}_2, \boldsymbol{v}$ は 1 次独立 (ref で十分)．よって $\boldsymbol{v}$ は S の 1 次結合ではない．

(3) $\boldsymbol{v} = \boldsymbol{v}_1 + 2\boldsymbol{v}_2 + \boldsymbol{v}_3$　　　(4) $\boldsymbol{v} = 2\boldsymbol{v}_1 - \boldsymbol{v}_2 + \boldsymbol{v}_3$

4.6 (a) (1) $\begin{pmatrix} 2 & 5 & 11 & -5 & 7 \\ 1 & 2 & 4 & -2 & 3 \\ 3 & 7 & 15 & -6 & 7 \end{pmatrix} \to \begin{pmatrix} 1 & 2 & 4 & -2 & 3 \\ 2 & 5 & 11 & -5 & 7 \\ 3 & 7 & 15 & -6 & 7 \end{pmatrix} \to \begin{pmatrix} 1 & 2 & 4 & -2 & 3 \\ 0 & 1 & 3 & -1 & 1 \\ 0 & 1 & 3 & 0 & -2 \end{pmatrix} \to \begin{pmatrix} 1 & 2 & 4 & -2 & 3 \\ 0 & 1 & 3 & -1 & 1 \\ 0 & 0 & 0 & 1 & -3 \end{pmatrix}$

$\to \begin{pmatrix} 1 & 2 & 4 & 0 & -3 \\ 0 & 1 & 3 & 0 & -2 \\ 0 & 0 & 0 & 1 & -3 \end{pmatrix} \to \begin{pmatrix} 1 & 0 & -2 & 0 & 1 \\ 0 & 1 & 3 & 0 & -2 \\ 0 & 0 & 0 & 1 & -3 \end{pmatrix}$

(2) $\boldsymbol{x} = [x_1, \ldots, x_5] \in N(A)$ なら，$x_1 = 2x_3 - x_5$，$x_2 = -3x_3 + 2x_5$，$x_4 = 3x_5$.
よって，

$$\boldsymbol{x} = [2x_3 - x_5, -3x_3 + 2x_5, x_3, 3x_5, x_5]$$

$$= x_3[2,-3,1,0,0] + x_5[-1,2,0,3,1].$$

したがって，$\{[2,-3,1,0,0],\ [-1,2,0,3,1]\}$ が基底．

(3) ピボットの位置が第 1, 2, 4 列なので，$\{v_1, v_2, v_4\}$ が基底．　(4) 3

(5) $[-2,3,0] = -2\mathbb{e}_1 + 3\mathbb{e}_2$, $[1,-2,-3] = \mathbb{e}_1 - 2\mathbb{e}_2 - 3\mathbb{e}_3$ なので，同じ関係式が $\boldsymbol{v}_1, \cdots, \boldsymbol{v}_5$ に対して成り立ち，$\boldsymbol{v}_3 = -2\boldsymbol{v}_1 + 3\boldsymbol{v}_2$, $\boldsymbol{v}_5 = \boldsymbol{v}_1 - 2\boldsymbol{v}_2 - 3\boldsymbol{v}_4$.

(b) (1) $\begin{pmatrix} 1&0&0&-2&36\\ 0&1&0&1&-11\\ 0&0&1&0&5 \end{pmatrix}$　(2) $\{[2,-1,0,1,0],[-36,11,-5,0,1]\}$　(3) $\{\boldsymbol{v}_1, \boldsymbol{v}_2, \boldsymbol{v}_3\}$

(4) 3　(5) $\boldsymbol{v}_4 = -2\boldsymbol{v}_1 + \boldsymbol{v}_2$, $\boldsymbol{v}_5 = 36\boldsymbol{v}_1 - 11\boldsymbol{v}_2 + 5\boldsymbol{v}_3$

(c) (1) $\begin{pmatrix} 1&0&1&0&-1\\ 0&1&-2&0&-5\\ 0&0&0&1&8 \end{pmatrix}$　(2) $\{[-1,2,1,0,0],[1,5,0,-8,1]\}$　(3) $\{\boldsymbol{v}_1, \boldsymbol{v}_2, \boldsymbol{v}_4\}$

(4) 3　(5) $\boldsymbol{v}_3 = \boldsymbol{v}_1 - 2\boldsymbol{v}_2$, $\boldsymbol{v}_5 = -\boldsymbol{v}_1 - 5\boldsymbol{v}_2 + 8\boldsymbol{v}_4$

(d) (1) 略 ((2) よりわかるが)　(2) $\left[-\frac{1281971}{549196}, \frac{269874}{137299}, \frac{304957}{274598}, \frac{558085}{549196}, 1\right]$

(3) $\{\boldsymbol{v}_1, \boldsymbol{v}_2, \boldsymbol{v}_3, \boldsymbol{v}_4\}$　(4) 4　(5) $\boldsymbol{v}_5 = \frac{1281971}{549196}\boldsymbol{v}_1 - \frac{269874}{137299}\boldsymbol{v}_2 - \frac{304957}{274598}\boldsymbol{v}_3 - \frac{558085}{549196}\boldsymbol{v}_4$

4.7 (1) 偽: $\boldsymbol{v}_1 = \mathbb{e}_1$, $\boldsymbol{v}_2 = 2\mathbb{e}_1$ なら，$\{\boldsymbol{v}_1, \boldsymbol{v}_2\}$ は 1 次従属だが，部分集合 $\{\boldsymbol{v}_1\}$ は 1 次独立．

(2) 真: 2 つのベクトルに関しては，互いのスカラー倍でなければ 1 次独立なので，拡張できる．

(3) 真: 次元 = 元の数，の状況では 1 次独立 $\Longleftrightarrow$ 張る，が成立するので，1 次独立である．よってその部分集合 $\{\boldsymbol{v}_1, \boldsymbol{v}_3\}$ も 1 次独立．

(4) 真: $\mathbb{R}^5$ の 7 (> 5) つの元の集合は 1 次従属．

(5) 偽: $\{I_2, 2I_2, 3I_2\}$ は 1 次従属．

(6) 偽: $A = I_5$ なら，条件は満たされているが，$\{A\}$ は 1 次元の部分空間しか張らない．『対象を把握しているかどうか』の問題．

(7) 偽: $W = \mathbb{R}^5$ なら真だが，$W = \langle \mathbb{e}_1 \rangle$ なら $S = \{\mathbb{e}_1, 2\mathbb{e}_1, 3\mathbb{e}_1, 4\mathbb{e}_1, 5\mathbb{e}_1\}$ は W を張るが 1 次従属．

(8) 偽: $W = \mathbb{R}^5$ の場合 $\dim W = 5$.

(9) 偽: $S = \{i\mathbb{e}_1 \mid i = 1, \ldots, 7\}$ ならうそ．張っている場合は部分集合で基底がとれる．

(10) 真: S に関する条件は関係ない．

(11) 真

(12) 真: 3 つの元が 2 次元の部分空間を張るので，1 次従属である．だから拡張すると 1 次従属．

(13) 真: 次元 = 元の数の状況なので，$\mathbb{R}^5$ の任意の元は $\{\boldsymbol{v}_1, \ldots, \boldsymbol{v}_5\}$ の 1 次結合になる．特に，第 1 成分が 0 でないものも 1 次結合になる．もちろん第 1 成分が 0 であるものも 1 次結合になる．

(14) 偽: $S = \{\mathbb{e}_1, \ldots, \mathbb{e}_4, 2\mathbb{e}_1\}$ など．

(15) 真: 次元 = 元の数の状況なので，1 次独立．基底の元に 0 でないスカラーをかけても 1 次独立性は変わらない．

4.9 (1) $\dim R(AB) \leqq \dim R(B)$, $\dim C(AB) \leqq \dim C(A)$ を証明すればよい．

(2) は (1) よりすぐわかる．

4.10 $R(A), R(B)$ の生成集合を考えよ．

4.13 (1) $c_1 f_1 + \cdots + c_n f_n = 0$ なら，これを $n-1$ 回微分し，この条件を行列表示せよ．

(2) $\det \begin{pmatrix} e^x & xe^x & e^{2x} \\ e^x & (x+1)e^x & 2e^{2x} \\ e^x & (x+2)e^x & 4e^{2x} \end{pmatrix} = e^{4x} \det \begin{pmatrix} 1 & x & 1 \\ 1 & x+1 & 2 \\ 1 & x+2 & 4 \end{pmatrix} = e^{4x} \det \begin{pmatrix} 1 & x & 1 \\ 0 & 1 & 1 \\ 0 & 2 & 3 \end{pmatrix}$

$= e^{4x} \det \begin{pmatrix} 1 & 1 \\ 2 & 3 \end{pmatrix} = e^{4x} \neq 0.$

―――― 5 章 ――――

5.1 $z = (x^2yx)^{-1}(xw)(w^{-1}y^3)^{-1} = x^{-1}y^{-1}x^{-1}wy^{-3}w.$

5.3 (1) $2^{-1} = 4,\ 3^{-1} = 5,\ 4^{-1} = 2,\ 5^{-1} = 3,\ 6^{-1} = 6.$

(2) $\begin{pmatrix} 2&3&1&0&2 \\ 3&5&2&1&4 \\ 5&6&2&3&2 \end{pmatrix} \to \begin{pmatrix} 1&5&4&0&1 \\ 3&5&2&1&4 \\ 5&6&2&3&2 \end{pmatrix} \to \begin{pmatrix} 1&5&4&0&1 \\ 0&4&4&1&1 \\ 0&2&3&3&4 \end{pmatrix} \to \begin{pmatrix} 1&5&4&0&1 \\ 0&1&1&2&2 \\ 0&2&3&3&4 \end{pmatrix}$

$\to \begin{pmatrix} 1&5&4&0&1 \\ 0&1&1&2&2 \\ 0&0&1&6&0 \end{pmatrix} \to \begin{pmatrix} 1&5&0&4&1 \\ 0&1&0&3&2 \\ 0&0&1&6&0 \end{pmatrix} \to \begin{pmatrix} 1&0&0&3&5 \\ 0&1&0&3&2 \\ 0&0&1&6&0 \end{pmatrix}$

(3) $\boldsymbol{x} = [x_1, x_2, x_3, x_4, x_5] \in N(A)$ なら，$x_1 = 4x_4 + 2x_5$，$x_2 = 4x_4 + 5x_5$，$x_3 = x_4$．よって，$\boldsymbol{x} = [4x_4 + 2x_5, 4x_4 + 5x_5, x_4, x_4, x_5] = x_4[4,4,1,1,0] + x_5[2,5,0,0,1]$．したがって，$\{[4,4,1,1,0],\ [2,5,0,0,1]\}$ が $N(A)$ の基底．

(4) $x_4, x_5 \in \mathbb{F}_7$ が任意なので，49 個である．

(5) $\{\boldsymbol{v}_1, \boldsymbol{v}_2, \boldsymbol{v}_3\}$　　　(6) $\boldsymbol{v}_4 = 3\boldsymbol{v}_1 + 3\boldsymbol{v}_2 + 6\boldsymbol{v}_3$，$\boldsymbol{v}_5 = 5\boldsymbol{v}_1 + 2\boldsymbol{v}_2$．

5.4 (1) ${}^t\mathbf{0} = \mathbf{0}$ なので，$\mathbf{0} \in W$．$A, B \in W$，$r \in K$ なら，${}^t(A+B) = {}^tA + {}^tB = A + B$，${}^t(rA) = r\,{}^tA$ なので，$A+B$，$rA \in W$．よって W は部分空間．

(2) $[1,0,0]$，$[0,1,1] \in W$ だが，$[1,0,0] + [0,1,1] = [1,1,1] \notin W$．よって W は部分空間ではない．

(3) $f_1(x) = x-1$，$f_2(x) = x-2$ とおくと，$f_1, f_2 \in W$．しかし，$(f_1+f_2)(x) = 2x-3$ かつ $(f_1+f_2)(1) = -1 \neq 0$，$(f_1+f_2)(2) = 1 \neq 0$ なので，$f_1 + f_2 \notin W$．よって W は部分空間ではない．

(4) $A_1 = \begin{pmatrix} 1 & -1 \\ 0 & 0 \end{pmatrix}$，$A_2 = \begin{pmatrix} 1 & 1 \\ 0 & 0 \end{pmatrix}$ とおく．すると，$A_1, A_2 \in S$．しかし，$A_1 + A_2 = \begin{pmatrix} 2 & 0 \\ 0 & 0 \end{pmatrix}$，$(A_1+A_2)\begin{pmatrix} 1 \\ 1 \end{pmatrix} = \begin{pmatrix} 2 \\ 0 \end{pmatrix} \neq \mathbf{0}$，$(A_1+A_2)\begin{pmatrix} 1 \\ -1 \end{pmatrix} = \begin{pmatrix} 2 \\ 0 \end{pmatrix} \neq \mathbf{0}$ なので，$A_1 + A_2 \notin S$．よって S は部分空間ではない．

(5) $D = \frac{d^2}{dx^2} - x\frac{d}{dx} - x^2$ とおくと，$W = \{f \in C^\infty(\mathbb{R}) \mid Df = \mathbf{0}\}$ である．したがって，W は部分空間である．

(6) $A_1 = \begin{pmatrix} 0 & 1 \\ 0 & 0 \end{pmatrix}$，$A_2 = \begin{pmatrix} 0 & 0 \\ 1 & 0 \end{pmatrix} \in S$ だが，$(A_1 + A_2)^2 = I_2 \neq 0$ なので，$A_1 + A_2 \notin S$．よって S は部分空間ではない．

(7) $f(x) = 1$ (恒等的に 1) なら，$f \in W$ だが，$(-1)f \notin W$．よって W は部分空間ではない．

(8) f が恒等的に 0 なら，$f''(x) + \sin x - xf(x+1) = \sin x \neq \mathbf{0} = f(x)$ なので，$\mathbf{0} \notin W$．よって W は部分空間ではない．

(9) $f(x) = \frac{1}{2}\sin x$ なら，$f \in S$，$2f \notin S$．したがって，S は部分空間ではない．

(10) $K \neq \mathbb{F}_2$ とする．$a^2 = a$ なら，$a = 0, 1$ なので，$a \in K$ で $a^2 \neq a$ となるものがある．$v = [1,1,-1]$ とすると，$v \in S$．しかし，$av = [a,a,-a]$ である．これが $[t,t^2,-t]$ という形なら，$a = t, t^2 = a$ なので，これは矛盾．したがって，S は部分空間ではない．$K = \mathbb{F}_2$ の場合，$t \in K$ なら $t^2 = t$ なので，$[t,t^2,-t] = [t,t,t]$．よって W は部分空間である．

5.5 $K = \mathbb{F}_2$ の場合のみ線形写像である.

5.6 $D = x^2 \frac{d^2}{dx^2} - (e^x + 1)\frac{d}{dx} + 1$ とおくと，$T = D$. よって線形写像である.

5.7 $T(\mathbf{0}) = x \neq \mathbf{0}$ なので，線形写像ではない.

5.8 $\mathrm{ch}\,K \neq 2$ なら，$A_1 = \begin{pmatrix} 0 & 1 & 0 \\ -1 & 0 & 0 \\ 0 & 0 & 0 \end{pmatrix}$，$A_2 = \begin{pmatrix} 0 & 0 & 1 \\ 0 & 0 & 0 \\ -1 & 0 & 0 \end{pmatrix}$，$A_3 = \begin{pmatrix} 0 & 0 & 0 \\ 0 & 0 & 1 \\ 0 & -1 & 0 \end{pmatrix}$ とすると，$\{A_1, A_2, A_3\}$ が基底. $\mathrm{ch}\,K = 2$ なら，さらに $A_4 = \begin{pmatrix} 1 & 0 & 0 \\ 0 & 0 & 0 \\ 0 & 0 & 0 \end{pmatrix}$，$A_5 = \begin{pmatrix} 0 & 0 & 0 \\ 0 & 1 & 0 \\ 0 & 0 & 0 \end{pmatrix}$，$A_6 = \begin{pmatrix} 0 & 0 & 0 \\ 0 & 0 & 0 \\ 0 & 0 & 1 \end{pmatrix}$ とすると，$\{A_1, \ldots, A_6\}$ が基底.

5.9 (1) 真: 次元 = 元の数. $\{p_1, \ldots, p_4\}$ 1 次独立 $\Longrightarrow \{p_1, p_2, p_3\}$ 1 次独立.

(2) 偽: $A_1 \neq \mathbf{0}$, $A_2 = 2A_1$, $A_3 = 3A_1$ が反例. (3) 偽: S が基底ならうそ.

(4) 偽: $f_1 \neq \mathbf{0}$ なら，$\{f_1\}$ は 1 次独立な部分集合. (5) 真 (6) 真

(7) 偽: $\{\mathbb{e}_1, \mathbb{e}_2, \mathbb{e}_3\}$ は K^3 を張る. (8) 真

(9) 真: 5 以上になるが，5 以上なら 4 以上でもある．よって真.

(10) 偽: $S = \{\boldsymbol{v}\}$, $\boldsymbol{v} \neq \mathbf{0}$ なら，S は 1 次独立．しかし $\{\boldsymbol{v}, 2\boldsymbol{v}\}$ は 1 次独立ではない.

(11) 真: 次元 = 元の数なので，$\{A_1, \ldots, A_4\}$ は 1 次独立．よって $\{A_2\}$ は 1 次独立. 特に，$A_2 \neq \mathbf{0}$.

(12) 偽: $\boldsymbol{v}_1 = \mathbb{e}_1$, $\boldsymbol{v}_2 = 0$, $\boldsymbol{w}_1 = 0$, $\boldsymbol{w}_2 = \mathbb{e}_2$ が反例.

(13) 偽: $W = P_4$ なら，$\dim W = 5$. (14) 真

(15) 偽: $S = \{\mathbf{0}, \mathbb{e}_1\} \subset K^2$ なら，S は 1 次従属だが，$\mathbb{e}_1$ は $\{\mathbf{0}\}$ の 1 次結合ではない.

5.12 例えば $\langle S \rangle$ という形をしているのを示すのが，わかりやすい方法.

――――― 6 章 ―――――

6.1 $A\boldsymbol{v} = [4, 11, 6]$ は $\boldsymbol{v}$ のスカラー倍ではないので，固有ベクトルではない.

6.2 $A_1, \boldsymbol{v}_1$: (1) $p_{A_1}(t) = \det\begin{pmatrix} t+4 & -3 \\ 6 & t-5 \end{pmatrix} = (t+4)(t-5)+18 = t^2-t-2 = (t-2)(t+1)$.

固有値は $t = 2, -1$.

$2I_2 - A_1 = \begin{pmatrix} 6 & -3 \\ 6 & -3 \end{pmatrix} \to \begin{pmatrix} 2 & -1 \\ 0 & 0 \end{pmatrix}$, $\quad -I_2 - A_1 = \begin{pmatrix} 3 & -3 \\ 6 & -6 \end{pmatrix} \to \begin{pmatrix} 1 & -1 \\ 0 & 0 \end{pmatrix}$.

$E(A_1, 2) = \langle [1, 2] \rangle$, $E(A_1, -1) = \langle [1, 1] \rangle$.

(2) $\boldsymbol{v}_1 = [1, 2] + [1, 1]$ なので，$A_1^4 \boldsymbol{v}_1 = 2^4[1, 2] + [1, 1] = [17, 33]$.

(3) $\boldsymbol{x} = \begin{pmatrix} 1 & 1 \\ 2 & 1 \end{pmatrix} [e^{2t}, e^{-t}] = [e^{2t} + e^{-t}, 2e^{2t} + e^{-t}]$.

A_2, v_2: (1) 固有値は $t = 2, -1$. $E(A_2, 2) = \langle [5, 2] \rangle$, $E(A_2, -1) = \langle [1, 1] \rangle$.

(2) $\boldsymbol{v}_2 = \frac{1}{3}([5, 2] + [1, 1])$ なので，$A_2^4 \boldsymbol{v}_2 = [27, 11]$.

(3) $\boldsymbol{x} = \frac{1}{3}[5e^{2t} + e^{-t}, 2e^{2t} + e^{-t}]$.

$A_3, \boldsymbol{v}_3$: (1) 固有値は $t = 2, -2$. $E(A_3, 2) = \langle [2, 1] \rangle$, $E(A_3, -2) = \langle [1, 1] \rangle$.

(2) $\boldsymbol{v}_3 = -[2, 1] + 5[1, 1]$ なので，$A_3^4 \boldsymbol{v}_3 = [48, 64]$.

(3) $\boldsymbol{x} = [-2e^{2t} + 5e^{-2t}, -e^{2t} + 5e^{-2t}]$.

$A_4, \boldsymbol{v}_4$: (1) 固有値は $t = 3, 12$. $E(A_4, 3) = \langle [1, -1] \rangle$, $E(A_4, 12) = \langle [4, 5] \rangle$.

(2) $\boldsymbol{v}_4 = \frac{1}{3}(10[1, -1] - [4, 5])$ なので，$A_4^4 \boldsymbol{v}_4 = [-27378, -34830]$.

(3) $\boldsymbol{x} = \frac{1}{3}[10e^{3t} - 4e^{12t}, -10e^{3t} - 5e^{12t}]$.

6.3 (1) $\det\begin{pmatrix} t-1 & -1 & 1 \\ 1 & t-2 & 0 \\ 1 & -1 & t-1 \end{pmatrix} = \det\begin{pmatrix} t-1 & -1-(t-1)(t-2) & 1 \\ 1 & 0 & 0 \\ 1 & 1-t & t-1 \end{pmatrix} = -\det\begin{pmatrix} -t^2+3t-3 & 1 \\ 1-t & t-1 \end{pmatrix}$

$= (t-1)\det\begin{pmatrix} t^2-3t+3 & 1 \\ 1 & 1 \end{pmatrix} = (t-1)(t^2-3t+2) = (t-1)^2(t-2).$

固有値は $t = 1, 2$.

$I_3 - A_1 = \begin{pmatrix} 0 & -1 & 1 \\ 1 & -1 & 0 \\ 1 & -1 & 0 \end{pmatrix} \to \begin{pmatrix} 1 & 0 & -1 \\ 0 & 1 & -1 \\ 0 & 0 & 0 \end{pmatrix}$, $\quad I_3 - 2A_1 = \begin{pmatrix} 1 & -1 & 1 \\ 1 & 0 & 0 \\ 1 & -1 & 1 \end{pmatrix} \to \begin{pmatrix} 1 & 0 & 0 \\ 0 & 1 & -1 \\ 0 & 0 & 0 \end{pmatrix}$.

$E(A_1, 1) = \langle [1,1,1] \rangle$, $E(A_1, 2) = \langle [0,1,1] \rangle$. 　対角化可能ではない.

(2) 固有値は $t = 1, 2$. 　$E(A_2, 1) = \langle [1,1,0],\ [1,0,1] \rangle$, $E(A_2, 2) = \langle [1,1,1] \rangle$.
対角化可能.

(3) 固有値は $t = 1, 2$. 　$E(A_3, 1) = \langle [0,1,1],\ [1,5,0] \rangle$, $E(A_3, 2) = \langle [1,2,-2] \rangle$.
対角化可能.

(4) $(1,1)$-成分を 5.0 として実数行列として入力して `eigenvects(A4);` とすると，固有値と固有ベクトルを得る．最初の固有値と固有ベクトルは

$$t = 4.719061016, \qquad x = [0.2042303677, -0.08630790546, 0.9638527762]$$

だが，これを改めて入力して $Ax - tx$ を計算すると，

$$[-0.25 \times 10^{-8}, 0.30 \times 10^{-8}, 0.1 \times 10^{-8}]$$

を得る．他の固有値も同様．対角化可能.

6.4 (1) $t^2 - t - 6 = 0$ の解は $t = 3, -2$. したがって，$a_k = C_1 \cdot 3^k + C_2 \cdot (-2)^k$.

$\begin{pmatrix} C_1 \\ C_2 \end{pmatrix} = \begin{pmatrix} 1 & 1 \\ 3 & -2 \end{pmatrix}^{-1} \begin{pmatrix} 1 \\ 2 \end{pmatrix} = -\frac{1}{5} \begin{pmatrix} -2 & -1 \\ -3 & 1 \end{pmatrix} \begin{pmatrix} 1 \\ 2 \end{pmatrix} = \frac{1}{5} \begin{pmatrix} 4 \\ 1 \end{pmatrix}$.

したがって，$a_k = \frac{1}{5}(4 \cdot 3^k + (-2)^k)$.

(2) $a_k = 7 \cdot (-2)^k - 5 \cdot (-3)^k$ 　　(3) $a_k = -\frac{1}{6}(5 \cdot 2^k + 7 \cdot (-4)^k)$

(4) $a_k = 6 \cdot 2^k - 3 \cdot 4^k$

6.5 (1) $t^2 - 2t - 3 = 0$ の解は $t = 3, -1$. したがって，$f(x) = C_1 e^{3x} + C_2 e^{-x}$.

$\begin{pmatrix} C_1 \\ C_2 \end{pmatrix} = \begin{pmatrix} 1 & 1 \\ 3 & -1 \end{pmatrix}^{-1} \begin{pmatrix} 1 \\ 1 \end{pmatrix} = -\frac{1}{4} \begin{pmatrix} -1 & -1 \\ -3 & 1 \end{pmatrix} \begin{pmatrix} 1 \\ 1 \end{pmatrix} = \frac{1}{2} \begin{pmatrix} 1 \\ 1 \end{pmatrix}$.

したがって，$f(x) = \frac{1}{2}(e^{3x} + e^{-x})$.

(2) $f(x) = -4e^{-x} + e^{-4x}$ 　　(3) $f(x) = 10e^{2x} - 8e^{3x}$ 　　(4) $f(x) = 2e^{x} - e^{3x}$

6.6 行列を入力して `evalm(a^(50));` などとすればよい．結果は略.

―――― 7 章 ――――

7.1 p_1, p_2, p_3 の標準基底に関する座標を $\boldsymbol{v}_1, \boldsymbol{v}_2, \boldsymbol{v}_3$ とし，$A = (\boldsymbol{v}_1\ \ \boldsymbol{v}_2\ \ \boldsymbol{v}_3)$ とおく.

$$A \to \left(\begin{array}{cc|c} 2 & 1 & 3 \\ 1 & -2 & 1 \\ -3 & 5 & 2 \end{array}\right) \to \begin{pmatrix} 1 & -2 & 1 \\ 2 & 1 & 3 \\ -3 & 5 & 2 \end{pmatrix} \to \begin{pmatrix} 1 & -2 & 1 \\ 0 & 5 & 1 \\ 0 & -1 & 5 \end{pmatrix} \to \begin{pmatrix} 1 & -2 & 1 \\ 0 & -1 & 5 \\ 0 & 5 & 1 \end{pmatrix} \to \left(\begin{array}{cc|c} 1 & -2 & 1 \\ 0 & -1 & 5 \\ 0 & 0 & 26 \end{array}\right)$$

となり $\{\boldsymbol{v}_1, \boldsymbol{v}_2, \boldsymbol{v}_3\}$ は 1 次独立なので，$\boldsymbol{v}_3$ は $\{\boldsymbol{v}_1, \boldsymbol{v}_2\}$ の 1 次結合ではない．よって p_3 は $\{p_1, p_2\}$ の 1 次結合ではない.

7.2 (1) $1 + x + 2(1 - x + x^2) - x^2 = 3 - x + x^2$

(2) $2 + x + x^2 = a(1+x) + b(1 - x + x^2) + cx^2$ なら，$\begin{pmatrix} 1 & 1 & 0 \\ 1 & -1 & 0 \\ 0 & 1 & 1 \end{pmatrix} \begin{pmatrix} a \\ b \\ c \end{pmatrix} = \begin{pmatrix} 2 \\ 1 \\ 1 \end{pmatrix}$.

$$\left(\begin{array}{ccc|c} 1 & 1 & 0 & 2 \\ 1 & -1 & 0 & 1 \\ 0 & 1 & 1 & 1 \end{array}\right) \to \begin{pmatrix} 1 & 1 & 0 & 2 \\ 0 & -2 & 0 & -1 \\ 0 & 1 & 1 & 1 \end{pmatrix} \to \begin{pmatrix} 1 & 1 & 0 & 2 \\ 0 & 1 & 0 & \frac{1}{2} \\ 0 & 0 & 1 & \frac{1}{2} \end{pmatrix} \to \left(\begin{array}{cccc|c} 1 & 0 & 0 & \frac{3}{2} & \frac{3}{2} \\ 0 & 1 & 0 & \frac{1}{2} & \frac{1}{2} \\ 0 & 0 & 1 & \frac{1}{2} & \frac{1}{2} \end{array}\right).$$

よって $a = \frac{3}{2}$, $b = \frac{1}{2}$, $c = \frac{1}{2}$. したがって，

$2 + x + x^2 = \frac{3}{2}(1+x) + \frac{1}{2}(1 - x + x^2) + \frac{1}{2}x^2$.

7.3 (1) C から B への基底変換行列 P は $\begin{pmatrix} 2 & 3 \\ 1 & 2 \end{pmatrix}^{-1} \begin{pmatrix} -5 & 2 \\ 3 & -1 \end{pmatrix} = \begin{pmatrix} -19 & 7 \\ 11 & -4 \end{pmatrix}$.

(2) $2-x$ の C に関する座標ベクトルは $[0,1]$ なので，$2-x$ の B に関する座標ベクトルは P の第 2 列，つまり $[7,-4]$. よって $2-x=7(2+x)-4(3+2x)$.

7.4 (1) $A=\begin{pmatrix}3&1\\0&0\end{pmatrix}+2\begin{pmatrix}1&1\\0&0\end{pmatrix}-\begin{pmatrix}0&0\\4&5\end{pmatrix}-2\begin{pmatrix}0&0\\1&1\end{pmatrix}=\begin{pmatrix}5&3\\-6&-7\end{pmatrix}$

(2) $\begin{pmatrix}1&1&0&0\\1&2&0&0\\0&0&1&3\\0&0&1&4\end{pmatrix}^{-1}\begin{pmatrix}3&1&0&0\\1&1&0&0\\0&0&4&1\\0&0&5&1\end{pmatrix}=\begin{pmatrix}5&1&0&0\\-2&0&0&0\\0&0&1&1\\0&0&1&0\end{pmatrix}$

(3) $\begin{pmatrix}5&1&0&0\\-2&0&0&0\\0&0&1&1\\0&0&1&0\end{pmatrix}\begin{pmatrix}1\\2\\-1\\-2\end{pmatrix}=\begin{pmatrix}7\\-2\\-3\\-1\end{pmatrix}$. よって $A=7\begin{pmatrix}1&1\\0&0\end{pmatrix}-2\begin{pmatrix}1&2\\0&0\end{pmatrix}-3\begin{pmatrix}0&0\\1&1\end{pmatrix}-\begin{pmatrix}0&0\\3&4\end{pmatrix}$.

7.5 標準基底に関する座標を並べた行列を $A=(\boldsymbol{v}_1 \ \cdots \ \boldsymbol{v}_5)$ とすると，

$$\begin{pmatrix}1&2&-1&1&3\\-2&-3&3&2&-5\\3&5&-2&5&10\end{pmatrix}\to\begin{pmatrix}1&0&0&2&4\\0&1&0&1&0\\0&0&1&3&1\end{pmatrix}$$

が rref. したがって，$\{\boldsymbol{v}_1,\boldsymbol{v}_2,\boldsymbol{v}_3\}$ が $C(A)$ の基底で，$\boldsymbol{v}_4=2\boldsymbol{v}_1+\boldsymbol{v}_2+3\boldsymbol{v}_3$，$\boldsymbol{v}_5=4\boldsymbol{v}_1+\boldsymbol{v}_3$.

(1) $\{p_1,p_2,p_3\}$ (2) $p_4=2p_1+p_2+3p_3$，$p_5=4p_1+p_3$.

(3) $p_3=\frac{1}{3}(p_4-2p_1-p_2)$ なので，Yes.

7.6 標準基底に関する座標を並べた行列を $A=(\boldsymbol{v}_1 \ \cdots \ \boldsymbol{v}_5)$ とすると，$\begin{pmatrix}1&0&2&0&1\\0&1&1&0&2\\0&0&0&1&3\end{pmatrix}$ が A の rref.

(1) $\{p_1,p_2,p_4\}$ (2) $p_3=2p_1+p_2$，$p_5=p_1+2p_2+3p_4$.

(3) $p_4=\frac{1}{3}(p_5-p_1-2p_2)$ なので，Yes.

7.7 標準基底に関する座標を並べた行列を $A=(\boldsymbol{v}_1 \ \cdots \ \boldsymbol{v}_5)$ とすると，$\begin{pmatrix}1&0&0&0&2\\0&1&0&0&4\\0&0&1&0&3\\0&0&0&1&-2\end{pmatrix}$ が rref.

(1) $\{A_1,A_2,A_3,A_4\}$ (2) $A_5=2A_1+4A_2+3A_3-2A_4$

(3) $\{A_1,A_2,A_3,A_4\}$ が 1 次独立なので，No.

7.8 (1) $T(1)=0+0+1=1$, $T(x)=0+x^2+1=x^2+1$,

$T(x^2)=2x+2x^2+1=2x^2+2x+1, \quad T(x^3)=6x^2+3x^2+1=9x^2+1$

なので，表現行列は $\begin{pmatrix}1&1&1&1\\0&0&2&0\\0&1&2&9\end{pmatrix}$.

(2) $\begin{pmatrix}1&1&1&1\\0&0&2&0\\0&1&2&9\end{pmatrix}\to\begin{pmatrix}1&0&0&-8\\0&1&0&9\\0&0&1&0\end{pmatrix}$ が rref. よって $\{8-9x+x^3\}$ が $\mathrm{Ker}(T)$ の基底.

(3) $\begin{pmatrix}1&1&1\\3&2&1\\0&0&1\end{pmatrix}^{-1}\begin{pmatrix}1&1&1&1\\0&0&2&0\\0&1&2&9\end{pmatrix}=\begin{pmatrix}-2&-1&2&7\\3&1&-3&-15\\0&1&2&9\end{pmatrix}$

7.9 (1) $\begin{pmatrix}-1&-1&-1\\1&0&0\\-1&0&1\\0&0&1\end{pmatrix}$ (2) $\begin{pmatrix}-1&-1&-1\\1&0&0\\-1&0&1\\0&0&1\end{pmatrix}\begin{pmatrix}1&0&1\\1&1&1\\1&2&2\end{pmatrix}=\begin{pmatrix}-3&-3&-4\\1&0&1\\0&2&1\\1&2&2\end{pmatrix}$

7.10 (1) $\begin{pmatrix}0&-3&2&0\\-2&-3&0&2\\3&0&3&-3\\0&3&-2&0\end{pmatrix}$ (2) $\left\{\begin{pmatrix}-3&2\\3&0\end{pmatrix},\begin{pmatrix}1&0\\0&1\end{pmatrix}\right\}$ (3) $\left\{\begin{pmatrix}0&-2\\3&0\end{pmatrix},\begin{pmatrix}1&1\\0&-1\end{pmatrix}\right\}$

8 章

8.1 (1) $(\boldsymbol{x},\boldsymbol{x})=x_1^2+6x_1x_2+9x_2^2=(x_1+3x_2)^2$ なので，$[3,-1]$ に対して $(\boldsymbol{x},\boldsymbol{x})=0$ である．よって内積ではない.

(2) $(\boldsymbol{x},\boldsymbol{x})=3x_1^2+6x_1x_2+9x_2^2=3(x_1+x_2)^2+6x_2^2$ なので，内積である.

8.2 (1) $(\boldsymbol{v}_1,\boldsymbol{v}_1)=30$, $(\boldsymbol{v}_1,\boldsymbol{v}_2)=31$ なので，$\frac{31}{30}\boldsymbol{v}_1$. (2) $\frac{15}{22}\boldsymbol{v}_1$

8.3 (1) $\boldsymbol{w}_2 = \boldsymbol{v}_2 - \frac{(\boldsymbol{v}_1,\boldsymbol{v}_2)}{(\boldsymbol{v}_1,\boldsymbol{v}_1)}\boldsymbol{v}_1 = \boldsymbol{v}_2 - \boldsymbol{v}_1$ とすれば，$\boldsymbol{w}_2$ は $\boldsymbol{v}_1$ に直交する．
$(\boldsymbol{w}_2,\boldsymbol{w}_2) = (\boldsymbol{v}_1,\boldsymbol{v}_1) - 2(\boldsymbol{v}_1,\boldsymbol{v}_2) + (\boldsymbol{v}_2,\boldsymbol{v}_2) = 3 - 6 + 4 = 1$,
$(\boldsymbol{v}_3,\boldsymbol{w}_2) = (\boldsymbol{v}_3,\boldsymbol{v}_2) - (\boldsymbol{v}_3,\boldsymbol{v}_1) = -2 - 3 = -5$ なので，
$\boldsymbol{w}_3 = \boldsymbol{v}_3 - \frac{(\boldsymbol{v}_1,\boldsymbol{v}_3)}{(\boldsymbol{v}_1,\boldsymbol{v}_1)}\boldsymbol{v}_1 - \frac{(\boldsymbol{w}_2,\boldsymbol{v}_3)}{(\boldsymbol{w}_2,\boldsymbol{w}_2)}\boldsymbol{w}_2 = \boldsymbol{v}_3 - \boldsymbol{v}_1 + 5\boldsymbol{w}_2 = -6\boldsymbol{v}_1 + 5\boldsymbol{v}_2 + \boldsymbol{v}_3$
とおくと，$\boldsymbol{w}_3$ は $\boldsymbol{v}_1, \boldsymbol{w}_2$ に直交する．
$(\boldsymbol{w}_3,\boldsymbol{w}_3) = 108 + 100 + 30 - 180 - 36 - 20 = 2$. したがって，$\{\frac{1}{\sqrt{3}}\boldsymbol{v}_1, \boldsymbol{w}_2, \frac{1}{\sqrt{2}}\boldsymbol{w}_3\}$ が正規直交基底.

(2) $\boldsymbol{w}_2 = \boldsymbol{v}_2 - 2\boldsymbol{v}_1$，$\boldsymbol{w}_3 = -\frac{8}{5}\boldsymbol{v}_1 + \frac{1}{2}\boldsymbol{v}_2 + \boldsymbol{v}_3$ としたとき，$\{\frac{1}{\sqrt{5}}\boldsymbol{v}_1, \frac{1}{2}\boldsymbol{w}_2, \frac{\sqrt{5}}{6}\boldsymbol{w}_3\}$ が正規直交基底.

8.4 $(1,1) = 1$, $(1,x) = 0$, $(1,x^2) = \frac{1}{3}$, $(x,x) = \frac{1}{3}$, $(x,x^2) = 0$, $(x^2,x^2) = \frac{1}{5}$.
したがって，x は $1, x^2$ と直交する．よって $1, x, x^2 - \frac{1}{3}$ は直交する．
$(x^2 - \frac{1}{3}, x^2 - \frac{1}{3}) = \frac{1}{5} + \frac{1}{9} - \frac{2}{9} = \frac{4}{45}$ なので，$\{1, \sqrt{3}x, \frac{3\sqrt{5}}{2}(x^2 - \frac{1}{3})\}$ が正規直交基底.

8.5 $(1,1) = 1$, $(1,x) = 0$, $(1,x^2) = \frac{1}{2}$, $(x,x) = \frac{1}{2}$, $(x,x^2) = 0$, $(x^2,x^2) = \frac{3}{4}$
を利用し，$\{1, \sqrt{2}x, \sqrt{2}(x^2 - \frac{1}{2})\}$ が正規直交基底であることがわかる．

8.6 (1) 固有値は $\lambda = 11, -2$.　$E(A_1, 11) = \langle[2,3]\rangle$, $E(A_1,-2) = \langle[3,-2]\rangle$.
$P_1 = \frac{1}{\sqrt{13}}\begin{pmatrix} 2 & 3 \\ 3 & -2 \end{pmatrix}$, $\Lambda_1 = \begin{pmatrix} 11 & 0 \\ 0 & -2 \end{pmatrix}$ とすれば，P_1 は直交行列で，
$A_1 = P_1\Lambda_1P_1^{-1} = P_1\Lambda_1{}^tP_1$.

(2) 固有値は $\lambda = 11, -6$.　$E(A_2, 11) = \langle[4,1]\rangle$, $E(A_2,-6) = \langle[1,-4]\rangle$.
$P_2 = \frac{1}{\sqrt{17}}\begin{pmatrix} 4 & 1 \\ 1 & -4 \end{pmatrix}$, $\Lambda_2 = \begin{pmatrix} 11 & 0 \\ 0 & -6 \end{pmatrix}$ とすれば，P_2 は直交行列で，
$A_2 = P_2\Lambda_2P_2^{-1} = P_2\Lambda_2{}^tP_2$.

(3) 固有値は $\lambda = 3 \pm \sqrt{10}$.
$E(A_3, 3+\sqrt{10}) = \langle[3, 1+\sqrt{10}]\rangle$, $E(A_3, 3-\sqrt{10}) = \langle[3, 1-\sqrt{10}]\rangle$.
$a = \sqrt{20 + 2\sqrt{10}}$, $b = \sqrt{20 - 2\sqrt{10}}$,
$P_3 = \begin{pmatrix} \frac{3}{a} & \frac{3}{b} \\ \frac{1+\sqrt{10}}{a} & \frac{1-\sqrt{10}}{b} \end{pmatrix}$, $\Lambda_3 = \begin{pmatrix} 3+\sqrt{10} & 0 \\ 0 & 3-\sqrt{10} \end{pmatrix}$ とすれば，P_3 は直交行列で，
$A_3 = P_3\Lambda_3P_3^{-1} = P_3\Lambda_3{}^tP_3$.

8.7 (1) 固有値は $\lambda = 1, 4$. $E(A_1, 1) = \langle[1, -1+\sqrt{-1}]\rangle$, $E(A_1, 4) = \langle[1+\sqrt{-1}, 1]\rangle$.
$P_1 = \frac{1}{\sqrt{3}}\begin{pmatrix} 1 & 1+\sqrt{-1} \\ -1+\sqrt{-1} & 1 \end{pmatrix}$, $\Lambda_1 = \begin{pmatrix} 1 & 0 \\ 0 & 4 \end{pmatrix}$ とすれば，P_1 はユニタリ行列で，
$A_1 = P_1\Lambda_1P_1^{-1} = P_1\Lambda_1{}^tP_1$.

(2) 固有値は $\lambda = 1, 6$.　$E(A_2, 1) = \langle[1, 2\sqrt{-1}]\rangle$, $E(A_2, 6) = \langle[2\sqrt{-1}, 1]\rangle$.
$P_2 = \frac{1}{\sqrt{5}}\begin{pmatrix} 1 & 2\sqrt{-1} \\ 2\sqrt{-1} & 1 \end{pmatrix}$, $\Lambda_2 = \begin{pmatrix} 1 & 0 \\ 0 & 6 \end{pmatrix}$ とすれば，P_2 はユニタリ行列で，
$A_2 = P_2\Lambda_2P_2^{-1} = P_2\Lambda_2{}^tP_2$.

(3) 固有値は $\lambda = 2 \pm \sqrt{-1}$.
$E(A_3, 2+\sqrt{-1}) = \langle[1, \sqrt{-1}]\rangle$, $E(A_3, 2-\sqrt{-1}) = \langle[1, -\sqrt{-1}]\rangle$.
$P_3 = \frac{1}{\sqrt{2}}\begin{pmatrix} 1 & 1 \\ \sqrt{-1} & -\sqrt{-1} \end{pmatrix}$ $\Lambda_3 = \begin{pmatrix} 2+\sqrt{-1} & 0 \\ 0 & 2-\sqrt{-1} \end{pmatrix}$ とすれば，P_3 はユニタリ行列で，
$A_3 = P_3\Lambda_3P_3^{-1} = P_3\Lambda_3{}^tP_3$.

8.8 (1) $f(x,y,z) = (x+2y+3z)^2 + (y-2z)^2 - 12z^2$ と変形してスカラーを調節すればよい．標準形は $w_1 = x+2y+3z$, $w_2 = y-2z$, $w_3 = 2\sqrt{3}z$ とおくと，$w_1^2 + w_2^2 - w_3^2$.

(2) $f(x,y,z) = -3(x-2y-z)^2 + (y+8z)^2 - 65z^2$ と変形してスカラーを調節すればよい．標準形は $w_1 = (y+8z)$, $w_2 = \sqrt{3}(x-2y-z)$, $w_3 = 2\sqrt{65}z$ とおくと，$w_1^2 - w_2^2 - w_3^2$.

(3) $t = x+y$, $s = x-y$ とおき，$f(x,y,z) = (t+\frac{1}{2}z)^2 - (s+\frac{7}{2}z)^2 + 12z^2$ と変形してスカラーを調節すればよい．標準形は $w_1 = x+y+\frac{1}{2}z$, $w_2 = 2\sqrt{3}z$, $w_3 = x-y+\frac{7}{2}z$ とおくと，$w_1^2 + w_2^2 - w_3^2$.

(4) $A = \begin{pmatrix} 35 & 27 & -63 \\ 27 & 23 & -2 \\ -63 & -2 & 134 \end{pmatrix}$ とおくと，$f(x,y,z) = A[[x,y,z]]$ である．(1,1)-成分を 35.0 と実数行列として A を入力し，`eigenvects(A);` とすれば固有値がすべて求まる．結果は小数点 2 位以下四捨五入して

$$37.9, \quad 165.9, \quad -11.8$$

となるので，適当な変数変換 $x = Py$ により $y_1^2 + y_2^2 - y_3^2$ となる．

8.9 (1) $T(\boldsymbol{v}+\boldsymbol{w}) = (\boldsymbol{v}+\boldsymbol{w}) - 2\frac{(\boldsymbol{v}+\boldsymbol{w},\boldsymbol{a})}{(\boldsymbol{a},\boldsymbol{a})}\boldsymbol{a} = \boldsymbol{v} - 2\frac{(\boldsymbol{v},\boldsymbol{a})}{(\boldsymbol{a},\boldsymbol{a})}\boldsymbol{a} + \boldsymbol{w} - 2\frac{(\boldsymbol{w},\boldsymbol{a})}{(\boldsymbol{a},\boldsymbol{a})}\boldsymbol{a} = T(\boldsymbol{v}) + T(\boldsymbol{w})$. スカラー倍も同様 (しかし答案には書かなくてはいけない)．T は $\boldsymbol{a}$ と直交する平面に関する反射である．

(2) $(\boldsymbol{v},\boldsymbol{a}) = \boldsymbol{0}$ なら，$T(\boldsymbol{v}) = \boldsymbol{v}$ なので，固有値 1 に関する固有ベクトルである．$T(\boldsymbol{a}) = -\boldsymbol{a}$ なので，固有値 -1 に関する固有ベクトルである．$\boldsymbol{v} \in \mathbb{R}^n$ なら，$\boldsymbol{w} = \boldsymbol{v} - \frac{(\boldsymbol{v},\boldsymbol{a})}{(\boldsymbol{a},\boldsymbol{a})}\boldsymbol{a}$ とすれば，$(\boldsymbol{w},\boldsymbol{a}) = 0$ で，$\boldsymbol{v} = \boldsymbol{w} + \frac{(\boldsymbol{v},\boldsymbol{a})}{(\boldsymbol{a},\boldsymbol{a})}\boldsymbol{a}$. よって $W = \{\boldsymbol{v} \in \mathbb{R}^n \mid (\boldsymbol{v},\boldsymbol{a}) = 0\}$ とおくと，V は W と $\boldsymbol{a}$ で張られ，W, $\langle \boldsymbol{a} \rangle$ はともに固有空間である．

9 章

9.1

$$\begin{array}{ll}
\dim N(A,1,5) = 0, & \dim N(A,2,4) = 0, \\
\dim N(A,1,4) = 1, & \dim N(A,2,3) = 2, \\
\dim N(A,1,3) = 3, & \dim N(A,2,3) = 2, \\
\dim N(A,1,2) = 4, & \dim N(A,2,3) = 4, \\
\dim N(A,1,1) = 4 &
\end{array}$$

となるので，それぞれ

$$\begin{array}{cccc}
* & & & \\
\downarrow & & & \\
* & * & * & \\
\downarrow & \downarrow & \downarrow & \\
* & * & * & * \\
\downarrow & \downarrow & \downarrow & \downarrow \\
* & * & * & * \\
\downarrow & \downarrow & \downarrow & \downarrow \\
\mathbf{0} & \mathbf{0} & \mathbf{0} & \mathbf{0}
\end{array}
\qquad\qquad
\begin{array}{cccc}
* & * & & \\
\downarrow & \downarrow & & \\
* & * & & \\
\downarrow & \downarrow & & \\
* & * & * & * \\
\downarrow & \downarrow & \downarrow & \downarrow \\
\mathbf{0} & \mathbf{0} & \mathbf{0} & \mathbf{0}
\end{array}$$

という系列を得る．よってジョルダンブロックは

$$J(1,4), J(1,3), J(1,3), J(1,2), J(2,3), J(2,3), J(2,1), J(2,1).$$

9.2 $J(1,3), J(1,3), J(1,2), J(1,2), J(1,1), J(2,5), J(2,3), J(2,1)$.

9.3 (1) $A_1 - I_4 = \begin{pmatrix} 0&1&-4&-9 \\ 0&0&1&5 \\ 0&0&0&1 \\ 0&0&0&0 \end{pmatrix} \to \begin{pmatrix} 0&1&0&0 \\ 0&0&1&0 \\ 0&0&0&1 \\ 0&0&0&0 \end{pmatrix}$.

$(A_1 - I_4)^2 = \begin{pmatrix} 0&0&1&1 \\ 0&0&0&1 \\ 0&0&0&0 \\ 0&0&0&0 \end{pmatrix} \to \begin{pmatrix} 0&0&1&0 \\ 0&0&0&1 \\ 0&0&0&0 \\ 0&0&0&0 \end{pmatrix}$, $\quad (A_1 - I_4)^3 = \begin{pmatrix} 0&0&0&1 \\ 0&0&0&0 \\ 0&0&0&0 \\ 0&0&0&0 \end{pmatrix}$.

$V(A_1, 1, 3) \neq K^4$, $V(A_1, 1, 4) = K^4$.

$\boldsymbol{v}_4 = [0,0,0,1] \notin V(A_1, 1, 3)$ とおくと,

$\boldsymbol{v}_3 = (A_1 - I_4)\boldsymbol{v}_4 = [-9,5,1,0]$, $\boldsymbol{v}_2 = (A_1 - I_4)\boldsymbol{v}_3 = [1,1,0,0]$,

$\boldsymbol{v}_1 = (A_1 - I_4)\boldsymbol{v}_2 = [1,0,0,0]$.

よって $\boldsymbol{v}_4$ は $J(1,4)$ の生成元になる．$P_1 = \begin{pmatrix} 1&1&-9&0 \\ 0&1&5&0 \\ 0&0&1&0 \\ 0&0&0&1 \end{pmatrix}$ とすると，$A_1 = P_1 J(1,4) P_1^{-1}$.

(2) $P_2 = \begin{pmatrix} 1&1&1&2 \\ 0&1&-1&-1 \\ 0&0&1&3 \\ 0&0&0&1 \end{pmatrix}$, $J_2 = \begin{pmatrix} 1&1&0&0 \\ 0&1&0&0 \\ 0&0&1&0 \\ 0&0&0&3 \end{pmatrix}$ とすると，$A_2 = P_2 J_2 P_2^{-1}$.

(3) $P_3 = \begin{pmatrix} 1&1&1&-1 \\ 0&1&0&1 \\ 0&0&1&-3 \\ 0&0&0&1 \end{pmatrix}$, $J_3 = \begin{pmatrix} 1&1&0&0 \\ 0&1&1&0 \\ 0&0&1&0 \\ 0&0&0&2 \end{pmatrix}$ とすると，$A_3 = P_3 J_3 P_3^{-1}$.

(4) $P_4 = \begin{pmatrix} 1&0&-2&0 \\ 0&1&-1&0 \\ 0&0&1&0 \\ 0&0&0&1 \end{pmatrix}$, $J_4 = \begin{pmatrix} 1&1&0&0 \\ 0&1&0&0 \\ 0&0&1&1 \\ 0&0&0&1 \end{pmatrix}$ とすると，$A_4 = P_4 J_4 P_4^{-1}$.

9.4 $A_1, \ldots, A_4$ を入力して `jordan(A1,'P'); evalm(P);` などとすればよい．結果は以下のようになる.

(1) $P_1 = \begin{pmatrix} 1&1&-1&0 \\ -1&0&0&0 \\ 0&1&-1&1 \\ 1&0&-1&0 \end{pmatrix}$, $J_1 = \begin{pmatrix} 2&1&0&0 \\ 0&2&0&0 \\ 0&0&2&1 \\ 0&0&0&2 \end{pmatrix}$ とすると，$A_1 = P_1 J_1 P_1^{-1}$.

(2) $P_2 = \begin{pmatrix} 6&9&2&-3 \\ 1&1&0&0 \\ -2&-4&-1&2 \\ -2&-3&-1&2 \end{pmatrix}$, $J_2 = \begin{pmatrix} 1&1&0&0 \\ 0&1&0&0 \\ 0&0&2&1 \\ 0&0&0&2 \end{pmatrix}$ とすると，$A_2 = P_2 J_2 P_2^{-1}$.

(3) $P_3 = \begin{pmatrix} 1&0&-9&-3 \\ 1&9&3&1 \\ 1&9&3&-8 \\ 1&9&12&4 \end{pmatrix}$, $J_3 = \begin{pmatrix} 2&0&0&0 \\ 0&-1&1&0 \\ 0&0&-1&1 \\ 0&0&0&-1 \end{pmatrix}$ とすると，$A_3 = P_3 J_3 P_3^{-1}$.

(4) $P_4 = \begin{pmatrix} -3&1&0&-1 \\ 6&0&0&0 \\ 5&1&1&0 \\ 2&1&1&1 \end{pmatrix}$, $J_4 = \begin{pmatrix} 1&1&0&0 \\ 0&1&0&0 \\ 0&0&1&0 \\ 0&0&0&1 \end{pmatrix}$ とすると，$A_4 = P_4 J_4 P_4^{-1}$.

9.5 I_3 は任意の 3×3 行列と可換なので，$A^n = \sum_{k=0}^{n} \frac{n!}{k!(n-k)!} (2I_3)^{n-k} \begin{pmatrix} 0&1&0 \\ 0&0&1 \\ 0&0&0 \end{pmatrix}^k$.

$\begin{pmatrix} 0&1&0 \\ 0&0&1 \\ 0&0&0 \end{pmatrix}^2 = \begin{pmatrix} 0&0&1 \\ 0&0&0 \\ 0&0&0 \end{pmatrix}$, $\begin{pmatrix} 0&1&0 \\ 0&0&1 \\ 0&0&0 \end{pmatrix}^3 = \mathbf{0}$ なので,

$$A^n = 2^n I_3 + n \cdot 2^{n-1} \begin{pmatrix} 0&1&0 \\ 0&0&1 \\ 0&0&0 \end{pmatrix} + \frac{n(n-1)}{2} \cdot 2^{n-2} \begin{pmatrix} 0&0&1 \\ 0&0&0 \\ 0&0&0 \end{pmatrix} = \begin{pmatrix} 2^n & n \cdot 2^{n-1} & n(n-1) \cdot 2^{n-3} \\ 0 & 2^n & n \cdot 2^{n-1} \\ 0 & 0 & 2^n \end{pmatrix}.$$

9.6 (2) 第 2 式から $y = C_2 e^{2t}$ である．$x' - 2x = C_2 e^{2t}$ だが，(1) より $x = C_2 t e^{2t}$ は 1 つの解である．したがって，命題 5.5.3(2) より，すべての解は C_1 を定数として

$$x = C_2 t e^{2t} + C_1 e^{2t}$$

である.

索　引

あ　行

rref　reduced row echlon form　14, 16
ref　row echlon form　14
$\mathbb{R}^n$　3
位数 order　vi
1 次結合 linearly combination　84
1 次従属 linearly dependent　84
1 次独立 linearly independent　84
1 次変換 linear substitution　6
1 変数有理関数体 rational function field in one variable　115
岩澤分解 Iwasawa decomposition　175
ヴァンデルモンドの行列式 Vandermonde's determinant　72
上三角行列 upper triangular matrix　10, 27
well-defined　22
エルミート行列 Hermitian matrix　176
エルミート多項式 Hermite polynomial　195
エルミート定数 Hermite's constant　196
エルミート内積 Hermitian inner product　176
オークンの法則 Okun's law　44

か　行

解 (連立 1 次方程式の) solution　11, 15, 18
階数 rank　91
外積 exterior product, cross product　48
可換群，加法群，加群 commutative group, additive group, abelian group　113
可換図式 commutative diagram　157
可逆 invertible　22
核 kernel　80
確率行列 stochastic matrix　153
環 ring　113
奇置換 odd permutation　57
基底 basis　88
基本行列 elementary matrix　25
基本ベクトル fundamental vector　8
基本変形 elementary transformation　13, 16, 25
逆行列 inverse of a matrix　22, 28
逆元 inverse　112
行空間 row space　91
共通集合 intersection　v
行ベクトル row vector　3
共役 adjoint
(エルミート内積に関する)　178
(内積に関する)　172
行列 matrix　2
行列式 determinant　55, 59
極大 1 次独立系 maximal system of linearly independent vectors　96
極値 extreme value　189
空間 space　45
空集合 the empty set　v
偶置換 even permutation　57
グラム・シュミットのプロセス Gram–Schmidt process　171
クラメルの公式 Cramer's rule　69
クロネッカーのデルタ Kronecker's delta　170
群 group　112
結合法則 associative law　7, 112

ケーリー・ハミルトンの定理 the Cayley-Hamilton theorem　207
合成 (写像の) composition　v
恒等写像 the identity map　v
互換 transposition　56
固有ベクトル eigenvector　141, 163
固有空間 eigenspace　141, 163
固有値 eigenvalue　141, 163

さ　行

最小 2 乗法 method of least square　37
差積 different　57
座標ベクトル coordinate vector　154
差分方程式 difference equation　146
三角不等式 triangle inequality　168
次元 dimension　89
—— 公式 ~ formula　93, 158
自己共役 self-adjoint　173
自然な natural　91
下三角行列 lower triangular matrix　10, 28
実数体 the field of real numbers　114
自明な解 trivial solution　12, 26
自明な線形関係 trivial linear relation　84
写像 map　v
終結式 resultant　74
シュワルツの不等式 Schwarz inequality　168
商 quotient　223
—— 空間 ~ space　224
乗法群 (環の) the group of units　114
剰余類 residue class　224
ジョルダン標準形 Jordan canonical form　198
ジョルダンブロック Jordan block　198
シルベスターの慣性法則 Sylvester's law of inertia　187
随伴行列 adjoint matrix　69
スカラー scalar　4
—— 行列 ~ matrix　9
—— 倍 ~ multiplication　4
正規行列 normal matrix　183
正規直交基底 orthonormal basis　170, 177
制限 restriction
(エルミート内積の)　176
(写像の)　v
(内積の)　168
斉次 1 次式 homogeneous linear form　7
斉次 1 次方程式 homogeneous linear equation　91
斉次方程式 homogeneous equation　12
生成集合 (部分空間の) spanning set　87
正則 non-singular　22, 25
正定値 positive definite　167, 188
成分 entry　3
正方行列 square matrix　3
積 product
(行列の)　5, 7, 10
(置換の)　56
漸化式 recurrence formula　146
線形関係 linear relation　156
線形写像 linear transformation　79
全射 surjection　vi
全単射 bijection　vi
像 image　80
双線形形式 bilinear form　167
双対基底 dual basis　221
双対空間 dual space　220

た　行

体 field　114
対角化 diagonalization　144
対角化可能 diagonalizable　144
対角行列 diagonal matrix　10
対角成分 diagonal entry　10
対称行列 symmetric matrix　3, 173, 179
対称群 symmetric group　113
代数学の基本定理 fundamental theorem of algebra　116, 140
代数閉体 algebraically closed field　116
体積 (平行体の) volume　54, 99, 106
代入 substitution　13
代表系 complete set of representatives　223
多項式環 polynomial ring　115
多面体 polygon　99
単位球面 the unit sphere　190
単位行列 the unit matrix　9
単位元 the unit element　112
単射 injection　vi
置換 permutation　55
置換行列 permutation matrix　61
超平面 hyperplane　99
直線の方程式 equation of a line　50
直方体 rectangular parallellotope　99
直和
(集合の) coproduct　223
(ベクトル空間の) direct sum　209
直交 orthogonal　168
直交行列 orthogonal matrix　173
直交射影 orthogonal projection　47, 170, 193
直交対角化 diagonalization
(直交行列による) ～ by an orthogonal matrix　182
(ユニタリ行列による) ～ by a unitary matrix　184
ティープリッツの定理 Toeplitz theorem　183
テンソル積 tensor product　225
転置行列 transpose of a matrix　3, 7
同型 isomorphism, isomorphic　83
同値関係 equivalence relation　222
同値類 equivalence class　223
特性多項式 characteristic polynomial　141
特性方程式 characteristic equation　141
トレース trace　43

な　行

内積 inner product, dot product　45, 167
長さ length
(置換の)　57
(ベクトルの)　45
2 次形式 quadratic form　185

は　行

張る span　87
半平面 halfplane　99
判別式 discriminant　74
反例 counter example　10
非斉次方程式 non-homolgeneous equation　12
微分作用素 differential operator　130
ピボット pivot　14
表現行列 matrix of a linear transformation　157
標準基底 standard basis　89, 90, 155

標準形
(行列の) reduced row echelon form, canonical form　14
(2 次形式の) canonical form of a quadratic form　187
標数 characteristic　119
フィボナッチ数列 Fibonacci sequence　151
複素共役 complex conjugate　78
複素数体 the field of complex numbers　114
符号
(置換の) signature, sign　57
(符号理論の) code　121
符号語 encoded word　122
符号理論 code theory　121
負定値 negative definite　188
部分空間 subspace　79
フーリエ展開 Fourier expansion　194
分配法則 distributive law　113
平行移動 parallel transform　99
平行四辺形 parallelogram　49
平行体 parallelotope　54, 101
平行六面体 parallelepiped　49
平面 plane　45
—— の方程式 equation of a ～　50
ベクトル空間 vector space　76, 125
ベクトルの角度 angle of vectors　45, 169
ベクトルの長さ length of a vector　167, 176
ヘシアン Hessian　189
変換行列 (基底の) transition matrix　160
変数変換 change of variables　186

ま　行

mod W　modulo W
—— で 1 次独立 linearly independent ～　210
—— で基底 basis ～　210

や　行

有限体 finite field　116
有理数体 the field of rational numbers　114
ユークリッド空間 the Euclidean space　168
ユニタリ行列 unitary matrix　178
余因子 cofactor　65
余因子展開 cofactor expansion　65

ら　行

ルジャンドル多項式 Legendre polynomial　195
ルベーグ測度 Lebesgue measure　101
零行列 the zero matrix　5
零空間 null space　91
零ベクトル the zero vector　77
列空間 column space　91
列ベクトル column vector　3
連立 1 次方程式 system of linear equations　1, 11
ロジスティックモデル logistic model　38
ロンスキアン Wronskian　111

わ

和 (行列の) sum　4
和集合 union　v

著者略歴

雪江明彦
ゆきえ　あきひこ

1986年　ハーバード大学大学院数学科修了（Ph.D）
現　在　京都大学大学院理学研究科教授

主要著書

Shintani Zeta Functions, London Mathematical Society Lecture Note 183 (1993), Cambridge University Press
概説 微分積分学（培風館，2008）

2006年7月20日　初版発行
2020年3月5日　初版第4刷発行

線形代数学概説

著　者　雪江明彦
発行者　山本　格

発行所　株式会社　培風館
東京都千代田区九段南4-3-12・郵便番号102-8260
電話(03) 3262-5256（代表）・振替00140-7-44725

D.T.P. アベリー・平文社印刷・牧 製本

PRINTED IN JAPAN

ISBN978-4-563-00366-1 C3041